我們源自何方？

古代DNA革命解構人類的起源與未來

WHO WE ARE AND
HOW WE GOT HERE

ANCIENT DNA AND
THE NEW SCIENCE OF THE HUMAN PAST

大衛‧賴克 DAVID REICH ——著

甘錫安、鄧子衿——譯

歐　洲

亞　洲

非　洲

太　平

印　度　洋

赤　道

澳　洲

三十次族群混合

北 極 海

7b
7e 7d

北美洲

大 西 洋

赤 道

南美洲

7c

Chapter 6

6a ＞4000 年前
古代印度南方人
伊朗農耕者＋印度當地狩獵－採集者

6b 4000 年前－3000 年前
古代印度北方人
草原游牧者＋伊朗農耕者

6c 4000 年前－2000 年前
現代印度人
古代印度南方人＋古代印度北方人

Chapter 7

7a ＞1 萬 5000 年前
最初美洲人
古代歐亞北方人＋東亞人

7b 5000 年前－4000 年前
古愛斯基摩人
遠東西伯利亞人＋最初美洲人

7c ＞4000 年前
亞馬遜人
Y 族群＋最初美洲人

7d 2000 年前－1000 年前
納－德內語者
古愛斯基摩人＋最初美洲人

7e 2000 年前－1000 年前
新愛斯基摩人
遠東西伯利亞人＋最初美洲人

Chapter 8

8a 5000 年前－4000 年前
南亞語系者
長江幽靈族群＋東南亞當地狩獵－採集者

8b 5000 年前－3000 年前
西藏人
黃河幽靈族群＋西藏狩獵－採集者

8c 5000 年前－1000 年前
現代漢族中國人
黃河幽靈族群＋長江幽靈族群

8d 4000 年前－1000 年前
太平洋西南部島民
巴布亞人＋東亞人

8e 3000 年前－2000 年前
現代日本人
大陸農耕者＋當地狩獵－採集者

Chapter 9

9a ＞8000 年前
馬拉威狩獵－採集者
非洲東部採集者＋非洲南部採集者

9b 4000 年前－1000 年前
班圖人擴張
來自喀麥隆的族群＋當地群體
散佈到非洲東部與南部

9c ＞3000 年前
非洲東部游牧者
列文特農耕者＋非洲東部採集者

9d ＞2000 年前
現代非洲西部人
至少由兩個古代非洲人分支混血組成

9e 2000 年前－1000 年前
現代科伊－科瓦迪畜牧者
非洲東部游牧者＋當地桑族人

獻給塞斯和莉亞

| 導讀 |

不要問我從哪裡來，
我的故鄉在遠方

黃貞祥

清華大學生命科學院
分子與細胞生物研究所助理教授

　　傳統上，春節回鄉，常要和親戚詢問各種看似互相傷害的機車問題。大多數人都相信血濃於水的道理而互相忍讓。可見，我們對血緣關係的重視。

　　然而，如果我們一直往上追溯，全世界的人類，或多或少都和我們有親緣關係，甚至連尼安德塔人都有。二〇二二年十月，當瑞典卡羅林斯卡學院（Karolinska Institutet）宣佈諾貝爾生理醫學獎得主時，出乎意料的是著名古基因體學家帕波（Svante Pääbo），他正是發現了原來歐亞大陸的不少人們，都帶有一些尼安德塔人的基因，顯示我們智人祖先曾在歐亞大陸和尼安德塔人混過血。我在著名基因檢測公司 23andme 的報告，也顯示我有大約百分之二的 DNA 可能是來自遠古的尼安德塔人。

　　帕波在發現智人和尼安德塔人混血後，就聲名大噪，他寫了本自傳《尋找失落的基因組：尼安德塔人與人類演化史的重建》（*Neanderthal Man: In Search of Lost Genomes*），講述了他投入發展出古 DNA 研究的前因後果。帕波建立的研究方法，不僅僅讓我們得知有百分之幾的 DNA 來自尼安德塔人，影響力也遍及整個古人類學、考古學以及動植物的馴化研究。還有，我們也能夠開始利用考古發現的早期人類骨骸，建構出我們人類遍及全球的壯闊史詩，見識到遷徙和族群之間的情慾流動，原來有多家常便飯。即使貴為地表上最愛記錄歷史的民族，中國科普作家波音的好書《無字史記：基因裡隱藏的祖先秘史》也指出，華夏文明中一些我們熟知的歷史篇章，可能要被古 DNA 研究給改寫。

因為帕波是當年唯一的諾貝爾生理醫學獎得主，當然是實至名歸，可是有一些學者也認為，如果古 DNA 研究的貢獻還該有第二個人獲獎，那應該會是哈佛醫學院遺傳學系的大衛・賴克（David Reich），因為他不僅是帕波的長期合作者，在古 DNA 研究領域貢獻卓著，他的好書《我們源自何方？：古代 DNA 革命解構人類的起源與未來》（*Who We Are and How We Got Here: Ancient DNA and the New Science of the Human Past*），也是本介紹人類族群的古遺傳學貢獻的的重要好書，在主流媒體和學術期刊都引起不少討論。他在書中描述了他們在分析和比較世界各地人類族群的古代和現代 DNA，發現了幾乎所有的人類族群都是由多次人口遷移和基因流動造成的混合體。

賴克師事著名人類族群遺傳學大師路卡・卡瓦利—斯福札（Luca Cavalli-Sforza），後者從六十年代開始，就利用當時有限的遺傳資料，率先嘗試整合考古學和語言學的發現，來研究人類族群在全球的遷徙。如果卡瓦利—斯福札有幸生在這個年代，他當初諸多臆測，都更有可能一一驗證，或者被大幅修正。

拜 DNA 定序技術日新月異所賜，以及帕波和賴克的創新研究，自二〇一〇年以來，族群基因體學家已經能夠對古代人類的 DNA 進行定序，拼湊出古人的全基因體序列，這大大推進了我們對人類演化的理解。在此之前，早期的方法依賴於粒線體 DNA，因為它每顆細胞中有成百上千個，並且只透過母系遺傳，而且沒有基因重組的問題。然而，和粒線體 DNA 相比，核基因體有更大量的資訊，讓我們能挖崛出更龐大的資料用作更精準的分析。

古 DNA 研究最大的考驗，是樣本極易被現代生物，無論是微生物還是人類的皮屑汙染。另外，從剛死亡的動物骨頭粹取 DNA，也是較軟組織還麻煩的。還好他們後來發現，顱骨中內耳的岩骨（petrous bone），含有更大量的 DNA，讓重建過去成千上萬年前的史前遷移和族群間混血成為可能，這些新知識也多次改寫了教科書，例如尼安德塔人。

尼安德塔人在歐洲繁榮了幾十萬年，直到現代智人在四萬四千年前到來。在幾千年內，尼安德塔人就此銷聲匿跡，智人可能脫不了關係。過去有學者提出我們智人可能和尼安德塔人混了血的看法，即使沒嗤之以鼻，可是大多數演化人類學家對此論點抱持保守態度。然而，賴克和帕波的工作，卻讓大家跌破眼鏡，古智人不僅和尼安德塔人雜交過，連丹尼索瓦人也沒放過，這還只是目前已出土的冰山一角而已。根據薩根標準（Sagan standard），「超凡的主張，需要有超凡的證據」，他們為驗證我們基因體裡含有尼安德塔人的 DNA，下足了各種苦工，也研發出不少新工具和方法，順便造福比較基因體學的領域。

他們的研究也觀察到，遷徙和人口混雜是各大洲人類史前史的特徵。儘管兩國關係不佳，日本人和韓國人共享大約八成的 DNA；大洋洲的玻里尼西亞人（Polynesian）就是在過去幾千年裡，從台灣遷徙過去的；印歐語族的研究也有重大突破。一七八六年英國公務員威廉・瓊斯爵士（William Jones，1746 － 1794）在印度工作時，發現梵語和古希臘語的相似應該不是巧合。語言學家們開始認識到印歐語系，包括日耳曼語、凱爾特語、義大利語、波斯語和北印度語（印地語、烏爾都語、孟加拉語、旁遮普語、馬拉地語等），其實有密切關係。古基因體學的研究發現，印歐語族以及今天歐洲和北印度的遺傳構成中最大的一個組成部分，源於大約五千年前從廣闊的草原、黑海和裏海沿岸的草原上的移民。

而現代歐洲人的祖先，混合了原先抵達歐洲的狩獵－採集者，以及九千年前從安納托利亞（現代土耳其）到達希臘的農耕者血統，並向西北方向傳播到英國，農耕者的基因稀釋了狩獵－採集者的基因。他們還發現揭示了第三個古代族群體，來自歐亞大草原的牧民。後來牧民們淘汰了歐洲大部分的原始農民。草原騎馬者遍及歐亞大陸，這也是《馬、車輪和語言：歐亞草原的騎馬者如何形塑古代文明與現代世界》（*The Horse, the Wheel and Language: How Bronze-Age Riders from the Eurasian Steppes Shaped the Modern World*）這本經典所要探討的。

種族的問題不可避免的涉及各種國仇家恨式的政治，賴克在書中舉了幾個案例，說明他的研究可能遭受的政治難題，例如在印度的合作者不喜歡知道自己的 DNA 樣本顯示，過去有大量移民進入印度次大陸，雖然那樣印證了《梨俱吠陀》（*Rigveda*，古梵文讚美詩集）中描述的景象；美國原住民可能不想知道，他們尋求遣返和重新埋葬的萬年前的美國原住民骨骸，與今天生活在同一地理區域的部落沒有明顯的聯繫。就因為混血是家常便飯，已不可能存在純種的種族。然而六十七位來自自然科學、醫學、健康科學、社會科學、法律和人文科學等學科的學者組成的團體，仍然不滿意而連名撰文批評賴克，並且強調種族間不存在顯著遺傳差異，雖然他已多次強調不存在純正血統這回事。

事實上，所謂優秀種族的基因，當初被納粹份子大肆濫用，導致戰後德國有頗長的一段時間不敢碰觸重要的人類學課題，直到來自瑞典，當初在慕尼黑大學任教時被系上大佬歧視的帕波，在位於前東德的萊比錫從零打造一個全新的馬克斯·普朗克演化人類學研究所（Max-Planck-Institut für evolutionäre Anthropologie），除了建立全球最高標準的古 DNA 實驗室，也招募了頂尖的演化人類學家擔任研究員。賴克在書中也談到他們是如何打造出一個超級乾淨的實驗室，並且創造出一個又一個重大突破。

對於我們源自何方這個大哉問，《我們源自何方？》並沒有給出簡潔明瞭的答案，因為事實上，愛遷徙和混血可能就是智人的天性，在可預見的未來，許多問題的答案或許也不會蓋棺論定，認識到我們族群在遺傳上的複雜面向，或許才是我們真正能夠學到的吧？

｜推薦序｜

從古代 DNA 摸索
身體裡的人類大歷史

寒波

盲眼的尼安德塔石器匠部落主、
泛科學專欄作者

　　公元二〇二二年的諾貝爾生理或醫學獎頒發給帕波（Svante Pääbo），表揚他將尼安德塔人 DNA 重現於世的貢獻。尼安德塔人去世已久，僅存遺骸；從這類樣本中取得的 DNA，稱作古代 DNA。相關研究起步於一九八〇年代，尼安德塔人基因組可謂集大成之作。帕波當年為了克服難關，組建龐大的團隊，《我們來自何處？》（*Who we are and how we got here*）的作者賴克（David Reich）正是其中的主要成員。

　　從二〇一〇年尼安德塔人基因組論文問世，到《我們來自何處？》出版的二〇一八年，又有數千個古代基因組被正式發表，超過一半有賴克參與，而且趨勢到二〇二三年的現在仍不停歇。書中提及的研究，大部分來自作者自己的論文。

　　一九七四年出生的賴克歲數不大，今年只有四十九歲；但是由他主導的論文及其引用數目，已經超越大部分科學家一輩子的總和。他自己著重的研究對象並非滅絕的尼安德塔人，而是與我們同類的智人。本書觸及的地理範圍遍及歐洲、印度，還有北亞、美洲、非洲、東亞、大洋洲，涵蓋絕大部分讀者成長與居住的地區。

必須提醒讀者們，這本書不是那麼好讀。即使是學術中人閱讀這些研究，也往往感到賴克團隊使用的分析方法相當複雜，而且充斥陌生的各式名詞，不容易掌握。本書的寫作思維及用語，多數時候和論文沒什麼差異。書的難度當然不如論文，但是理解門檻絲毫不低，沒有遺傳學背景的人，感覺「看不懂」應該是正常現象，如同解讀晦澀的神諭一般。

所幸賴克依然清晰地表達，多年鑽研所得的幾項寶貴見解。一項重要發現是：過往人類的遷徙與混血相當頻繁。從不同年代、地區的古代 DNA 判斷，遠早於最近數百年的歐洲人殖民以前，世界上多數地區都經歷過不只一波遷徙潮。例如分佈於歐亞大陸廣大範圍的印歐語系，以及印度複雜的歷史，古代 DNA 都帶來全新的認知，書中有不少篇幅介紹。

另一重大發現是，人類歷史上充斥著不均等。同一時空的人群內，每個人留下後代的機會並不一致，有時候落差非常極端。有些差異是疾病等天然因素導致，例如在黑死病肆虐的時刻，遺傳上較能抵抗的人更容易生還，留下後裔機率自然較高。

有時候差異涉及人造的不平等，像是南美洲的哥倫比亞某地族群，繼承自男性的 Y 染色體有九十四％能追溯到歐洲，母系遺傳的粒線體卻有九十％來自美洲原住民；但是父母各貢獻一半的基因組，源自歐洲與美洲的血源，並非兩者各佔一半，反而高達八十％源於歐洲。解釋是來自歐洲的男性持續移入，一代一代與當地女性混血，使得基因組之歐洲血緣比例持續增加；而粒線體只能母系遺傳，才能持續保持高比例。可想而知，當地男性能留下的後裔數目不成比例的低。遺傳組成背後的社會現象，讀者們可以自行想像。

本書一大亮點是對「階級」（英文為 Caste，本書翻譯作喀斯特）的討論。這兒階級區分的定義是：一個群體與其他人有各種交流，但是限制只與自己人婚配。

最出名的階級社會，莫過於印度的種姓制度。事實上大家熟悉的那套稱為瓦爾那（Varna），印度還有另一套外人陌生的階級：迦提（Jati），將印度人區分為至少四千六百個群體。對印度族群的遺傳學調查發現，儘管總人口超過十億，印度人在遺傳上，卻可以分辨出許多遺傳交流有限的小群體。這些社會階級規矩，應該被認真執行了上千年。而賴克自己所屬的猶太人等各地不同的階級群體，本書也有不少精彩討論。

古代ＤＮＡ突飛猛進下，考古學受到極大震撼，一些人在討論時，將其類比為一九四九年碳同位素定年（俗稱的碳十四）後的另一次衝擊。然而賴克認為古代ＤＮＡ的影響更大，類似十七世紀的光學顯微鏡；顯微鏡讓人們見到前所未見的新世界，古代ＤＮＡ也是如此，而隨之而來的倫理等問題也有待解決。

總之，許多事一旦開始就無法回頭。精確的定年法問世後，考古學對年代的問題就不再能打模糊仗，古代遺傳學的進展亦同。從本書發表的二〇一八年到現在，古代ＤＮＡ研究的浪潮持續狂飆，可以預見未來幾年仍不會停歇。這本由最前線科學家親自撰寫的書，一些內容也許不是那麼好懂，卻足夠讓讀者跟上這波科學浪潮，大家都能在其中找到感興趣的部分細細品味。

CONTENTS

PART ONE
人類的長遠歷史

PART TWO

人類遷徙全世界的過程

PART THREE

基因組革命

致謝

　　首先最重要的是，本書是我和太太尤金妮密切合作一年的成果。我們一起查找資料、一起準備初稿、在撰寫過程中持續不斷地討論。要不是她，這本書不可能完成。

　　我想感謝 Bridget Alex、彼得・貝爾伍德（Peter Bellwood）、Samuel Fenton-Whittet、亨利・路易斯・蓋茨（Henry Louis Gates Jr.）、Yonatan Grad、伊歐席夫・拉薩利迪斯（Iosif Lazaridis）、丹尼爾・李伯曼（Daniel Lieberman）、夏普・馬利克（Shop Mallick）、Erroll McDonald、Latha Menon、尼克・派特森（Nick Patterson）、莫莉・普沃斯基（Molly Przeworski）、Juliet Samuel、Clifford Tabin、Daniel Reich、Tova Reich、Walter Reich、Robert Weinberg 以及 Matthew Spriggs 細心審閱全書並提供意見。

　　此外我還要感謝大衛・安東尼（David Anthony）、Ofer Bar-Yosef、Caroline Bearsted、Deborah Bolnick、Dorcas Brown、Katherine Brunson、付巧妹（Qiaomei Fu）、大衛・戈德斯坦（David Goldstein）、Alexander Kim、Carles Lalueza-Fox、埃恩・麥提森

（Iain Mathieson）、艾利克‧蘭德（Eric Lander）、馬克‧利普森（Mark Lipson）、Scott MacEachern、Richard Meadow、David Meltzer、普莉亞‧摩亞尼（Priya Moorjani）、約翰‧諾溫伯（John Novembre）、史萬特‧帕波、皮爾‧帕拉馬拉（Pier Palamara）、Eleftheria Palkopoulou、Mary Prendergast、Rebecca Reich、柯林‧藍夫（Colin Renfrew）、娜汀‧羅蘭（Nadin Rohland）、Daniel Rozas、彭特斯‧斯克倫（Pontus Skoglund）、王傳超（Chuanchao Wang）以及 Michael Witzel 審閱部分章節並提供意見。我還想感謝 Stanley Ambrose、葛拉漢‧庫普（Graham Coop）、Dorian Fuller、Eadaion Harney、Linda Heywood、Yousuke Kaifu（海部陽介）、克里斯蒂安‧克里斯蒂安森（Kristian Kristiansen）、Michelle Lee、丹尼爾‧李伯曼、Michael McCormick、Michael Petraglia、約瑟夫‧皮克雷爾（Joseph Pickrell）、史蒂芬‧席菲爾斯（Stephen Schiffels）、貝特‧夏比羅（Beth Shapiro）以及 Bence Viola 審閱本書部分內容以求精確。

　　另外我還想感謝哈佛醫學院、霍華休斯醫學研究中心（Howard Hughes Medical Institute）以及美國國家科學基金會，這幾個機構在我進行這項研究時大力支持，並且對我的主要研究有所助益。

　　最後我想感謝一再鼓勵我撰寫本書的諸位朋友們。多年來我一直沒有把這個念頭付諸實行，是因為我想專心做研究，而且對遺傳學家而言，論文比書籍更有實際價值。但我的同事逐漸出現考古學家、人類學家、歷史學家、語言學家，以及其他渴望了解古代 DNA 革命的其他研究者。我為了撰寫本書投下許多時間，因此放下許多論文，也放棄了許多分析，希望本書讓讀者對於人類從何而來，產生新的看法。

前言

　　我撰寫本書的想法來自極具遠見的路卡・卡瓦利一斯福札，遺傳學研究的創立者。我受教於他的學生，所以也算出自他的門下。他認為基因組是我們了解人類演化史的重要工具，我也受這個想法啟發。

　　卡瓦利一斯福札研究生涯的最高峰是出版於一九九四年的《人類基因的歷史和地理》（*The History and Geography of Human Genes*）。這本書綜合了當時所有考古學、語言學、歷史和遺傳學知識，闡述全世界人類如何演化成現今的樣貌[1]。這本書依據的是當時的知識，概括介紹人類的遠古史。深受當時缺乏遺傳資料影響，資料相當有限，和現在考古學和語言學提供的大量資料相比之下，可以算是毫無用處。當時的遺傳資料呈現的模式有些或許符合已知的事實，但提供的資訊不足以展現真正新穎的看法。事實上，卡瓦利一斯福札提出的幾項重要新看法，後來都證實是錯誤的。二十多年前，從卡瓦利一斯福札到我這代剛進入研究所的學生，都處於DNA的黑暗時代。

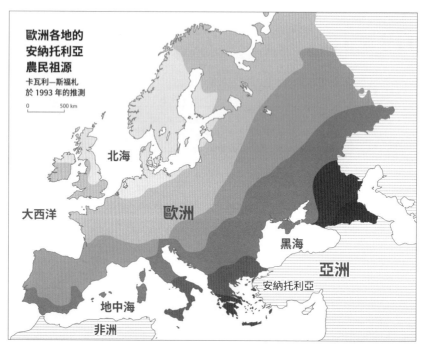

【圖 1a】

一九九三年卡瓦利—斯福札繪製的等值線（contour）圖（上圖）指出，我們或許可以由現今人類的血型變異型態，還原農民由東邊出發的移動過程。在圖中，東南方安納托利亞附近的祖源比例最高。

　　卡瓦利—斯福札於一九六〇年投下關係他整個研究生涯的大賭注，他認為我們可以完全依據現今人類的基因差異，完整還原人類大遷徙的過程[2]。

　　其後五十年，卡瓦利—斯福札孜孜不倦地研究，這個賭注帶來的效益似乎相當不錯。他的研究工作剛開始時，研究人類變異的技術相當貧乏，只能藉由測定血液中的蛋白質與由醫師檢驗的 A、B、O 血型等變異來比對捐血者和受贈者。一九九〇年代，他和同事已經蒐集到不同族群（populations）的一百多種變異資料。他們依據這些資料中個體彼此間的變異相同程度，將這些資料分成不同的大

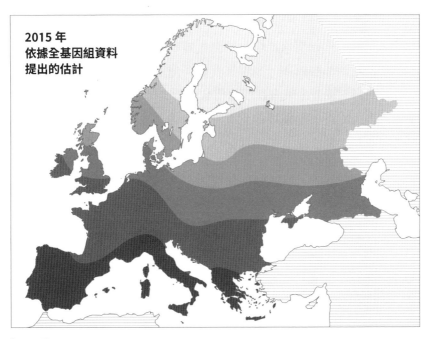

【圖1b】

現代全基因組資料指出，歐洲農民祖源的主要梯度並非由西北朝東南漸次降低，而是另一個幾乎完全垂直的方向，這是來自東方的農民大規模遷徙，取代許多最早的農民祖源的結果。

陸。舉例來說，歐洲人與其他歐洲人之間變異相同的比例較高，東亞人之間以及非洲人之間也是如此。一九九〇和二〇〇〇年代，他們超越蛋白質變異，直接檢測人類的基因密碼，也就是DNA。他們分析遍布全球各地約五十個族群的一千名個體，檢測基因組中三百多個位置的變異[3]。他們使用電腦計算的方式（電腦完全不知道這些族群的分組狀況）把這些個體分成五組，結果相當神奇地十分符合我們直覺中的幾個人類遠古祖先（歐亞大陸西部、東亞、美洲原住民、新幾內亞和非洲）。

　　卡瓦利—斯福札對於以族群歷史詮釋現代人類的主要遺傳群

（genetic cluster）特別感興趣。他和同事運用技術，找出最能代表個體間差異的生物變異，以分析血型資料。他們把血型組合圖形畫在歐亞大陸西部地圖後，發現具有最多個體變異的血型在近東地區達到最大值，接著由東南到西北朝歐洲漸次降低[4]，他們把這個現象解釋為農民從近東地區遷徙到歐洲的遺傳足跡。我們已經從考古學得知，這樣的遷徙從九千年前開始。他們認為，密度降低代表第一批農民到達歐洲後，與當地的狩獵採集者融合。隨著他們逐漸擴散，狩獵採集者祖源（ancestry）也越來越多，這種現象稱為人口擴散（demic diffusion）[5]。以往許多考古學家認為，人口擴散模型是考古學與遺傳學兩者結合的典型範例。

卡瓦利—斯福札等人用來描述這些資料的模型看來似乎很有道理，但其實並不正確。二○○八年，約翰‧諾溫伯等人指出，出現在歐洲的這類梯度可能不隨著遷徙而提高[6]，卡瓦利—斯福札模型開始出現缺陷。接著他們又證明，近東地區農耕擴散進入歐洲的過程可能違反直覺，使卡瓦利—斯福札採用的數學方法產生生成的梯度垂直於遷徙方向的錯誤結果，但真實資料則是平行於遷徙方向[7]。

最後，由古代骨骼取得 DNA 的技術，引發所謂的「古代 DNA 革命」（ancient DNA revolution）正式宣告人口擴散模型失敗。古代 DNA 革命證明，即使是英國、斯堪地那維亞和伊比利亞等歐洲最偏遠地區最早的農民，狩獵採集者祖源也非常少。事實上，他們的狩獵採集者祖源比現今許多歐洲族群更少。現今歐洲的早期農民祖源中，比例最高的不是卡瓦利—斯福札依據血型資料所推斷的歐洲東南部，而是義大利西部位於地中海上的薩丁尼亞島[8]。

卡瓦利—斯福札地圖的例子說明了他的重大賭注最後為何失敗。他假設現今的族群遺傳結構可以反映人類過往的重大事件，這點是正確的。舉例來說，非洲以外的人類的遺傳多樣性低於非洲人，代表群五萬年前現代人族從非洲和近東地區向外擴散後，多樣性隨之降低。但是現在的人類族群結構無法還原古代事件的細節。問題不只是人類已經和周遭人類融合，淡化過往事件的遺傳特徵。我們可以從古代 DNA 得知，現在居住在某個地方的人幾乎不可能完全是過往居住在同地區人類的後裔[9]。在這種狀況下，任何研究試圖由現今族群還原以往的族群移動，效果都相當有限。卡瓦利一斯福札在《人類基因的歷史和地理》中寫道，他在分析族群時，排除了一些已知的大規模遷徙結果，例如美洲人的歐洲和非洲祖源，這些祖源來自近五百年來跨越大西洋的遷徙，或是羅姆人和猶太人等歐洲少數民族。他猜測研究以往比現在簡單得多，而且研究這樣一群信史上未曾受過大規模遷徙影響的族群，就等於研究許久前生活在同一地區的人的後裔。但古代 DNA 研究已經指出，過往其實不比現在簡單。人類族群經常被取代。

卡瓦利一斯福札對人類史前史遺傳研究領域的劃時代貢獻，讓人想到摩西的故事。這位極具遠見的領袖可說是後無來者，創造出關照世界的新模範。

聖經中說：「以後以色列中再沒有興起像摩西的先知。」但也提到摩西如何不被允許前往應許之地。摩斯花了四十年時間帶領人民穿越荒野後，登上尼波山，朝西眺望約旦河對岸，看著他的人民被應許進入的土地。但他自己被禁止進入這片土地，只准許他的後繼者進入。

以往的遺傳學研究就是如此。卡瓦利一斯福札比其他人更早看出遺傳學探究人類歷史的潛力，但他的遠見太過先進，當時的科技難以實現。但現在狀況不同了，我們握有多達數十萬倍的資料，也能取得古代 DNA 中的大量資訊。古代 DNA 已經取代傳統考古學和語言學工具，成為更重要的人口移動資訊來源。

最初五個人類基因組發表於二〇一〇年，包括幾個古代尼安德塔人（Neanderthal）基因組[10]、古代丹尼索瓦人（Denisova）基因組

[11]，以及一個大約四千年前的格陵蘭人 [12]。後來幾年發表了五個人類全基因組資料，接下來，二〇一四年共發表了三十八個人類資料。但到了二〇一五年，古代 DNA 全基因組分析步調突然加快。三篇論文先發表六十六組全基因組資料 [13]，接著發表一百組 [14]，最後再增加八十三組樣本 [15]。二〇一七年八月，單單我們實驗室就發表三千多個古代樣本的全基因組資料。現在資料產出的速度非常快，分析雙倍原始資料量所需的時間甚至比資料產出到發表的時間還短。

二〇一〇年來產生
全基因組資料的樣本總數

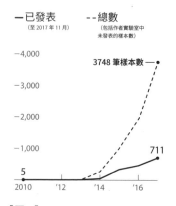

—已發表
（至 2017 年 11 月）

--總數
（包括作者實驗室中
未發表的樣本數）

3748 筆樣本數

711

5

2010　'12　'14　'16

【圖 2】
古代 DNA 實驗室現在產出資料的速度相當快，分析雙倍原始資料量所需的時間甚至比資料產出到發表的時間還短。

全基因組古代 DNA 革命所需的技術大多是德國萊比錫馬克斯·普朗克演化人類學研究所的史萬特·帕波等人的發明。他們開發這些技術，用來研究古代尼安德塔人和丹尼索瓦人等極為古老的樣本。我的研究成果則是把這些方法再推進一步，用於研究大量年代較近的樣本。雖然說「年代較近」，也有好幾千年歷史。傳統上，學徒制的學習期間是七年，我從二〇〇七年開始跟帕波一起做尼安德塔人和丹尼索瓦人的基因組研究計畫，同時開始學習。二〇一三年，帕波協助我成立自己的古代 DNA 實驗室，也是美國第一所專門研究全基因組古代人類

DNA 的實驗室。我的研究伙伴是娜汀·羅蘭，她在帕波的實驗室開始為期七年的學習，後來到我的實驗室。我們的主要概念是建立古代 DNA 產業：成立美式作風的基因工廠，運用歐洲開發的技術研究個體樣本。

　　我和羅蘭認為帕波實驗室的馬諦斯‧梅爾（Matthias Meyer）和付巧妹開發的技術，可能是大規模古代 DNA 研究的關鍵。梅爾和付巧妹的發明出自需求，因為他們必須從約四千年前的中國田園洞（Tianyuan）中早期現代人類骨骼取得 DNA[16]。梅爾和付巧妹從田園洞人的腿骨取得 DNA 時，發現其中只有〇‧〇二％來自這個人本身，其餘都來自人死後寄生在骨骼上的微生物。因為這個緣故，即使二〇〇六年直接定序的費用已經降低到十萬分之一，依然太過高昂。為了解決這個問題，梅爾和付巧妹借用醫學遺傳學家開發的方法。醫學遺傳學家開發出一種方法，從最重要的二％基因組中分離出 DNA，捨棄其他九十八％。梅爾和付巧妹也從田園洞人骨骼分離出一小部分人類序列，捨棄其他部分。

　　梅爾和付巧妹開發的 DNA 分離方法正是古代 DNA 革命成功的核心。一九九〇年代，分子生物學家運用原本用於印刷電路的雷射蝕刻技術，把選出的數百萬個 DNA 序列黏著在矽晶圓或玻璃晶圓上。接下來再以分子剪刀（酵素）把這些序列剪下，放進水狀混合物（watery mix）。梅爾和付巧妹以這種方法合成出五十二個字母長的序列。再把這些序列疊在一起，蓋在人類染色體上，就像屋頂的瓦片一樣。他們藉助 DNA 容易與類似序列結合的特性，用他們合成的序列當成「餌」，從田園洞人骨骼「釣出」需要的 DNA 序列。他們發現，他們取得的 DNA 大多數來自田園洞人的基因組。不僅如此，這些 DNA 還是來自田園洞人基因組中他們想研究的部分。他們分析這些資料，證明田園洞人是早期現代人類，一部分譜系繁衍出現代東亞人。在這個人的祖源中，幾十萬年前與現代人類譜系分離的古代人類（archaic human）譜系比例不算很高，不符合先前依骨骼形狀提出的推論[17]。

　　我和羅蘭採用這種技術研究整個基因組。我們和德國同事合作，合成出五十二個字母長的 DNA 序列，涵括人人不同的一百多萬個位置。我們用這些誘餌序列提高人類 DNA 對微生物 DNA 的比例，這種方法有時候可以把我們要研究的 DNA 的比例提高一百倍以上。效率提高了大約十倍，因為只瞄準基因組中對我們有用的部分。我們把整個方法自動化，用機器人處理 DNA，因此一個人能在數天之內研究九十多個樣本。我們請來一組技術人員，把古代骨骸磨成粉末，從粉末中萃取 DNA，再把取出的 DNA 轉換成我們能定序的形式。這些實驗室工作還只是開頭，還有一項同樣複雜精細的工作，就是把幾十億個 DNA 序列依所屬的個體分開，分析資料及去除遭到污染的樣本，最後建立容易查找的資料集。六年前進入我們實驗室的物理學家夏普．馬利克用我們的電腦處理這些工作，並且隨資料特性改變和資料量增加持續更新資料處理策略。

　　結果遠遠超出我們的預期，產出全基因組資料的成本降低到每個樣本少於五百美元，比直接執行全基因組定序便宜幾十倍。更棒的是，這種方法讓我們得以從將近一半篩選過的骨骼樣本中取得全基因組資料，不過成功率當然隨骨骼保存狀況而定。舉例來說，由寒冷的俄羅斯取得的古代樣本約可達到七十五％成功率，而炎熱的近東地區成功率則只有約三十％。

　　這些進展代表古代 DNA 全基因組研究已經不需要篩選大量骨骼，才能找出幾個 DNA 可分析的個體。相反地，在年代在近一萬年內的篩選樣本中，有不少比例可以轉換成可用的全基因組資料。新方法讓我們能在一項研究中分析數百個樣本。有了這些資料，就能十分精細地還原族群變化，改變我們對過往的了解。

　　到二〇一五年年底，我在哈佛大學的古代 DNA 實驗室發表過的全基因組人類古代 DNA 超過全世界的一半。我們發現，歐洲北部族群大多被五千年前開始來自歐洲東部大草原的大規模遷徙取代[18]。一萬多年前，農耕從近東地區多個高度分化的人類族群開始發展，接著這些族群朝各個方向擴散，隨農業擴張彼此融合[19]。大約三千年前開始陸續抵達偏遠太平洋島嶼的首批人類移民並非現今居民唯一的祖先[20]。此外，我也啟動一項計畫，調查全世界現今族群的多樣性，使用我和合作學者為研究人類歷史而開發的微晶片分析人類變異。我們用這個晶片研究來自全世界一千多個族群的一萬多個個體，這個資料集已經成為人類變異的重要支柱，不只提供我的實驗室使用，也提供給世界各地的其他實驗室[21]。

這次革命讓我們以令人驚奇的精細程度還原人類歷史事件。我記得我研究所畢業時跟我的博士指導教授大衛・戈德斯坦和他太太卡薇塔・納雅爾（Kavita Nayar）一起吃飯，他們都是卡瓦利—斯福札的學生。當時是一九九九年，全基因組古代DNA在十年後才問世。我們一起做白日夢，幻想藉由少許蛛絲馬跡還原過往時可以精細到什麼程度。一顆手榴彈在房間裡爆炸之後，如果拼湊四散的遺留物品，研究牆上的彈片，是否能還原出每樣物品在爆炸前的位置？開挖依然迴盪著幾千年前話音的洞穴，是否能還原早已消失的語言？現在，古代DNA讓我們能夠精細地還原古代人類族群間源遠流長的關係。

近來人類基因組變異呈現人類久遠歷史中各項變化的力量，已經超越研究古代社會留存至今文物的這種傳統考古學工具[22]，幾乎每個人都大吃一驚。《紐約時報》科學記者卡爾・齊默（Carl Zimmer）經常撰寫這個領域的報導。他告訴我，被報社指派報導古代DNA研究時，他只是想幫忙科學團隊，認為這只不過是小工作，自己的主要領域還是演化和人類生理學。原本預計每半年左右寫一天關於這個領域的報導，大約一兩年後就差不多可以寫完所有的研究成果。後來齊默才發現，幾乎每幾個星期就有重要科學論文發表，發展速度越來越快，革新的熱度也越來越高。

本書主題是人類過往歷史研究的基因組革命，這項革命來自全基因組取得的資料而促成的大量發現。所謂「全基因組」是同時分析整個基因組，而非只有分析粒線體 DNA 等一小部分基因。這個革命的力量遠遠超越取得古代人類基因組所有 DNA 的新技術。我不打算追溯遺傳學研究領域的發展史。這幾十年的人類變異科學分析開始於骨骼變異研究，接著研究人類基因組中微小片段的遺傳變異。這些研究帶領我們深入了解族群關係和遷徙，但這些了解比二〇〇九年起出現大量資料提供的眾多資訊遜色不少。二〇〇九年之前和之後，針對基因組的一或多個位置進行的研究，偶爾成為重要發現的基礎，提供一些有利於某些狀況的證據。但二〇〇九年之前的遺傳證據大多在其他領域的人類歷史研究中扮演附屬角色，可憐兮兮地協助考古學的主要業務。但從二〇〇九年開始，全基因組資料開始挑戰考古學、歷史學、人類學，甚至語言學中許多存在已久的看法，並且解決這些領域中的爭端。

古代 DNA 革命正快速地改變我們對過往的假設，但目前還沒有線上的遺傳學家撰寫書籍介紹這個新科學帶來的影響，並且說明如何運用它來確立引人注目的新事實。掌握古代 DNA 革命領域的發現，散見在各篇難懂又充斥專業術語的科學論文中，有時還有好幾百頁密密麻麻的補充資料。我撰寫《我們源自何方？》的目標是為讀者開啟一窺人類過往歷史的窗口，為一般讀者和專家寫一本介紹古代 DNA 革命的書籍。我的目的並不是介紹 DNA 合成技術，這個領域進展得太快。讀者們看到這本書時，書中介紹的某些新進展可能已經過時，甚至被否定。我開始撰寫本書的三年之間，許多新發現問世，所以我介紹的內容大多依據我開始撰寫之後獲知的結果。我希望讀者把我探討的主題當成全基因組研究強大力量的範例，而不是這門科學發展狀態的總結。

每一章都是一個論點，我採取的方式是帶領讀者走過發現的過程，無論讀者起初是否已有看法，希望最後都能夠有嶄新的認識。藉助我們實驗室在古代 DNA 研究領域的重要地位，在相關的地方也會介紹自己的研究工作（因為我在這個領域有一定的份量），同時在必要時探討我沒有參與的研究工作。因為採取這種方式，所以本書會特別強調我們實驗室的研究工作，抱歉只能提到一小部分對研究工作有重要貢獻的成員。我的重點在於傳達基因組革命的激動和驚奇之處，並且以平易近人的口吻陳述給讀者，而不是撰寫科學評論。

此外我也特別強調幾個才剛出現的重要主題，尤其是關於人類歷史上一再發生高度分化族群彼此融合的發現。對應於我們的「民族」概念，許多人認為人類在生物學上可以分成數個「原始」群體，起源則是數萬年前分離的族群。但這個存在已久的「民族」說法，近幾年來已經確定是不正確的，而且新的資料對於民族概念的批判與近百年來考古學家提出的典型說法相當不同。基因組革命還帶來了一個大驚奇，就是在不久之前的人類族群之間和現在不同，但族群間的斷層卻和現在大不相同。一萬年前人類身上取得的 DNA 指出，當時的人類族群結構在本質上有所不同。現今的族群是以往族群的混合體，以往的族群本身也是混合體，美國的非裔美國人和拉丁族群只是許多主要族群混合體中最新的兩種。

本書分成三個部分。第一篇〈人類的長遠歷史〉說明人類基因組不僅提供人類受精卵發育所需的所有資訊，也包含人類的演化史。第一章〈基因組如何解釋人類從何而來〉說明基因組革命告訴了我們人類從何而來，但方法不是呈現人類生物上與其他動物不同之處，而是揭開塑造人類的遷徙歷史和族群融合。第二章〈遇見尼安德塔人〉介紹突破性的古代 DNA 技術如何提供關於尼安德塔人的資料，指出他們如何與非洲以外所有現代人的祖先融合。尼安德塔人腦部相當大，是現代人的近親。這一章還將說明遺傳資料如何用於證明古代曾經發生族群間融合。第三章〈古代 DNA 湧現〉介紹古代 DNA 如何揭露人類歷史沒有人預期到的特徵。一開始介紹發現丹尼索瓦人的過程，丹尼索瓦人是過往不曾發現，考古學家也沒有預期的未知古代族群，與現今新幾內亞人的祖先互相融合。丹尼索瓦人基因組定序帶來一連串與古代族群與融合有關的發現，同時證明族群融合是人類的重要特質。

第二篇〈人類遷徙全世界的過程〉說明基因組革命和古代 DNA 如何改變我們對現代人類譜系的了解，同時以族群融合為統一主題，帶領讀者前往世界各地遊歷。第四章〈人類中的幽靈族群〉介紹從已經不存在的族群留存在現代人身上的少遺傳物質，還原這些族群尚未融合前的原貌。第五章〈現代歐洲人的形成〉說明現在的歐洲人如何由三個差異極大的族群繁衍到現在。近九千年來，這三個族群互相融合，考古學家取得古代 DNA 之後，才得以推測它們融合的方式。第六章〈形成印度的衝突事件〉說明南亞族群如何與歐洲族群同時形成。在這兩個族群中，九千年前從近東地區出發的大規模農民遷徙，與原本的狩獵採集者融合。接著在五千年，再次由歐亞大陸大草原出發的大規模遷徙，帶來完全不同的祖源，或許也帶來印歐語言。第七章〈尋找美洲原住民祖先〉介紹現代和古代 DNA 的分析證明了，在歐洲人到達美洲之前的美洲原住民族群祖源來自亞洲的幾波大規模遷徙。第八章〈東亞人的基因組來源〉說明東亞人祖源與來自中國農業核心地區的大規模族群擴張之間的關係。第九章〈讓非洲重新納入人類歷史故事中〉的重點是古代 DNA 研究如何逐步揭開近幾千年農民大規模遷徙，取代原先族群或與之融合所寫成的非洲大陸長遠歷史。

第三篇〈基因組革命〉探討基因組革命對社會的意義。本篇提出幾項建議，說明如何設想我們個人在世界上的地位、我們與全世界七十多億人的關係，以及與過往和未來更多人的關係。第十章〈關於不平等的基因組學〉說明古代 DNA 研究如何依據社會力量不平等決定繁衍成功與失敗，揭露各族群、兩性以及族群內個人之間不平等的長遠歷史。第十一章〈種族與身分的基因組學〉主張上個世紀出現的正統性（認為人類族群關係太近，所以彼此間沒有實質生物差異的說法）已經過時，同時指出長期用於取代正統性的種族主義世界觀與遺傳資料呈現的狀況更加矛盾。此外，本章也藉助基因組革命，提出理解人類族群間差異的新方式。第十二章〈古代 DNA 的未來〉探討基因組革命的未來發展。本章主張，基因組革命在古代 DNA 協助下已經實現了卡瓦利—斯福札的夢想，成為研究古代族群的工具，功效與考古學及歷史語言學等傳統工具不相上下。古代 DNA 和基因組革命現在已經能夠解開以往無法解答的長遠歷史問題，也就是以前發生過的事，例如古代民族之間的關係，以及遷徙對考古紀錄改變的影響。古代 DNA 應該能讓考古學家更能大展身手，因為解決了這些問題之後，考古學家就能進一步探究他們感興趣的問題，那便是這些改變為何發生。

正式進入本文之前，我想提一下二〇〇九年我在麻省理工學院舉行專題演講時發生的事。這次演講是那個學期最後一次演講，用意是為一門運用電腦輔助基因組研究尋找疾病療法的課程增加豐富度。在說明印度族群演化史時，一位坐在前排中間的大學部學生注視著我，我提出結論時，她笑著問我：「你怎麼取得經費來做這些研究？」

我含糊地講述人類歷史如何塑造遺傳差異，以及了解過去對釐清疾病的風險因素有多麼重要等等。我提出一個例子，印度有好幾千個不同的人類族群，疾病發生率非常高，原因是奠基者具有的突變發生頻率隨族群擴張而提高。我向美國國家衛生院申請經費時提出這些論點，打算找出疾病發生在不同族群和不同頻率的風險係數。二〇〇三年我成立實驗室之後，這類補助為我的研究工作提供了不少經費。

這些主張雖然沒錯，但其實我應該採取不同的方式。我們科學家已經被研究經費補助制度制約，一直以是否對健康或科技有實際效用來評斷研究工作。但好奇心本身不就很有價值嗎？單純研究人類從何而來，不就是我們人類最想做到的事嗎？重視這些可能沒有立即經濟效用或其他實際用途的心智活動，不是知識社會的特質之一嗎？人類過往的研究和藝術、音樂、文學或宇宙學一樣重要，因為它讓我們了解自己的常見狀況的各個面向，這些面向十分重要，而且我們從來沒有想過。

PART
— ONE —

人類的
長遠歷史

CHAPTER 1

基因組如何解釋
人類從何而來

人類變異大事紀

　　要理解遺傳學為何能協助我們探究人類的過去，必須了解基因組（我們由雙親繼承來的所有遺傳密碼）如何紀錄資訊。一九五三年，法蘭西斯・克里克（Francis Crick）、羅莎琳・富蘭克林（Rosalind Franklin）、詹姆斯・華生（James Watson）和莫利斯・威爾金斯（Maurice Wilkins）證明，基因組是由大約三十億個化學構件組成的雙長鏈（總共有六十億個單元）。我們可以把這些構件想成字母，包括腺嘌呤（adenine，A）、胞嘧啶（cytosine，C）、鳥糞嘌呤（guanine，G）和胸腺嘧啶（thymine，T）[1]。我們所謂的「基因」是由一段段短鏈組成，每段的長度通常是一千個字母左右。基因的功能是模板，用來合成執行細胞內各項工作的蛋白質。基因之間是非編碼 DNA，有時稱為垃圾 DNA（junk DNA）。在 DNA 片段上進行化學反應的機器能讀取這些字母指令，在反應沿 DNA 序列行進時放射閃光。A、C、G、T 等字母進行化學反應時放射的色彩各不相同，

現代人演化重要年代

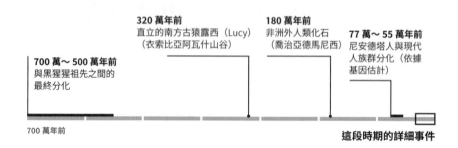

700 萬～ 500 萬年前
與黑猩猩祖先之間的
最終分化

320 萬年前
直立的南方古猿露西（Lucy）
（衣索比亞阿瓦什山谷）

180 萬年前
非洲外人類化石
（喬治亞德馬尼西）

77 萬～ 55 萬年前
尼安德塔人與現代
人族群分化（依據
基因估計）

700 萬年前

這段時期的詳細事件

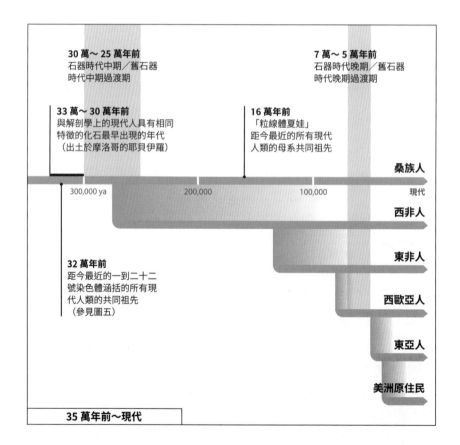

30 萬～ 25 萬年前
石器時代中期／舊石器
時代中期過渡期

7 萬～ 5 萬年前
石器時代晚期／舊石器
時代晚期過渡期

33 萬～ 30 萬年前
與解剖學上的現代人具有相同
特徵的化石最早出現的年代
（出土於摩洛哥的耶貝伊羅）

16 萬年前
「粒線體夏娃」
距今最近的所有現代
人類的母系共同祖先

桑族人

300,000 ya   200,000   100,000   現代

西非人

東非人

32 萬年前
距今最近的一到二十二
號染色體涵括的所有現
代人類的共同祖先
（參見圖五）

西歐亞人

東亞人

美洲原住民

35 萬年前～現代

所以字母序列能用攝影機掃描後輸入到電腦。

　　絕大多數科學家只留意基因包含的生物訊息，但 DNA 序列之間偶爾也會有些差異。這些差異源自基因組過去複製時出現在某些時刻的隨機誤差（稱為突變〔mutation〕）。這些差異的發生機率大約是一千分之一，基因和垃圾 DNA 都可能出現。遺傳學家探究過去時要研究的正是這些差異。在這大約三十億個字母中，無關的基因組之間通常有大約三百萬個差異。兩個基因組的片段之間差異密度越高，這兩個片段的共同祖先年代就越久遠，因為突變隨時間增加的速率大約是固定的。所以差異密度就像生物碼表，紀錄了以往發生的重要事件距離現在大約多久。

　　透過遺傳學研究過往，最令人驚奇的應用途徑是粒線體 DNA。

基因組可以看成是一串字母

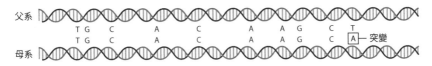

這些序列的差異源自突變

【圖3】

基因組含有約三十億個核苷酸。核苷酸可以想成四個生物字母，包括腺嘌呤（adenine，A）、胞嘧啶（cytosine，C）、鳥糞嘌呤（guanine，G）和胸腺嘧啶（thymine，T）。兩條排列整齊的基因組之間，這些字母大約有九十九‧九％相同，但其餘約〇‧一％的字母則有差異，反映出隨時間累積的突變。這些突變可以告訴我們兩個人之間的血緣遠近程度，同時紀錄關於過往的精確訊息。

粒線體 DNA 是基因組中非常微小的一部分（大約只有二十萬分之一），透過母親、女兒和孫女等母系親屬代代相傳。一九八七年，艾倫・威爾森（Allan Wilson）等人採集世界各地多個人種的粒線體 DNA，定序出數百個字母。他們比較這些序列之間的突變差異，建構母系親屬系統樹。他們發現，系統樹中最長的分支（也就是最早脫離主幹的分支）現在只出現在撒哈拉以南的非洲人後裔身上，表示現代人的祖先生活在非洲。相反地，現在非洲以外的人全都源自系統樹中年代較晚的分支[2]。依據一九八〇和一九九〇年代發現的考古、遺傳和骨骼證據下提出的主流整合結果中，這項發現成為十分重要的部分，支持現代人的祖先數十萬年前曾經生活在非洲的理論。威爾森等人依據突變累積速率，估算出所有分支的共同祖先中，距離現在最近的粒線體夏娃（Mitochondrial Eve）大約生活在二十萬年前[3]。目前最可靠的估計年代是十六萬年前左右，但我們必須了解，這個數據和大多數遺傳年代一樣不大精確，因為人類突變的實際發生速率並不確定[4]。

共同祖先年代距離現在如此之近，相當令人興奮，因為這打破了多區域說（multiregional hypothesis）。根據這個假說，生活在非洲和歐亞大陸許多地區的現代人類大多源自直立人（Homo erectus）早年的擴散（距今至少一百八十萬年）。直立人能製作粗糙的石造工具，腦容量大約是現代人類的三分之二。多區域說則指出，直立人的後代在非洲和歐亞大陸各地分別演化，形成現在生活在相同地區的族群，因此多區域說預測，現代人類身上有些粒線體 DNA 序列在兩百萬年前左右分化開來，也正是直立人擴散的年代。然而，遺傳資料完全不吻合這個預測。所有現代人類的共同粒線體 DNA 祖先距今只有兩百萬年的十分之一，代表現在的人類大多源自年代晚近許多的擴散，從非洲前往世界各地。

人類學證據指出當時可能的狀況。最古老的「解剖上具有現代人類相同特徵」的人類骨骼（也就是在球狀顱骨和其他表徵方面位於所有現代人類的變異範圍內）年代約為二十～三十萬年前，而且全部出自非洲[5]。但在非洲和近東地區外，解剖學上的現代人目前還沒有年代早於十萬年前的可信證據，年代早於五萬年前的證據也相當有限[6]。石造工具種類的考古證據也指出五萬年前開始出現重大改變，西歐亞大陸考古學家稱這個時期為舊石器時代晚期（Upper Paleolithic），非洲考古學家則稱之為石器時代晚期（Later Stone Age）。這段時期之後，製造石造工具的技術大幅躍進，此後每幾千年改變風格一次，改變步調比冰河還慢。這段時期的人類也開始留下更多展現美學與精神生活的文物：鴕鳥蛋殼串珠、拋光的石質手鐲、以紅色氧化鐵製作的身體塗料，以及全世界最早的具象藝術。目前已知全世界最古老的小雕像是長毛象牙刻成的獅子人（lion-man）雕像，發現於德國的霍倫斯坦－施泰德洞穴（Hohlenstein-Stadel），年代約為四萬年前[7]。法國蕭維岩洞（Chauvet Cave）中的前冰川時期動物畫的年代約為三萬年前，現在仍被認為是傑出的藝術作品。

從大約五萬年前開始，考古紀錄變化大幅加快，同時也反映在族群變化上。尼安德塔人大約四十萬年前出現在歐洲，由於骨骼形狀不在現代人類變異範圍內，所以被視為「古代」人類，於四萬一千年～三萬九千年前在西歐滅絕，此時現代人類到達西歐只有數千年[8]。歐亞大陸其他地方也有族群反轉現象，非洲南部也是如此，證據包括某些地點遭到棄置以及石器時代晚期文化突然出現[9]。

這些變化最自然的解釋是解剖上具有現代人類相同特徵的某個人類族群擴散，這個族群的祖先包括擁有先進新文化的「粒線體夏娃」，並且取代了原先居住在這些地方的人類。

基因轉換的強大吸引力

在一九八〇和一九九〇年代，發現遺傳學可能有助於辨別哪一項人類起源假說是否正確後，許多人對這個學科提出決定性解釋的潛力寄予厚望。有人甚至認為遺傳學不只能提供證據，證明現代人類從大約五萬年前開始由非洲和近東地區向外擴散，還具有其他功能。基因或許也是擴散的原因，能像 DNA 中由四種字母組成的密碼一樣，單純完美地解釋考古紀錄的變化步調為何加快。

許多人類學家相信基因改變可以解釋人類的行為為何與祖先出現差別，其中最著名的是理查·克萊恩（Richard Klein）。他提出非洲曾於石器時代晚期、歐亞大陸西部則於舊石器時代晚期出現重大改變的概念。大約五萬年前開始，現代化的人類行為突然形成，原因是某個基因發生突變的頻率提高，影響大腦生理過程，促使人類製造創新工具和發展出複雜行為。

依據克萊恩的理論，這個突變的發生頻率提高，讓人類獲得了運用概念語言的能力等重要特質。克萊恩認為，這個突變發生之前，人類還沒有這些現代化行為。某些物種只要少數基因改變就能帶來重大改變的例子，進一步支持他的理論。例如墨西哥野生的玉米草只需要五個改變，就能使小小的穗變成我們今天在超市買到的巨大玉米[10]。

克萊恩一提出這個假說，立刻就招來嚴厲批評，其中最值得注意的是莎莉·麥克布瑞提（Sally McBrearty）和艾莉森·布魯克斯（Alison Brooks）。她們指出，克萊恩視為現代化人類行為的特質，早就出現在比舊石器時代晚期和石器時代晚期早數萬年的非洲和近東考古紀錄中[11]。但即使所有行為都曾經出現，克萊恩依然指出重要的事實。現代化人類行為的證據從五萬年前開始增加已經無可否認，同時引發這些行為是否受生理改變影響的質疑。

遺傳學家史萬特．帕波成長於許多人看好遺傳學有能力為難解之謎提供簡單解釋的時代。他在「粒線體夏娃」發現之後進入威爾森的實驗室，後來更發明許多古代 DNA 革命的工具，並且定序尼安德塔人基因組。二〇〇二年，帕波等人發現 FOXP2 基因的兩個突變可能發生於五萬年前的這些重大變化。二〇〇一年，醫學遺傳學家發現 FOXP2 基因突變將導致一種不尋常的症狀，此症狀患者的認知能力正常，但無法運用英文文法等複雜語言[12]。帕波等人證明，在黑猩猩和小鼠分化超過一億年的演化歷程中，FOXP2 基因製造的蛋白質幾乎完全相同。然而，人類與黑猩猩由共同祖先分化之後，有兩個蛋白質改變只出現在人類譜系，代表這個基因在人類譜系中演化速度加快許多[13]。帕波等人後來的研究發現，轉植人類 FOXP2 基因的小鼠與正常小鼠大致完全相同，只有叫聲不同，證實這些變化確實影響發音[14]。FOXP2 這兩個突變不可能是五萬年前之後這些變化的原因，因為尼安德塔人也有這些突變[15]。不過帕波等人後來發現第三個突變。這個突變影響的是 FOXP2 何時以及在哪些細胞內轉換成蛋白質，現代人類幾乎都有這個突變。這個改變沒有出現在尼安德塔人身上，所以可能是數十萬年前現代人類與尼安德塔人分化後的演化關鍵[16]。

無論 FOXP2 本身對現代人類生理的重要程度如何，帕波指出，為了尋找現代人類行為的遺傳原因，我們必須定序古代人類基因組[17]。二〇一〇年到二〇一三年間，帕波主持一連串研究，發表尼安德塔人等許多古代人的完整基因序列。他的論文中列出約一百多個僅出現在現代人類身上，但未出現在尼安德塔人身上的基因變化清單，而且這份清單仍在持續修訂[18]。這份清單中有些變化對生理過程而言當然非常重要，但我們才剛開始著手找出這些變化。因此，我們對基因組的理解只有幼稚園程度。即使我們知道如何解譯個別單字（例如我們知道 DNA 字母序列如何轉換成蛋白質），但仍然無法分析整個句子。

可惜的是，像 FOXP2 突變這類在人類祖先身上因為物競天擇壓力而增加發生頻率，而且我們已經了解部分功能的例子不到十個。這些例子都是研究生或博士後研究員運用遺傳工程繁殖小鼠或魚類，長年鑽研生命的奧秘，才取得一些成果。因此要了解現代人具有但尼安德塔人缺少的每種突變各有什麼功能，必須成立演化領域的曼哈頓計畫。這項人類演化生物學的曼哈頓計畫，是人類責無旁貸的計畫。但即使這項計畫果真實現，獲得的結果也將十分複雜，因為使人類如此獨特的基因變化極多，很難解讀出正確答案。儘管科學問題十分重要，但我認為我們應該無法找到簡潔優美又令人滿意的答案來解釋人類行為的現代化。

不過，即使只研究基因組中少數幾處無法得到滿意的解釋，但基因組革命帶來的大驚奇是，它從另一個觀點提出解釋，這個觀點就是歷史。我們跳脫粒線體 DNA 和 Y 染色體代表的一小部分過往，把眼光放大到整個人類基因組紀錄，觀察人類祖先呈現多重性的過往。了解整個基因組，就能開始以全新的方式描繪人類如何發展成現在的樣貌。這個以遷徙和族群融合為基礎提出的解釋，就是本書的主題。

十萬個亞當和夏娃

一九八七年，記者羅傑・雷文（Roger Lewin）稱呼現今所有人類的共同母系祖先為粒線體夏娃，讓人想起人類創生的故事：有一位女性是目前所有人類的母親，她的後代則遍布全球[19]。這個名稱吸引了大眾的目光，現在不僅大眾經常使用這個名稱，許多科學家也這麼稱呼人類的共同母系祖先。但這個名稱造成的誤導大於實質效用，它帶來錯誤的印象，認為人類所有 DNA 都來自兩個祖先，想了解人類的歷史，只要追溯粒線體 DNA 代表的母系，以及 Y 染色體代表的父系就已經足夠。在這個可能性的激勵下，美國國家地理學會從二〇〇五年開始執行基因地理計畫（Genographic Project），採集涵括許多民族接近一百萬人的粒線體 DNA 和 Y 染色體資料，但這項計畫還沒有開始就已經過時。這項計畫基本上不嚴謹，有意義的科學成果也相當少。從一開始，粒線體 DNA 和 Y 染色體資料中關於人類過往的資料顯然大多已經被發掘出來，整個基因組中埋藏著更多的故事。

事實上，基因組中包含許多祖先的故事，共有數萬個獨立的家系譜系，而不只是由 Y 染色體和粒線體 DNA 所追溯的兩個。要了解這一點，我們必須知道，除了粒線體 DNA 之外，基因組不是來自單一祖先的連續序列，而是一幅馬賽克作品。就一定程度而言，有四十六塊馬賽克磚是染色體。染色體是長段 DNA，一段段分散在細胞中。每個基因組包含二十三條染色體，而一個人有兩個基因組，分別來自雙親，所以總數是四十六條。

不過染色體本身則是更小的馬賽克磚組成的作品。舉例來說，女性卵子中的染色體的前三分之一或許來自她的父親，後三分之二可能來自母親，是雙方染色體在她的卵巢中剪接的結果。女性製造卵子時平均進行約四十五次新剪接，男性製造精子時平均進行約二十六次剪接，因此每一代共進行大約七十一次新剪接[20]。所以，我們每向前追溯一代，基因組中剪接在一起的祖先片段數目就越多。

這表示我們的基因組中包含非常多的祖先。一個人的基因組來源包含四十七段 DNA，分別是父親和母親的染色體，再加上粒線體 DNA。如果回溯一代，基因組來源是來自雙親的一百一十八段 DNA（四十七加七十一）。回溯兩代，祖先 DNA 段數增加到來自四位祖父母的一百八十九段 DNA（四十七加七十一再加七十一）。如果繼續回溯，每一代增加的祖先 DNA 段數很快就會被持續加倍的祖先人數超越。舉例來說，如果追溯十代，祖先DNA是七百五十七段左右，但祖先人數是一千零二十四人，因此每個人的祖先中一定有好幾百人完全沒有提供DNA。如果追溯二十代，一個人的祖先人數將超過其基因組中祖先DNA段數的一千倍，所以每個人其實只繼承了一小部分祖先的DNA。

　　從這些計算過程可以得知，以歷史紀錄建立的家系內容和一個人的基因遺傳狀況不會相同。聖經和皇室紀錄好幾十代的家系，但即使家系內容正確，我們也幾乎可以確定英國女王伊莉莎白二世並未繼承諾曼第威廉一世的DNA。威廉一世於一〇六六年征服英格蘭，被視為是伊莉莎白二世二十四代前的祖先[21]。這並不表示伊莉莎白二世沒有繼承年代那麼久遠的祖先的DNA，而是表示在一六七七萬七二一六個家系祖先中，伊莉莎白二世只繼承了一七五一人的DNA。這個比例非常小，除非威廉一世在幾千條譜系路徑中是伊莉莎白二世的祖先，否則他在遺傳方面不可能是伊莉莎白二世的祖先。即使以英國皇室這麼高的近親通婚比例而言，這點也不大可能成立。

　　如果再往前追溯，一個人的基因組將會分散成更多的祖先DNA片段，分散到更多祖先身上。如果向前追溯五萬年，我們的基因組將分散成十萬個以上的祖先DNA片段，超過當時任一個族群的人口，所以賦予我們DNA的祖先幾乎包括每個擁有許多後代的遠古祖先。

　　不過，比較基因序列所能得知的遠古時代訊息相當有限。在基因組中的每個位置，只要追溯到一定程度，就會到達所有人都是同一個祖先的年代，超過這個年代再向前追溯，就無法透過比較現代人類的DNA獲知關於遠古的任何資訊。從這個觀點看來，基因組中每個點的共同祖先就像天文物理學的黑洞，年代更久遠的所有資訊都無法逃出。就粒線體DNA而言，這個黑洞出現在十六萬年前

「粒線體夏娃」的年代。就基因組其餘部分而言,黑洞出現在五百萬~一百萬年前,因此基因組其他部分可以提供的資訊比分析粒線體 DNA 所能獲得的資訊年代更久遠[22]。超過這個年代,一切都在黑暗之中。

追溯這麼多系譜來探索過往的力量十分龐大。在我的心目中,想到基因組時,不是把它當成面前的事物,而是源遠流長、由血統和 DNA 序列所構成的織錦。這些 DNA 序列代代相傳,可以一路追溯到遙遠的過往。我們向前追溯時,絲線彎彎曲曲地經過更多祖先,透露關於族規模和每一代的子結構的資訊。舉例來說,大約五百年前曾經出現一種說法,認為非裔美國人的祖先有八十%是西非人、二十%是歐洲人,這種說法的年代早於歐洲殖民主義促成的族群遷移和融合,一個人可能有八十%的祖先生活在西非,其餘可能生活在歐洲。但這類說法就像影片中靜止的畫格,只呈現過去的某一刻。另一個同樣可信的觀點是十萬年前,非裔美國人祖先的譜系絕大多數和現代人類一樣位於非洲。

人類基因組述說的故事

二〇〇一年,人類基因組首度定序完成,代表我們已經解讀出人類基因組中絕大多數化學字母。這個序列中約有七十%來自單一個人,是一個非裔美國人[23],但有些來自其他人。二〇〇六年,商業界開始銷售可以降低萬分之一成本的 DNA 字母解讀機器人,後來更降低到十萬分之一,讓更多人有經濟能力定序基因組。因此我們不只能比較粒線體 DNA 等來自幾個獨立位置的序列,還可以比較整個基因組。現在我們能重構每個人的數萬個血統關係,這大幅改變了歷史研究工作。科學家能蒐集的資料多了數千倍、甚至數萬倍,而且能檢驗整個基因組呈現的人類發展史是否與粒線體 DNA 和 Y

完整基因組透露更加豐富的故事

Y 染色體和粒線體 DNA 只呈現全男性或全女性的譜系（虛線），全基因組則包含關於其他數萬人的資訊。

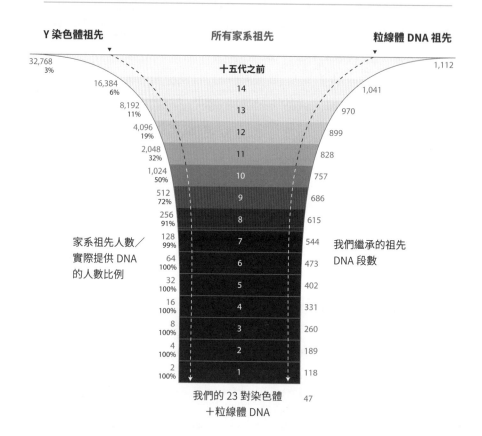

Y 染色體祖先　　　　　　　　所有家系祖先　　　　　　　粒線體 DNA 祖先

32,768
3%　　　　　　　　　　　十五代之前　　　　　　　　　　1,112

16,384
6%　　　　　　　　14　　　　　　　　1,041

8,192
11%　　　　　　　13　　　　　　　970

4,096
19%　　　　　　12　　　　　　899

2,048
32%　　　　　11　　　　　828

1,024
50%　　　　10　　　　757

512
72%　　　9　　　686

256
91%　　　8　　　615

家系祖先人數／　128
實際提供 DNA　99%　　7　　544　　我們繼承的祖先
的人數比例　64　　　6　　473　　DNA 段數
100%

32
100%　　　5　　402

16
100%　　　4　　331

8
100%　　　3　　260

4
100%　　　2　　189

2
100%　　　1　　118

我們的 23 對染色體
＋粒線體 DNA　　　　47

【圖 4】

每追溯一代，祖先人數就會加倍。然而我們繼承的 DNA 段數每代只增加七十一個。這表示如果追溯八代以上，一定會有某些祖先的 DNA 沒有傳給我們。如果追溯十五代，某一個祖先的 DNA 直接傳給我們的機率將變得非常低。

染色體所呈現的相同。

李恆和理查‧德賓（Richard Durbin）發表於二〇一一年的論文指出，一個人的基因組中包含許多祖先的相關訊息，不只理論上有此可能，而且確實如此。為了由一個人的 DNA 解讀出族群的長遠歷史，李恆和德賓藉助的原理是每個人擁有的基因組不只一個，而是兩個，分別來自父親和母親 [24]。因此只要計算一個人分別得自父親和母親的基因組中的突變數差異，就能斷定每個地點的人的共同祖先生活在哪個年代。此外，李恆和德賓檢視這些祖先的生活年代範圍，把一萬個亞當和夏娃的年齡畫成圖形，得知每個時代祖源族群的規模。在小型族群中，兩個隨機選取的基因組序列源自同一個親代基因組序列的機率相當大，因為擁有這兩個序列的人有一名共同的親代。然而在大型族群中，這樣的機率就小得多。因此，從有證據顯示具有共同祖先的譜系比例特別高的年代，就可以找出族群規模較小的年代。

華特‧惠特曼（Walt Whitman）在他的詩《自己之歌》（*Song of Myself*）中寫道：「我反駁了我自己嗎？／很好，那麼我反駁了我自己／（我很大，包含許多人）」惠特曼說的可能是李恆和德賓的實驗，以及實驗證明整個族群史蘊含在一個人身上，理由是許許多多祖先的歷史都紀錄在這個人的基因組中。

李恆和德賓的研究有個意料之外的發現，就是研究證據顯示非洲與非洲外族群分開後，非洲外人類的共同歷史中有很長一段時間，族群規模相當小。從許多共同祖先數萬年來的擴散證據看來也是如此 [25]。非洲外族群的共同瓶頸事件（bottleneck event），也就是少數祖先繁衍出今天的大量後代，其實不是新發現。但在李恆和德賓這項研究之前，沒有資料足以說明這次事件的持續時間，這個事件很可能只持續數個世代。舉例來說，有一小群人橫越撒哈拉沙漠到達北非，或是從非洲到達亞洲。李恆和德賓的族群規模長時間偏小的

【圖 5】

如何得知我們的共同基因祖先距離現在到底有多久？

❶ 每個人擁有兩個基因組，一個來自母親，一個來自父親。有些片段特別相似。某個片段中的差異（又稱為突變）越多，我們得自雙親的兩組基因的共同祖先距離現在越久。

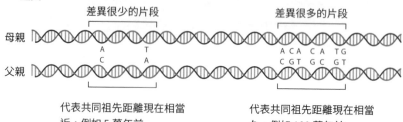

差異很少的片段　　　　　　　　　差異很多的片段

母親

父親

代表共同祖先距離現在相當近，例如 5 萬年前

代表共同祖先距離現在相當久，例如 100 萬年前

❷ 就任意兩個非洲外人類的基因組而言，二十%以上個別基因的共同祖先距離現在五萬～九萬年。這代表曾經出現族群瓶頸，有一小群創始者在非洲以外繁衍出今天的許多後代。

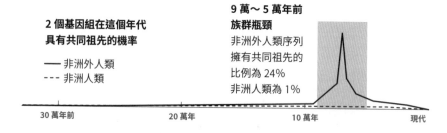

2 個基因組在這個年代具有共同祖先的機率

—— 非洲外人類
- - - 非洲人類

9 萬～ 5 萬年前族群瓶頸

非洲外人類序列擁有共同祖先的比例為 24%
非洲人類為 1%

30 萬年前　　　　　20 萬年　　　　　10 萬年　　　　　現代

❸ 在第一到二十二對染色體中，所有現代人類的共同祖先生活年代介於五百萬～一百萬年前，而且不可能比三十二萬年前更近。

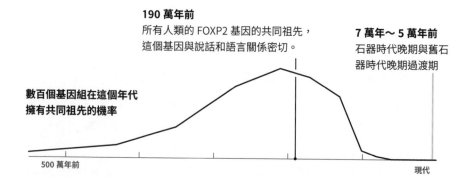

190 萬年前

所有人類的 FOXP2 基因的共同祖先，這個基因與說話和語言關係密切。

7 萬年～ 5 萬年前

石器時代晚期與舊石器時代晚期過渡期

數百個基因組在這個年代擁有共同祖先的機率

500 萬年前　　　　　　　　　　　　　　　現代

證據也很難支持五萬年前現代人類在非洲內外大幅擴散的說法。人類的歷史或許沒有那麼簡單，優勢團體並非到了哪裡都能立刻興盛起來。

全基因組觀點如何終結簡單的解釋

拜近幾十年來科技大幅進展之賜，我們得以從整個基因組探討人體生物學，進而比以往更完整地還原族群歷史。在還原過程中，我們發現由粒線體 DNA 建構的簡單理解，以及依據現代化人類行為在非洲和歐亞大陸各處考古遺跡越來越普遍，而斷定有一或數項改變帶動石器時代晚期和舊石器時代晚期過渡的假設說法，其實經不起仔細檢視。

二〇一六年，我和同事採用李恆和德賓的方法[26]，將世界各地的族群與現代族群的祖源中比例相當大、而且最早分離的現代人類譜系，也就是非洲南部以狩獵和採集維生的桑族人（San）的祖源中比例最高的族群做比較。我們的研究結果[27]和其他人的研究結果[28]相同，發現分離大約開始於二十萬年前，並在十多萬年前大致完成，證據是區別桑族人和非桑族人的突變密度一直相當高，表示在近十萬年間，桑族人和非桑族人的共同祖先相當少。非洲中部森林的「俟儒」（Pygmy）族群的祖源也同樣特別。某些人類族群彼此隔離的年代十分久遠，也與舊石器時代晚期和石器時代晚期前的現代化人類行為源自單一突變的說法互相矛盾。對這個時期的現代化人類行為十分重要的某個關鍵變化，很可能出現在現今某些人類族群身上。這個突變發生在他們的祖先身上，但沒有發生其他族群身上或頻率極低。但這似乎又不符合現今所有人類都能運用概念性語言及以現代化方式創新文化的事實。

我們運用李恆和德賓的方法，在我們分析的所有基因組上，尋找指出共同祖先生存年代為舊石器時代晚期和石器時代晚期前的位置時，基因轉換概念的另一個問題變得更加顯著。我們發現，在FOXP2 上（依據先前的研究結果最有可能發生轉換的基因），現今所有人類的共同祖先（也就是最近一個擁有與現代人類相同 FOXP2 基因的人）生存年代超過一百萬年 [29]。

我們把分析範圍擴大到整個基因組，所有位置都指出現今所有人類的共同祖先生存年代至少是三十二萬年前，只有粒線體 DNA 和 Y 染色體例外。這個數字比克萊恩的假說長了許多。如果克萊恩的說法正確，除了粒線體 DNA 和 Y 染色體外，基因組中應該會有其他位置指出人類的共同祖先生活在近十萬年內，但這樣的位置其實並不存在。

我們的研究結果並未完全排除單一重大基因變化的假設。基因組中有一小部分包含複雜的序列，這些序列難以研究，也沒有列入研究範圍。但如果這個關鍵變化確實存在，應該沒有地方可以躲藏。與基因組革命前，粒線體 DNA 和其他遺傳資料指出的年代相比，人類基因大幅改變和族群分化的年代也早了許多。如果我們要在基因組中找尋線索，探究現代人類與眾不同的原因，單靠一或數個變化來解釋很可能不夠。

很快地，二〇〇〇年代科技革命後問世的全基因組研究法就指出，物競天擇不大可能如同克萊恩的猜測一樣，只在少數基因上出現變化那麼簡單。史上第一個全基因組資料集發表時，許多遺傳學家（包括我自己在內）開發出各種方法，在基因組中尋找受物競天擇影響的突變 [30]。我們要找的是顯著的目標，也就是物競天擇對幾種突變造成明顯影響的例子。這類顯著目標包括讓人類成年後能消化牛奶、或是使皮膚變黑或變白以適應當地氣候，以及抵抗具傳染性的瘧疾等各種突變。我們通力合作找出這類突變，因為它們的出現頻率很快地由低變高，因此現在許多人的共同祖先生存年代相當近，或是某兩個族群的突變出現頻率差異極大，但其他方面都很類似。這類事件在基因組變異模式留下明顯的痕跡，相當容易檢測得知。

然而這個大發現帶來的振奮被莫莉·普沃斯基的研究結果沖淡了。普沃斯基的研究主題是物競天擇可能留在整個基因組上的模式類型。二〇〇六年普沃斯基等人的研究指出，掃描現今人類的基因組變異，可能會漏失大多數物競天擇事件，因為這些事件的統計檢定力不足，難以檢知。此外這種掃描對某幾種物競天擇的檢測能力比較強[31]。她於二〇一一年主持的一項研究指出，人類演化可能只有一小部分和強大的物競天擇同時發生，形成族群中前所未見的有利突變[32]。因此，使人類成年後仍能消化牛奶等這類強大且容易檢知的物競天擇事件應該算是例外[33]。

那麼，如果物競天擇造成的影響不是頻率快速提高的單一突變，它的主要影響模式又是什麼？有個重要線索來自身高研究。二〇一〇年，醫學遺傳學家測量約十八萬人的身高，並分析其基因組，發現有一百八十個基因變化在身高較矮的人身上較常出現。這代表這些變化或基因組上的鄰近變化與身高縮減有直接關係。二〇一二年，另一項研究指出，南歐人如果擁有這一百八十個變化，通常會造成身高縮減，而且這個模式相當明顯，唯一可能的解釋就是物競天擇。兩個譜系分開後，北歐人身高增高或南歐人身高變矮，都是因為這個緣故[34]。二〇一五年，本實驗室的埃恩·麥提森進一步揭露這個過程。我們蒐集兩百三十個古代歐洲人的骨骼和牙齒 DNA 資料並加以分析，發現這些模式反映出物競天擇助長突變。從八千年前開始使南歐農民身高縮減，或是使五千年前以前生活在歐洲東部大草原地區的北歐人祖先身高增高[35]。身高較矮的人在歐洲南部，或身高較高的人在歐洲東部擁有的優勢，一定曾經使兒童生存率提高，因此有系統地改變了這些突變的出現頻率，最後形成新的平均身高。

在這項身高發現之後，其他科學家發現更多物競天擇影響人類其他複雜特徵的例子。二〇一六年一項研究分析數千名現代英國人的基因組，發現物競天擇使身高提高、頭髮更接近金色、眼睛更藍、嬰兒頭部更大、女性臀部更大、男性發育徒增更晚，以及女性青春期年齡更晚 [36]。

這些例子證明，運用全基因組的力量，同時檢視基因組中數千個位置，我們將可以藉助基因組中許多位置具有類似生物效果的大量基因變異，運用手中關於這些變異的資料，一舉突破普沃斯基發現的障礙「普沃斯基極限（Przeworski's Limit）」。我們取得這些資料的來源是全基因組關聯分析（genome-wide association studies），這項研究從二〇〇五年至今，已從實測性狀各不相同的一百多萬人採集資料，進而發現有一萬多種突變在具特定性狀的人身上發生頻率明顯提高，其中也包含身高 [37]。全基因組關聯分析對了解人類健康與疾病的價值一直有爭論，因為這類研究發現的突變變化通常效果相當小，因此結果很難用於預測哪些人可能罹病，哪些人不會 [38]。但我們經常忽略，關於人類演化隨時間產生改變的研究中，全基因組關聯分析提供了強大的資源。檢驗全基因組關聯分析，認定影響特定生物性狀的突變發生頻率是否同時改變，就可以取得物競天擇促成特定生物性狀的證據。

執行全基因組關聯分析，便是研究人類在認知和行為性狀方面變異的開端 [39]，而且這類研究（例如身高研究）讓我們得以探討人類祖先的現代化行為轉變是否源自物競天擇。這表示我們有機會深入探究，使克萊恩疑惑的問題：舊石器時代晚期和石器時代晚期考古紀錄指出的人類行為重大轉變。

但即使基因改變（透過許多突變，同時發生加上物競天擇）確實帶來新的認知能力，狀況也和克萊恩所說的基因轉換大不相同。

這種狀況下的基因改變不是創造力突然帶來現代化人類行為，而是因應外界施加的非遺傳壓力。在這種狀況下，人類族群無法適應的原因不是沒有人具有必要的突變，無法帶來前所未見的生物能力，而是因為促使人類的行為和能力在舊石器時代晚期和石器時代晚期出現重大進步所需的遺傳方程式不是非常神祕。促成現代化人類行為所需的突變已經發生，同時這些突變的其他組合可能在物競天擇下提高發生頻率，以便因應概念化語言發展或新環境條件帶來的不同需求。這些可能又轉而促成生活方式和創新出現進一步改變，形成自我強化循環。因此，即使對於促成現代人類的生理特質配合舊石器時代晚期和石器時代晚期的的新狀況而言，突變發生頻率提高確實相當重要，但依據我們現在對人類物競天擇本質以及許多生物性狀遺傳編碼的認識，當初這些突變發生之後，也不可能引發其後的重大改變。如果我們在舊石器時代晚期和石器時代晚期前不久出現的少量突變中尋找答案，可能無法找到滿意的解釋，告訴我們人類是什麼。

基因組觀點如何解釋我們人類是什麼

　　分子生物學家最先注意到基因組在人類演化研究方面的強大力量。分子生物學家可能基於背景，以及運用化約論方法解決遺傳密碼等重大生命奧秘的過往經驗，所以希望遺傳學能讓他們深入了解人類不同於其他動物的生物特性。考古學家和大眾也同樣因為這樣的期望而振奮。但這項研究計畫儘管重要，卻還在起步階段，因為答案不會那麼簡單。

　　基因組革命真正成功的領域是了解人類遷徙，而不是解釋人類生物學。近幾年來，基因組革命在古代 DNA 大力推動下，已經指出人類族群彼此間有以往料想不到的關係。這個故事和我們小時候學到或從流行文化得知的故事都不一樣。這個故事充滿驚奇，包括已分化的族群大規模混合、全面性的族群取代和擴張，以及史前時代不依現今族群差異劃分族群等。這個故事以前所未有的許多面向，述說彼此互有關聯的人類家族如何形成。

CHAPTER 2 | 遇見 尼安德塔人

尼安德塔人與現代人的交會

今天，我們所屬的人類子群，也就是現代人，是地球上唯一的人類。我們現代人可能是在五萬年前開始擴散到歐亞大陸各地，同時也在非洲內部小規模遷移的這段時期勝過或消滅其他人類。現在和我們關係最近的非洲猿猴，包括黑猩猩、巴諾布猿（bonobo）和大猩猩，都無法製作精細的工具或運用概念性語言。但大約四萬年前以前，全世界有許多種古代人類。這些古代人類體型和我們不同，但同樣直立行走，也具有許多相同的能力。考古紀錄無法解答這些古代人類和我們的關係，但 DNA 紀錄能夠解答。

了解尼安德塔人和我們的關係比其他人類更加重要。在四十萬年前的歐洲，陸地上大多是這些體型高大，腦部比現代人略大一點的人類。尼安德塔人的名稱來自一八五六年尼安德山谷（山谷的德文是 Thal 或 Tal）中一處石灰石礦場的工人發現的樣本。多年以來，許多人爭論這些骨骼來自畸形人類、人類的祖先，或是與我們差異

尼安德塔人演化重要年代

77 萬～ 55 萬年前
尼安德塔人與現代
人族群分化（依據
基因估計）

約 43 萬年前
胡瑟裂谷的骨骼和
DNA 指出，尼安德
塔人譜系已經在歐
洲演化。

30 萬～ 25 五萬年前
石器時代中期／舊石
器時代中期過渡期

這段時期的詳細事件

80 萬年前

33 萬～ 30 萬年前
與解剖學上的現代人具有相同
特徵的化石最早出現的年代
（摩洛哥傑貝爾依羅）

7 萬～ 5 萬年前
石器時代晚期／舊石器
時代晚期過渡期

13 萬年～ 10 萬年前
解剖學上的現代人擴散
到近東地區
（以色列斯庫爾洞穴和
卡夫澤洞穴）

7 萬年前
尼安德塔人離
開歐洲，向南
和向東擴散

3 萬 9000 年前
歐洲最後一批尼安
德塔人滅絕。

100,000 ya

現代

4 萬年前
尼安德塔人／現代人混血
（羅馬尼亞）

5 萬年前
現代人離開非洲和近東地區，
向外擴散。

6 萬年前
尼安德塔人骨骼
（以色列喀巴拉洞穴）

15 萬年前～現代

極大的人類譜系。尼安德塔人成為科學界認定的第一種古人類。查爾斯·達爾文在一八七一年出版的《人類的由來》（*The Descent of Man*）中主張，人類和其他動物一樣是演化的結果[1]。雖然達爾文本身不清楚尼安德塔人的重要程度，但科學家最後承認，尼安德塔人來自比猿猴更接近現代人的族群，同時為達爾文的理論提供證據，證明這類族群一定曾經存在。

其後一個半世紀又發現許多尼安德塔人的骨骼。相關研究指出，尼安德塔人由更古老的人類在歐洲演化而來。在流行文化中，尼安德塔人經常被視為和我們大不相同的野蠻人，但其實差異不大。一九一一年發現於法國拉沙佩勒（La Chapelle-aux-Saints）的尼安德塔人骨骼還原的笨拙樣貌，更加深了尼安德塔人的原始人形象。但從目前所有證據看來，大約十萬年前之前，尼安德塔人的行為和我們的祖先（也就是解剖學上的現代人）同樣進步。

尼安德塔人和解剖學上的現代人都會以勒瓦盧瓦（Levallois）技巧製作石製工具，這種方式所需的認知技能與手指靈巧度，和五萬年前現代人開發的舊石器時代晚期與石器時代晚期工具製作技術不相上下。這種技巧要把細心準備的岩心敲擊成薄片，但岩心和工具形狀差別很大，所以工匠必須記住工具完成時的樣子，以複雜的步驟加工岩石，才能達成目的。

也有其他線索指出尼安德塔人擁有精細的認知能力，包括證據顯示他們會照料病人和老人。伊拉克沙尼達洞穴（Shanidar Cave）的發掘工作中發現九具遺骨，全部都是刻意埋葬在這裡，其中之一是一眼失明的老人，而且有一隻手臂萎縮，如果沒有親友細心照顧，他不可能活下來[2]。此外，尼安德塔人也懂得象徵性，例如在克羅埃西亞克拉皮納洞穴（Krapina Cave）中發現的以老鷹爪子製作的飾品，年代約為十三萬年前[3]以及法國布呂尼屈厄洞穴（Bruniquel Cave）深處的石環，年代約為十八萬年前[4]。

　　儘管尼安德塔人和現代人有類似之處，兩者仍然有明顯的重大差異。一九五〇年代有一篇論文提到，尼安德塔人即使走進紐約的地下鐵也不會有人特別注意，「前提是要洗過澡、刮好鬍子，再穿上現代人的衣服」[5]。但事實上，尼安德塔人高凸的眉毛和引人注目的壯碩身體都是線索。尼安德塔人和現代人的差異，比現代人各族群間的差異更加明顯。

　　尼安德塔人與現代人的交會經常成為小說家的靈感來源。在一九五五年威廉·高汀（William Golding）的《繼承者》（Inheritors）中，現代人殺害一群尼安德塔人，還收養倖存的尼安德塔人小孩[6]。在一九八〇年瓊·奧爾（Jean Auel）的《愛拉與穴熊族》（The Clan of the Cave Bear）中，一名現代人女性被尼安德塔人帶大，這本書的主要構想是描寫這兩種高度進化的人類的互動，彼此間如此陌生卻又如此相似[7]。

　　有明確證據指出現代人和尼安德塔人曾經相遇。最直接的證據出自西歐地區，也就是尼安德塔人大約三萬八千年前消失的地方[8]。現代人到達這裡的時間至少早了幾千年，從大約四萬年前在義大利南部的富馬內，尼安德塔式石製工具被現代人常用工具取代可以得知。在歐洲西南部，年代介於四萬四千年到三萬九千年間的尼安德塔人遺骨周圍曾經發現以沙特爾佩隆（Chatelperron）方式製作的現代人常用工具，表示尼安德塔人或許曾經模仿現代人製作工具，或是這兩種人類曾經交易工具或物資。然而不是所有考古學家都接受這個說法，沙特爾佩隆文物的製作者究竟是尼安德塔人或現代人也一直有爭議[9]。

　　尼安德塔人和現代人的交會地點不只在歐洲，而是遍布整個近東地區。大約從七萬年前開始，一群強盛的尼安德塔人從歐洲擴散到中亞，最遠到達阿爾泰山（Altai），同時也進入近東地區。現代人原本就居住在近東地區，以色列喀美爾山（Carmel Ridge）的斯

尼安德塔人和現代人的互動

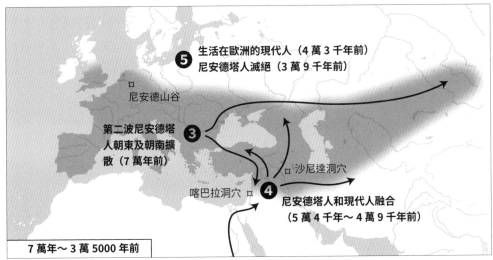

【圖 6】

　約四十萬年前，尼安德塔人是歐亞大陸西部的優勢人類，最遠向東擴散到阿爾泰山。現代人至十二萬年前到達這裡時，尼安德塔人依然存活。後來到六萬年前，現代人第二度從非洲遷徙到歐亞大陸，不久之後，尼安德塔人就告滅絕。

庫爾洞穴（Skhul Cave）和下加利利（Lower Galilee）的卡夫澤洞穴（Qafzeh Cave）中年代介於十三萬年到十萬年前的遺骨可以證明這點[10]。後來尼安德塔人遷徙到這個地區，喀美爾山喀巴拉洞穴（Kebara Cave）中曾經發現年代介於六萬到四萬八千年前的遺骨[11]。許多人以為尼安德塔人每次遭遇現代人時都被取代，但事實上是尼安德塔人從故鄉歐洲不斷進逼，現代人則節節敗退。但從六萬年前開始，現代人開始統治近東地區，尼安德塔人開始敗退，最後不僅在近東地區，在歐亞大陸也完全滅絕。所以尼安德塔人和現代人在近東地區至少曾經交會兩次，第一次是早期現代人在大約十萬年前居住在這個地區並建立族群，遇上擴散而來的尼安德塔人。第二次是現代人在六萬或五萬年前回到近東地區，取代尼安德塔人。

這兩個族群是否曾經混血？現代人的直系祖先是否也包含尼安德塔人？有些骨骼證據指出兩者曾經混血。艾瑞克·特林考斯（Erik Trinkaus）認為羅馬尼亞奧斯洞穴（Oase Cave）發現的遺骨介於現代人和尼安德塔人之間[12]。不過共通的骨骼特徵有時只代表適應相同的環境壓力，而不是有共同祖源。所以考古學和骨骼紀錄無法斷定尼安德塔人和我們之間的關係，但基因組研究可以。

尼安德塔人 DNA

起初，研究古代 DNA 的科學家的焦點幾乎都放在粒線體 DNA 上，理由有兩個。第一，每個細胞裡有將近一千兩百個粒線體 DNA，但基因組其他部分大多只有兩個，因此提取成功機率大大提高。第二，粒線體 DNA 包含的資訊相當豐富。以一定數量的 DNA 字母而言，差異比基因組中大多數其他位置更多，因此每成功分析一個 DNA 字母，就可以得知更精確的遺傳分離時間。粒線體資料分析證實尼安德塔人與現代人的共同母系祖先的年代比以往所知更近[13]，目前最精確的估計年代為四十七萬年～三十六萬年前[14]。此外，粒線體 DNA 分析也證實，尼安德塔人相當不同。他們的 DNA 種類在人類現今變異範圍之外，因此與現代人的共同祖先的年代比粒線體夏娃的年代早了好幾倍[15]。

尼安德塔人的粒線體 DNA，不支持尼安德塔人和現代人遭遇時曾經混血的說法，但同時粒線體 DNA 證據也無法排除尼安德塔人在現今非洲外人類的 DNA 中佔二十五％左右[16]。單靠粒線體 DNA 很難判定尼安德塔人在現代人祖源中所佔的比例是有理由的，即使現在的非洲外現代人確實有不少尼安德塔人祖源，當時也只有少數女性有機會把粒線體 DNA 傳給現代人類，如果這些女性大多是現代人，則我們現在看到的狀況就不足為奇了。所以粒線體資料不具決定性，但科學界的主流想法依然是尼安德塔人和現代人並未混血。帕波團隊從尼安德塔人完整基因組取得 DNA，讓我們得以探討它的所有祖先的歷史，而不只是母系。

尼安德塔人全基因組定序的進展必須歸功於尼安德塔人粒線體 DNA 定序後這十年間，古代 DNA 研究技術效率大幅躍進。

二〇一〇年之前，古代 DNA 研究的主要方法是聚合酶連鎖反應（PCR）技術。這種方法是選定目標 DNA，合成長度約為二十三個字母，而且是與目標區段兩側基因組相同的 DNA 片段。這些特殊片段挑出基因組中的目標區段，接著以酵素大量複製目標區段。這麼做的用意是選擇樣本中所有 DNA 中的一小部分，使它成為主要序列。這種方法捨棄目標以外的大部分 DNA，儘管如此，它仍然能提取要研究的某些 DNA。

提取古代 DNA 的新方法完全不同。這種方法先定序樣本中的所有 DNA，無論它位於基因組中哪個部分，也不依據目標序列預先選擇 DNA。它充分運用新儀器的強大能力，從二〇〇六年到二〇一〇年將定序成本降低了一千倍。資料以電腦進行分析，拼湊出大部分基因組，或是選出要研究的基因。

要讓這種新方法順利運作，帕波團隊必須克服幾項挑戰。首先，他們必須找到能提取足夠 DNA 的骨骼。人類學家研究的通常是化石，也就是已經礦物化，變成岩石的骨骼。但真正的化石無法提取出 DNA，因此帕波必須尋找尚未完全礦物化，仍然含有保存良好的 DNA 等有機物質的骨骼。第二，即使研究團隊能找到含有完整 DNA 的「黃金樣本」，他們仍然必須克服樣本被微生物 DNA 污染的問題。這些 DNA 可能來自個體死後附著在骨骼上的細菌和真菌，而且在大多數古代樣本的 DNA 中佔了絕大多數。最後，研究團隊必須考慮樣本可能遭到考古學家或分子生物學家等研究人員污染。他們處理樣本和化學物質時可能把自己的 DNA 留在樣本上。

污染可能為古代人類 DNA 研究造成嚴重問題。遭到污染的序列可能誤導分析人員，因為處理骨骼的現代人類可能和要定序的個體有關，即使關係相當遙遠也有影響。保存良好的樣本中的典型尼安德塔人古代 DNA 片段大約只有四十個字母，但現代人和尼安德塔人間的差異出現率大約是六百分之一，所以有時會無法區別某段 DNA 是來自骨骼或是處理者。古代 DNA 研究人員造成污染問題的例子經常出現。舉例來說，二○○六年，帕波團隊定序尼安德塔人 DNA 中大約一百萬個字母，當成全基因組定序的試驗[17]。序列中有很高的比例是現代人造成的污染，在解讀資料時造成嚴重影響[18]。

為了盡量降低古代 DNA 分析受到污染的機率，現代化的方法是採取一連串嚴格的防範措施。這個方法從二○○六年的研究開始採用，後來變得更加繁複。二○一○年，帕波和團隊成員成功定序無污染的尼安德塔人基因組。在研究過程中，他們篩選骨骼後，就放進他們以電腦晶片廠無塵室設計圖改裝而成的「無塵間」。無塵間天花板有與手術室相同的紫外線燈，研究人員不在時就會開啟，把可能造成污染的 DNA 變成無法定序的形式（紫外線也會破壞樣本表面的古代 DNA，但研究人員可深入樣本內部，取得未被破壞的 DNA）。無塵間內的空氣也加以重重過濾，除去可能污染 DNA 的微小塵粒，直徑超過人髮一千分之一的粒子都可以濾除。此外，無塵間內部有加壓裝置，使空氣由內向外流，防止樣本被流進無塵房內的 DNA 污染。

無塵間中有三個獨立的房間。研究人員在第一個房間中穿上全身隔離衣、手套和面罩。在第二個房間中，他們把準備用來取樣的骨骼放進小隔間，照射高能量紫外線，用意同樣是把表面可能造成污染的 DNA 轉換成無法定序的形式。接著研究人員以消毒過的牙科鑽挖機鑽挖骨骼，把數十或數百毫克的粉末集中到紫外線照射過的鋁箔上，再把粉末放進紫外線照射過的試管中。在第三個房間中，研究人員把粉末倒進化學溶液，去除骨骼的礦物質和蛋白質，再讓溶液流過純砂（二氧化矽）。在理想狀況下，二氧化矽能與 DNA 結合，同時去除可能妨礙定序化學反應的化學物質。

研究人員接著把得到的 DNA 片段轉化成可定序的形式。首先，他們透過化學反應除去 DNA 片段埋在地下千萬年後已經變質破碎的末端。帕波和團隊成員在二〇〇六年研究採用的方法添加了一道手續，在 DNA 片段末端加上人工合成序列，也就是一段化學「條碼」。加上這段條碼之後，就可輕易分辨出污染古代樣本 DNA 的序列。最後一步是在 DNA 的某一端添加轉接分子，讓新型機器可定序這些 DNA 片段。這些新型機器可使定序成本降低數萬倍。

保存狀態最佳的尼安德塔人樣本是三個出自克羅埃西亞文迪亞洞穴（Vindija Cave）的臂骨和腿骨，年代約為四萬年前。帕波團隊定序這些骨骼後，發現他們取得的 DNA 片段大多是附著在骨骼上的細菌和真菌。但他們比較過數百萬個現代人和黑猩猩基因組序列片段後，有了非常珍貴的收穫。這些參考基因組就像拼圖盒上的圖片，在比對定序後的微小 DNA 片段時提供了重要關鍵。這些骨骼含有的古代人類 DNA 最多可達四％。

二〇〇七年，帕波了解自己能定序整個尼安德塔人基因組時，組成一支跨國專家團隊，希望確認這些資料值得進行這些分析。我和我的主要科學研究搭檔，應用數學家尼克・派特森就是從這時一起加入。帕波找我們合作的原因是在這五年之間，我們成為族群混合研究領域中的創新者。我前往德國多次，在證明尼安德塔人曾經與現代人混血的分析中扮演重要角色。

尼安德塔人和非洲外人類的密切關係

可惜的是我們研究的尼安德塔人基因組有許多錯誤。我們知道這個是因為資料指出尼安德塔人和現代人，與共同祖先分出之後，發生在尼安德塔人家系中的突變是現代人類家系的好幾倍。這些明顯的突變大多不可能是真的，因為突變是以大致恆定的比例發生，而且尼安德塔人的骨骼相當古老，年代比現代人類基因組更接近共同祖先，因此包含的突變應該比較少。依據尼安德塔人家系的額外突變數量，估計我們研究的尼安德塔人序列的錯誤率大約是兩百分之一。這個數字聽來雖然相當小，但其實遠大於尼安德塔人和現代人類的真實比率差異。因此我們發現的尼安德塔人序列與現代人類序列間的差異大多是測定過程造成的錯誤，而不是尼安德塔人和現代人類基因組之間真實差異。為了解決這個問題，我們縮限研究範圍，只注意現代人類的可變化基因組中的位置。在這些位置，〇・五％的錯誤率太低，不可能干擾解釋。我們依據這些位置設計出一套數學檢驗方式，用來評估尼安德塔人與某些現代人類間的關係是否比其他現代人類更近。

我們開發的檢驗方式稱為四族群檢驗法（Four Population Test），現在已經成為比較族群的重要工具。這種檢驗法選定四個基因組，例如兩個現代人基因組、尼安德塔人，以及黑猩猩，以同一位置的 DNA 字母為目標。這個方法尋找可以用來區別兩個現代人類基因組、而且尼安德塔人也具有的突變（代表這個突變發生在尼安德塔人和現代人最終分化之前），檢驗尼安德塔人與兩個現代人族群的符合程度是否相同。如果這兩個現代人源自共同的祖源族群，而且祖源族群較早與尼安德塔人的祖先分化，那麼突變傳給這兩個現代人的機率就沒有理由不一樣，因此這兩個現代人基因組與尼安德塔人的相符率應該相同。相反地，如果尼安德塔人曾經和某些現

四族群檢驗法

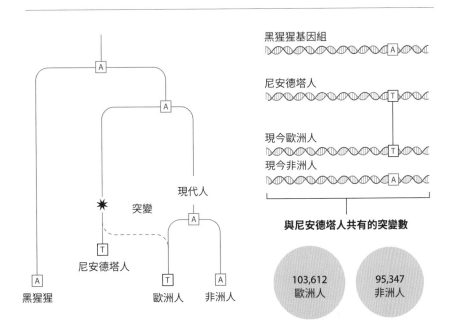

【圖 7】

我們可藉由四族群檢驗法評估兩個族群在源自共同祖源族群方面是否一致。舉例來說，假如尼安德塔人的祖先有某個突變（字母 T，見上圖），但黑猩猩沒有這個突變。歐洲人基因組也有這個突變的比率比非洲人基因組高九％，代表尼安德塔人曾經與歐洲人的祖先混血。

每一代的染色體剪接……

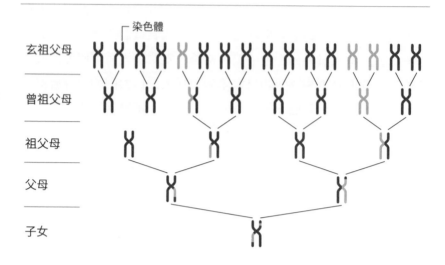

代人混血，則混血後繁衍的現代人族群與尼安德塔人共有的突變應該會比較多。

我們檢驗過許多現今人類族群，發現尼安德塔人與歐洲人、東亞人和新幾內亞人的接近程度相同，但與非洲外人類的接近程度高於所有撒哈拉以南的非洲人，包括西非人和非洲南部的桑族狩獵採集者等。這個差別相當小，但這些發現出於偶然的機率小於京分之一。無論我們如何分析資料，最後都會達到這個結論。如果尼安德塔人曾經和非洲外人類混血，但沒有和非洲人混血，才有可能出現這樣的狀況。

試圖排除千真萬確的證據

我們對這個結論感到懷疑，原因是它違背當時科學界的共識，

……可以告訴我們混血事件的年代。

12 號染色體的尼安德塔人 DNA

羅馬尼亞人個體的 DNA 混血後 200 ～ 100 年

西伯利亞個體的 DNA 混血後 8000 ～ 5000 年　**尼安德塔人 DNA 片段**

現代中國人的 DNA 混血後 5 萬 4000 年～ 4 萬 9000 年

【圖 8】

人類製造精子或卵子時，二十三對染色體各只有一條傳給下一代。傳給後代的染色體是將來自父母雙方的染色體剪接後的結果（參見前頁）。這表示現代人基因組中的尼安德塔人 DNA 片段會隨混血後經過的時間逐漸縮小。（參見上圖，12 號染色體的真實資料）

我們團隊也有許多成員非常堅持這個共識。帕波完成博士後研究訓練的實驗室，於一九八七年發現，分離程度最高的幾個人類粒線體 DNA 譜系位於非洲，為所有現代人類都源自非洲的理論提出有力的證據。帕波自己一九九七年的研究結果也指出，尼安德塔人的粒線體 DNA 遠超出所有現代人的變異範圍，進一步加強了非洲是人類唯一起源地的證據。[19]

我參與尼安德塔人基因組計畫時，也對尼安德塔人與現代人混血的可能性抱持很強的偏見。我的博士指導教授大衛・戈德斯坦是卡瓦利—斯福札的學生，而卡瓦利—斯福札的人類演化模型的核心概念就是徹底的非洲出走（out-of-Africa）模型，我也全盤接受這個典範。我知道的遺傳資料都一致支持非洲出走理論，因此就我看來，最嚴格的非洲出走假說，也就是現代人的祖先完全不曾和尼安德塔人混血，應該相當不錯。

　　我們出身於這樣的背景，對現代人與尼安德塔人混血的證據深感懷疑，所以我們進行一連串極為嚴苛的檢驗，試圖挑出證據中的毛病。我們測試過結果是否受我們採用的基因組定序技術影響，但結果和另外兩種相當不同的技術得到的結果相同。

　　我們認為這個發現可能是古代DNA中錯誤率很高造成的假象，這類狀況格外容易影響DNA字母。然而無論我們分析哪種突變，結果都相同。我們猜想，這個發現會不會源自尼安德塔人樣本被現代人污染。無論帕波團隊在實驗室中採取多少防護措施，無論我們對資料進行多少檢驗，評估現代人污染的程度，資料都可能已經失真。檢驗指出污染非常少，無法造成我們看到的圖形。然而，即使有現代人造成的污染，我們看到的圖形也和預期完全不同。如果污染確實存在，圖形看來應該會來自歐洲人，因為我們分析的尼安德塔人骨骼幾乎全都由歐洲人負責挖掘和處理。但我們的尼安德塔人序列和歐洲人的近似程度，其實和東亞人或新幾內亞人不相上下，但這三個族群則差別極大。

　　我們依然感到懷疑，想知道是否有其他沒想到的理論可以解釋這個圖形。二○○九年六月，我到密西根大學參加一場研討會，認識了拉斯穆斯·尼爾森（Rasmus Nielsen），尼爾森一直在研究世界各地人類的基因組。在基因組的大部分位置，非洲人的遺傳多樣性都高於非洲外人類，而且是具有差異程度最高的譜系，粒線體DNA也是如此。但尼爾森找出基因組中有少數位置是非洲以外人類的遺傳多樣性高於非洲人，原因是這些序列相當早分出現代人序列，而且只出現在非洲以外的人類身上。這些序列可能源自與非洲以外人類混血的古代人。尼爾森加入我們的研究團隊，比對他和同事找出的區域和資料。他比較十二個特殊部分和尼安德塔人基因組序列，發現其中有十個相當近似尼安德塔人。這個比例非常高，不可能是巧合。尼爾森高度多樣化的DNA一定源自尼安德塔人。

接著我們取得尼安德塔人遺傳物質，進入非洲外人類祖先體內的年代。為了達成這個目標，我們利用了重組，也就是人類精子或卵子製造過程中交換大區段親代 DNA，產生傳給後代的全新剪接染色體的過程。舉例來說，如果有一位女性是尼安德塔人母親和現代人父親的第一代混血後代。在這位女性的細胞中，每對染色體包含一個完整的尼安德塔人染色體和一個完整的現代人染色體，但的卵子含有二十三條混合染色體。她卵子中的某條染色體可能前半來自尼安德塔人、後半來自現代人。假設這位女性和現代人婚配，後代又繼續和更多現代人混血。許多世代之後，尼安德塔人 DNA 會被切割得越來越小，重組過程又像食物處理機的葉片一樣不斷旋轉，每一代都把親代 DNA 隨意剪接到染色體上。我們測定現代人身上的尼安德塔人 DNA 常見長度（從與尼安德塔人基因組的符合程度高於撒哈拉以南非洲人的序列長度可以輕易得知），就可以估算尼安德塔人 DNA 進入現代人祖先體內至今已經過了幾代。

我們藉由這種方法，發現有些尼安德塔人遺傳物質早在八萬六千年～三萬七千年前就已經進入現代非洲外人類祖先體內[20]。後來我們分析發現於西伯利亞、放射性碳定年結果大約是四萬五千年前的現代人 DNA，得到更精確的混血時間。尼安德塔人 DNA 在這個人體內的長度是目前現代人體內平均長度的七倍，證實他生存的年代更加接近尼安德塔人混血的時間。由於這個緣故，我們可以得出更精確的混血時間是五萬四千年～四萬九千年前[21]。

但到了二〇一二年，我們還沒有證明這次混血就是尼安德塔人。最嚴苛的質疑來自葛拉漢‧庫普，他認為我們發現的混血事件的對象確實是古代人類，但可能不是尼安德塔人[22]。這個圖形可能是和未知古代人類混血的結果，而這種古代人類與尼安德塔人的關係相當遠。

一年之後，帕波的實驗室定序品質極佳的尼安德塔人基因組，我們得以排除庫普的說法。這個基因組取自西伯利亞南部出土的趾骨，年代至少為五萬年前（樣本年代如果早於五萬年，放射性碳定年法只能判定最近年代，所以實際年代可能更早）[23]。就這個基因組而言，我們取得的資料大約是克羅埃西亞尼安德塔人的四十倍。有了這麼多資料，我們可以交叉比對序列，去除錯誤。如此得到的序列比大多數由活人取得的基因組錯誤更少。高品質序列讓我們能夠依據現代人和尼安德塔人分化後出現在譜系中的突變數量，判定兩者間的近似程度。我們發現，西伯利亞尼安德塔人與近五十萬年內的現代撒哈拉以南非洲人極少或完全沒有共同祖先的區段，但與近十萬年內的非洲外人類則有相同的區段。這些年代都是尼安德塔人在歐亞大陸西部非常興盛的時期，這代表混血對象是真正的尼安德塔人，而不是關係很遠的群體。

近東地區的混合事件

那麼，現今的非洲外人類的祖源中有多少是尼安德塔人？我們發現，現在的非洲外人類基因組大約有一・五％～二・一％來自尼安德塔人[24]，東亞人比率較高，歐洲人比率較低，但歐洲其實是尼安德塔人的故鄉[25]。現在我們知道，至少有一部分可以解釋成稀釋。來自九千年前歐洲人的古代 DNA 指出，農業時代前歐洲人的尼安德塔人祖源和東亞人一樣多[26]。現代歐洲人的尼安德塔人祖源比率降低，是因為他們的祖源有一部分是非洲外人類與尼安德塔人混血前分化出去的另一群人（本書第二篇將會介紹這個由古代 DNA 揭露的早期分化群體的故事）。身懷這些基因的農民向外擴散，稀釋歐洲的尼安德塔人祖源，東亞地區則不受影響[27]。

單單依據考古證據，我們自然會猜想尼安德塔人和現代人在歐洲混血，因為這裡是尼安德塔人的發源地。但在現代人身上留下印記的主要混血事件就是發生在這裡嗎？遺傳資料沒辦法給我們確定答案。遺傳資料只能說明人與人間的關係遠近，但人類即使純粹徒步，一輩子也能遷徙幾千公里，所以基因圖形不一定反映發生在DNA擁有者生活範圍內的事件。如果真要說近幾年的古代DNA研究明確地指出什麼，應該就是現今人類的地理分布經常會誤導祖先的居住地點。

然而我們可以對地理發源地提出可能可信的推測。體內有混血證據的不只是歐洲人，也包括東亞人和新幾內亞人。歐洲可以說是歐亞大陸上的死巷，現代人向東擴散時不大可能轉到這裡。所以尼安德塔人和現代人可能會在哪裡相遇和混血，形成新的族群，不只擴散到歐洲，還遠及東亞地區和新幾內亞？考古學家已經證明在近東地區，尼安德塔人和現代人在十三萬年～五萬年前之間，至少互相取代過兩次優勢人類族群的地位。因此可以合理猜測他們可能在這段期間相遇。近東地區的混血為歐洲人和東亞人都有尼安德塔人祖源提出了可信的解釋。

歐洲究竟是否發生過混血事件？二○一四年，帕波團隊定序取自羅馬尼亞奧斯洞穴骨骼的DNA。特林考斯認為這具骨骼是尼安德塔人和現代人的混血，依據頭骨特徵類似兩種人類[28]。我們的資料分析指出，放射性碳定年結果約為四萬年前的歐塞個體擁有六％～九％尼安德塔人祖源，遠高於我們測定現今非洲外人類得出的二％左右[29]。某幾段尼安德塔人DNA在他的染色體中長達三分之一，不僅相當長，而且並未因為重組而斷裂，因此我們可以確定歐塞個體家族的前六代之內有尼安德塔人。污染不會影響這些發現，因為污染只會減少歐塞個體的尼安德塔人祖源，而不會增加。此外，污染會使整個基因組隨機出現與尼安德塔人DNA相符的部分，不會有大段尼安德塔人DNA，讓我們一眼就能看出基因組中有些突變位置符合尼安德塔人基因組序列的程度高於現代人。這樣的混血證據不需要統計學，從圖中就可證明這一點。

近年歐塞個體家族樹中的混血相關發現指出，現代人和尼安德塔人的混血地點也包括歐洲，也就是尼安德塔人的故鄉。但歐塞所屬的族群，以及具有與歐洲尼安德塔人混血的明顯印記的族群，可能完全沒有留下後代。我們分析歐塞的基因組時，也沒有發現證據可以證明他與歐洲人的相似程度高於東亞人。這表示他一定屬於演化盡頭（evolutionary dead end）族群，就是較早到達歐洲的先鋒現代人族群，曾經在歐洲短暫興盛，並且和當地的尼安德塔人混血，但後來步向滅絕。因此，儘管歐塞個體提出有力的證據，證明尼安德塔人和現代人曾經在歐洲混血，但沒有提出證據證明現今非洲外人類源自歐洲尼安德塔人。非洲外人類的尼安德塔人祖源仍然可能是近東地區的尼安德塔人。

歐塞來自盡頭族群符合最早的歐洲現代人考古紀錄。最古老的歐洲現代人製造的石器有許多種方式，但就像歐塞族群一樣，這些石器大多在幾千年後的考古紀錄就看不到了。但原始奧瑞納（Protoaurignacian）風格（一般認為源自近東地區更古老的阿瑪瑞恩〔Ahmarian〕文化）留存到三萬九千年前之後，同樣發展成奧瑞納文化（Aurignacian），也就是歐洲第一個擴散的現代人文化[30]。如果奧瑞納工具的製作者源自另一股進入歐洲的遷徙行動，和歐塞等其他早期現代人不同，就可以解釋這些模式。說明歐塞的族群為何會與歐洲當地的尼安德塔人大規模混血，而且現今歐洲人的尼安德塔人祖源並非來自歐洲。

處於相容邊緣的兩個族群

混血後代繁衍力較低，也使得現今人類 DNA 中的尼安德塔人祖源減少。首先提出這個說法的是羅倫・艾斯科菲爾（Laurent

Excoffier）。他由動物和植物研究得知，當某個族群進入另一個族群生活的地區，且這兩個族群可以混種時，只要有一小部分混種，後代體內的混合比例也會相當高，遠超過現今非洲外人類的尼安德塔人祖源（二％左右）。艾斯科菲爾認為，現代人類基因組中的尼安德塔人祖源這麼少，唯一的原因是持續擴散的現代人與其他現代人的後代人數超過現代人與尼安德塔人混血後代的五十倍[31]。他認為，這個現象最可能解釋尼安德塔人與現代人混血後代的繁衍率遠低於現代人之間的後代。

我不相信這個說法。我不認為原因是混血後代繁衍力較低，而應該是社會因素使通婚比例極低。即使是今天，許多現代人族群依然因為文化、宗教或社會階級等因素而極少和外人通婚。現代人和尼安德塔人相遇時又怎麼會有什麼不同？

但艾斯科菲爾說對了某些重要部分。我們和其他研究人員分析現代人族群體內的尼安德塔人 DNA 片段，定出他們在基因組中的位置時，這點更加明顯。為了進行分析，我們實驗室的斯里拉姆・山卡拉曼（Sriram Sankararaman）尋找存在於已定序的尼安德塔人體內、但卻是撒哈拉以南非洲人體內極少，甚至沒有的突變。我們研究這些突變，就能找出非洲外人類體內大部分尼安德塔人祖源片段。從這些尼安德塔人祖源片段在基因組中的位置可以觀察出，尼安德塔人混血的影響在現今的非洲外人類基因組中差異顯然極大。在非洲外族群體內，尼安德塔人祖源的平均比例大約是二％，但分布並不平均。在基因組中一半以上的位置，所有人都沒有尼安德塔人祖源片段。但在基因組中某些不尋常的位置，則有一半以上的 DNA 序列來自尼安德塔人[32]。

非洲外人類基因組中，這些數量極少的尼安德塔人祖源的位置，有助於了解這種模式形成的重要線索。在任何一段 DNA 中，可能隨機出現族群不具尼安德塔人祖源的狀況，和粒線體 DNA 的狀況一樣。然而，除非自然淘汰有計畫地去除尼安德塔人祖源，否則具有特定生物功能的基因組不可能不約而同地缺少尼安德塔人祖源。

不過，我們的確發現有計畫去除尼安德塔人祖源的證據，而且令人驚訝的是，我們還發現，在基因組中與混血兒生育能力有關的兩個部分自然淘汰並特別刻意除去尼安德塔人祖源。

尼安德塔人祖源減少的第一個位置是兩個性別染色體中的 X 染色體。這讓我想到派特森和我多年以前曾經合作及發表一項研究，在那次探討人類與黑猩猩的祖先分化的研究中，曾經看過一種模式[33]。在任何族群中，如果其他染色體有四個，X 染色體只有三個（因為女性具有兩個 X 染色體，男性只有一個，但兩種性別的其他染色體大多都有兩個）。這代表在一個世代中，任兩個 X 染色體有共同親代的機率是任兩個其餘某個染色體有共同親代的四分之三。由此可見，任何一對 X 染色體序列由共同祖源序列繁衍至今的可能時間大約是基因組中其他部分的四分之三。然而從實際資料看來，時間其實只有一半左右，甚至不到一半[34]。我們研究人類和黑猩猩的共同祖源族群時，沒有發現能解釋這種模式的歷史事件，例如女性隨群體移動的比例較男性低，或是女性兒童數目變化比男性兒童更大、或是族群擴大或縮小等。然而人類和黑猩猩的祖先剛開始分化，後來又合併形成人類或黑猩猩的祖先，最後兩個譜系才分化的歷史或許可以解釋這個模式。

這次混血怎麼會使 X 染色體的遺傳變異比基因組其他部分少那麼多？針對許多動物界物種進行的研究可以得知，如果兩個族群長期分隔，混血後代的繁殖力可能會降低。對我們哺乳類而言，繁殖力降低比較常見於男性，導致繁殖力降低的遺傳因素則集中在 X 染色體上[35]。因此當兩個族群分隔許久，後代繁殖力可能降低，依然融合並產出混血後代時，可能就會出現強大的自然淘汰，除去導致繁殖力降低的因素。由於與繁殖有關的基因集中在 X 染色體上，所以這個過程在 X 染色體上格外明顯。結果，作用於 X 染色體的自然淘汰可能有利於來自混血族群祖源中多數族群的 DNA。這將使混血族群的 X 染色體幾乎完全來自多數族群，導致混血族群和某一來源族群的遺傳分歧異常地少，與人類和黑猩猩間的模式相同。

這個理論預測聽來或許天馬行空，但其實在縱貫歐洲中部從北到南、位置大約與冷戰鐵幕時期相仿的狹長地區，西歐和東歐小家鼠的混血後代已經證明了這一點。由於混血小鼠的 DNA 不僅來自西歐小鼠，也來自多樣性極高的東歐小鼠，所以可區別混血小鼠和西歐小鼠的突變密度相當高，X 染色體上的密度卻低了許多，因為混血小鼠體內來自東歐族群的 DNA 極少，而我們已知東歐小鼠的 X 染色體可能導致雄性混血後代無法繁殖[36]。

這篇二〇〇六年的發表論文，指出人類或黑猩猩兩者之一可能源自古代大規模混血事件，人類和黑猩猩祖源曾在古代發生大規模混血的證據變得更加明確。二〇一二年，麥克爾・希魯普（Mikkel Schierup）、湯瑪斯・麥倫德（Thomas Mailund）等人開發出新方法，由遺傳資料估計現今兩個物種的祖先分化歷時長度，依據的原理與第一章中曾提過的李恆和德賓採用方法相仿[37]。他們以這個方法研究黑猩猩和遠親巴諾布猿分化的時間，發現證據指出分化過程歷時相當短，符合這兩個物種在一百～兩百萬年前被突然形成的大河（剛果河）分隔的假說。相反地，他們以這個方法研究人類和黑猩猩時，發現證據指出族群開始分化後，有一段基因交換時期，狀況和混血相同[38]。

另一個更重要的證據來自二〇一五年希魯普和麥倫德與其他同事合作發表的論文，他們在論文中指出，非洲外人類的 X 染色體沒有與尼安德塔人混合的地區，與人類和黑猩猩遺傳差異較低的地區大致相同[39]。如果發生在混血個體體內時會導致生育力降低的突變，不僅集中在 X 染色體上，而且集中在 X 染色體上的某些區域，造成

【圖 9】

尼安德塔人祖源在自然淘汰下隨時間而消失

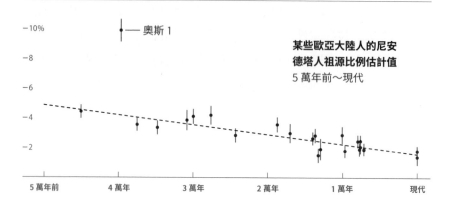

少數祖源因為自然淘汰而在雄性混血後代體內消失時，就會出現這種狀況。自然淘汰除去 X 染色體上的尼安德塔人 DNA 的證據，就是雄性混血後代生育率降低的徵兆。

我們還發現另一項尼安德塔人和現代人的混血後代生育力降低的證據，而且這項證據和 X 染色體無關。雄性混血後代生育率降低時，造成降低的基因在雄性生殖組織中通常活性極高，導致精子功能異常。因此，我展示 X 染色體證據給生物學家戴文·普萊斯葛瑞福斯（Daven Presgraves），說明男性睪丸精細胞中異常活躍的基因擁有的尼安德塔人祖源，通常少於其他身體組織中最活躍的細胞時，他提出了混血雄性後代生育力較低的假設。觀察實際資料時，普萊斯葛瑞福斯的預測完全命中[40]。

具有尼安德塔人祖源的現代人面臨的問題不只是生育力降低，因為尼安德塔人祖源不只在 X 染色體上及重要男性生殖基因周圍減少，在大多數基因周圍也減少了（尼安德塔人祖源在基因組中生物功能極少的「垃圾」部分特別多）。最明確的證據來自二〇一六年一項研究，我們在這項研究中發表了取自五十多個歐亞大陸人全基因組古代 DNA 資料集，年代分佈在近四萬五千年[41]。證明在分析過的大多數樣本中，尼安德塔人祖源從年代較早的三％～六％減少到現今的二％左右，主要原因是自然淘汰普遍對尼安德塔人 DNA 不利。

　　尼安德塔人的生活範圍有許多位於冰川期導致尼安德塔人賴以維生的動植物族群定期消失的地區，但這個問題對生活在非洲熱帶地區的現代人祖先造成的影響或許沒有那麼大。就遺傳上而言，尼安德塔人基因組的多樣性大約只有現代人的四分之一，也證實尼安德塔人的族群規模比現代人來得小。對族群的遺傳健全程度而言，長期小規模可能造成問題，因為即使持續自然淘汰可能降低突變發生頻率，每一代的突變頻率變動仍然將使某些突變擴散到整個族群[42]。因此在尼安德塔人和現代人分化後的五十萬年間，尼安德塔人基因組積存了許多突變，後來尼安德塔人和現代人混血後，這些突變都成為有害突變。年代較近的現代人族群融合沒有這類效應，尼安德塔人基因組中的問題突變與之形成強烈的對比。舉例來說，在一項涵括三萬名非裔美國人的研究中，我們沒有發現自然淘汰對非洲或歐洲祖源不利的證據[43]。有個解釋是尼安德塔人和現代人混血時，兩者分離的時間大約是非洲西部人和歐洲人分離時間的十倍，因此生物不相容性發展的時間多出許多。第二個解釋與這個觀察結果有關，依據對許多物種研究的結果，族群間無法繁衍後代時，原因通常是基因組中不同部分的兩個基因的交互作用。由於這類不相容性必須有兩項變化才會產生，且不育比例隨族群分離時間的平方而增加，所以族群分離時間為十倍使遺傳不相容程度高達一百倍。因為這個原因，現代人類混血族群沒有不育現象似乎不足為奇。

正、反、合

　　開始於十八世紀的觀念透過辯證逐步進展，是歐陸哲學的重要脈絡。辯證是兩個相反的觀點互相碰撞，最後形成合題（synthesis）[44]。辯證由正題（thesis）開始，接著提出反題（antithesis），最後透過超越兩方辯論的反思或合題產生進展。

　　所以它與我們對現代人類起源的理解有關。長久以來，許多人類學家偏好多地起源理論，認為世界上任何一地的現代人類大多源自生活在同一地區的古代人類。因此歐洲人的祖先有很大一部分是尼安德塔人。東亞人源自一百多萬年前遷徙到歐亞大陸東部的人類，非洲人則源自古代非洲人類。因此，現代人類族群間的生物差異都有極度深遠的根源。

　　不久之後，多地起源理論就出現了反題，也就是非洲出走理論。在非洲出走理論中，現代人類不是世界各地的古代人類各自在當地演化而來，而是世界各地的現代人類都源自年代相當近的遷徙行動。這次遷徙大約開始於五萬年前，從非洲遷徙到近東地區。粒線體夏娃的年代比尼安德塔人粒線體 DNA 的分歧更近，為這個理論提供許多極佳的證據。和多地起源說相反，非洲出走理論強調現今人類族群差距出現的年代相當近，相比之下，人類骨骼紀錄的年代往往遠達數百萬年。

　　但非洲出走理論也不是完全正確。科學家在古代 DNA 中發現尼安德塔人和現代人間有基因交流，因此出現了合題。這個合題確立「大致上由非洲出走」的理論，同時呈現出一些重要元素，讓我們瞭解這些曾與尼安德塔人親密交流的現代人文化。雖然從基因資料看來，非洲外的現代人顯然源自非洲群體，朝全世界擴散，但現在我們知道曾經發生混血現象。這點一定會影響我們對祖先和他們遇見的古代人類的看法。尼安德塔人和我們相似的程度超乎想像，有許多我們通常認為現代人才有的行為。融合時一定會出現文化交流，高汀和奧爾的小說正是把這樣的相遇戲劇化。我們還知道尼安德塔人留給非洲外人類一些生物遺產，包括適應歐亞大陸不同環境的基因，下一章將會深入介紹這個主題。

　　尼安德塔人基因組計畫結束時，我對這些事實仍然感到驚奇不已。我們發現指出尼安德塔人曾經和現代人混血的最初證據後，經常擔心這些發現可能是錯的。但資料非常一致：尼安德塔人混血的證據隨處可見。我們繼續研究基因時，看到越來越多模式，反映出這次混血對現代人類基因組造成的明顯影響。遺傳紀錄促使我們加快腳步，它沒有證實科學家的猜測，而是帶來許多驚奇。現在我們知道尼安德塔人與現代人的混血族群生活在歐洲和歐亞大陸各地，許多混血族群已經消失，但有些留存下來，繁衍出現在許多人類身上。現在我們大致知道現代人和尼安德塔人何時分化，也知道當這些譜系再次相遇時，都已經演化到接近生物相容性的極限。這讓我們想到一個問題：尼安德塔人是不是唯一曾與現代人祖先混血的古代人類？或者歷史上還有其他大規模混血事件？

CHAPTER 3 | 古代 DNA 湧現

來自東方的驚奇

　　二〇〇八年，俄羅斯考古學家在西伯利亞南方阿爾泰山山區的丹尼索瓦洞中，挖出了一個小指骨骸。十八世紀俄羅斯隱士丹尼索（Denis）住在那個洞穴中，因而得名。骨骸中的生長板還沒有合起來，顯示那是兒童的骨頭。骨骸太小，不足以進行碳放射性定年，發掘出這塊骨骸的土層曾經混合過，含有人造物，推定的年歲不遠於三萬年前，不近於五千年前。發掘工作的領導人阿納托利・德雷維安柯（Anatoly Derevianko）認為那是現代人類的骨頭，也這樣製作了標本標示。再不然，這可能是尼安德塔人的骨頭嗎？[1] 因為洞穴附近也發現了尼安德塔人的遺骸。德雷維安柯把小指骨骸的一部分給了在德國的史萬特・帕波。

　　帕波實驗室中的團隊由約翰內斯・克勞賽（Johannes Krause）率領，成功的把丹尼索瓦洞穴骨頭中的粒線體 DNA 萃取出來。[2] 這個粒線體 DNA 序列的類型和已經定序過的一萬多個現代人類粒線

古代人類譜系的多重性

140 萬年～ 90 萬年前
現代人的主要祖源族群尼安德塔人和丹尼索瓦人與遠古譜系分化。

77 萬年～ 55 萬年前
遺傳學估計尼安德塔人和現代人分化的時間。

70 萬年～ 50 萬年前
「哈比人」仍然生活在印尼的弗洛瑞斯島。

150 萬年前

這段時期的詳細事件

100 萬年～ 80 萬年前
丹尼索瓦人和胡瑟裂谷粒線體譜系，與尼安德塔人和現代人的粒線體譜系分化。

47 萬年～ 38 萬年前
遺傳學估計尼安德塔人與丹尼索瓦族群的分離時間

約 43 萬年前
胡瑟裂谷的骨骼和 DNA 指出尼安德塔人譜系已經出現在歐洲。

5 萬 4000 年～ 4 萬 9000 年前
尼安德塔人與現代人混血

200,000 ya　　　100,000　　　現代

40 萬年～ 27 萬年前
西伯利亞丹尼索瓦和南方丹尼索瓦人譜系分化。

4 萬 9000 年～ 4 萬 4000 年前
丹尼索瓦人和現代人混血。

47 萬年～ 36 萬年前
尼安德塔人粒線體 DNA 譜系與現代人粒線體 DNA 分化的估計年代。

50 萬年前～現代

體 DNA 序列，與七個尼安德塔人粒線體 DNA 序列都不同。現代人類和尼安德塔人的粒線體 DNA 中，約有兩百個不同的地方。從丹尼索瓦洞穴找到的骨骸中，粒線體 DNA 序列和現代人類與尼安德塔人的差異有將近有四百個。經由突變累計的速度來計算，現存人類與尼安德塔人的粒線體 DNA，估計是在四十七萬到三十六萬年前分開的。[3] 從丹尼索瓦洞穴手指骨頭中粒線體 DNA 序列的突變差異，可以計算出大約是在八十萬到一百萬年分開的。這個結果顯示那塊骨頭屬於之前從未發現過的古代人族。[4]

但是這個族群的身分當時尚未揭露。沒有發現其他骨架或是工具讓我們了解更多。尼安德塔人就不是這樣，考古發現推動了尼安德塔人基因組定序的工作。而這個新發現的人族族群，先找到的是遺傳資料。

從基因組找化石

我在二〇一〇年初到德國萊比錫拜訪帕波實驗室時，知道了這個前人未知的古代人族族群。從二〇〇七年起，我加入了帕波的尼安德塔人基因組分析聯盟，之後每年會前往他的實驗室三次。有天晚上，帕波帶我到啤酒餐廳，告訴我他們發現了新的粒線體 DNA 序列。神奇的是，丹尼索瓦洞穴的手指骨頭，是目前所找到的古代 DNA 樣本中，保存得最好的。帕波之前篩檢了數十份尼安德塔人骨骸的樣本，其中靈長類的 DNA 只佔了百分之四，但是那塊手指骨頭中靈長類 DNA 占了百分之七十。帕波與團隊當時從這個小骨頭所得到的基因組資料（不只粒線體 DNA 序列），比之前從尼安德塔人骨骸中得到的還要多。他問我有沒有興趣幫忙分析這些資料。在我的科學生涯中，能夠獲邀分析丹尼索瓦人基因組，是最幸運的事情。

從粒線體基因組序列看來，丹尼索瓦洞穴指骨來自於一個人族族群，該族群在現代人類和尼安德塔人彼此從共同祖先分開之前，就已經和他們的共同祖先分開了。不過粒線體 DNA 只記錄了一個完整的女性血脈，在一個人類的基因組中，有幾十萬條血脈匯聚，粒線體 DNA 只是一小部分而已。要了解一個個體的過往歷史，知道所有祖先譜系是更為重要的。丹尼索瓦洞穴指骨的整個基因組序列所展現出來的歷史，和從粒線體 DNA 所展現的，有很大差別。

丹尼索瓦洞穴指骨全基因組序列所揭露的第一件事，是他和尼安德塔人的親緣關係更近，和現代人類比較遠。這個結果和光從粒線體 DNA 看到的不同。[5] 我們後來估計，尼安德塔人和丹尼索瓦人的祖先組群，約在四十七萬到三十八萬年前分開，而前兩者和人類的共同祖先族群，大約是在七十七萬到五十五萬年前分開。[6] 粒線體 DNA 顯示出的親緣關係，和基因組其他部分所顯示的不同，並不是矛盾。因為在古代兩個有共同祖先的個體，他們 DNA 中的任何一段，至少都會和從共同祖先分開那時一樣古老，有的時候還會更古老。不過研究整個基因組可以讓我們了解到組群是何時分開的。完整的基因組序列包含了所有祖先的血脈，因此經由研究基因組中某些突變密度比較低的片段，這些片段反映出族群分開前共同祖先的樣貌。我們發現丹尼索瓦人和尼安德塔人像是表親，不過還是有很大不同。在化石紀錄中許多尼安德塔人的特徵出現之前，丹尼索瓦人就和尼安德塔人分開了。

對於這個新的族群該怎麼稱呼，我們有過熱烈的討論，後來決定使用一般性的非拉丁文名稱「丹尼索瓦人」，因為是在那個洞穴發現的，就像是尼安德塔人的名稱來自於最初在德國尼安德河谷（Neander Valley）發現了骨骸。有些同行不喜歡這個名稱，他們鼓吹要給一個新的學名，例如阿爾泰山人（Homo altaiensis）。因為丹尼索瓦洞穴位於阿爾泰山，俄羅斯新西伯利亞（Novosibirsk）的一個博物館中就是用這個名稱描述丹尼索瓦洞穴中的發現，不過我們遺傳學家並不願意使用種名。尼安德塔人是否和現代人類屬於不同的物種？一直以來都有爭議。有些專家認為，尼安德塔人是人屬中的另一個物種「尼安德塔人」（Homo neanderthalensis），有些則認為尼安德塔人是現代人類中的某地區的類群，算是亞種，稱為「尼安德塔智人」（Homo sapiens neanderthalensis）。兩個現存群體要命名成不同的物種，通常依據的是假設兩者現實上無法混血。[7] 但是我們現在知道尼安德塔人和現代人類真的有混血，而且混血出現過好幾次，現代智人和尼安德塔人是不同物種的說法因此站不住腳。我們的資料顯示，丹尼索瓦人是尼安德塔人的表親。如果我們無法確定尼安德塔人是不是一個物種，對於丹尼索瓦人是否為一個物種，當然要抱持不確定的態度。對於已經滅絕的族群是否有足夠的特徵來命名為不同的物種，傳統上根據的是骨骼的形狀。丹尼索瓦人留下來的遺骸太少，因此對這個問題我們需要更為小心。

這些數量稀少的遺骸很有趣。德雷維安柯和同事給帕波幾個從丹尼索瓦洞穴挖出來的臼齒，其中的粒線體DNA和指骨的很相近。這些臼齒很大，遠超過之前發掘的所有人屬的臼齒。比較大的臼齒往往是來自於飲食中含有大量堅韌未烹調植物所產生的適應結果。在發現丹尼索瓦人之前，有那麼大牙齒且和我們親緣關係最接近的是以植物為主食的南方古猿（australopithecenes），例如著名的「露西」（Lucy）。露西的骨骼發現於衣索比亞的阿瓦什山谷（Awash Valley），有三百萬年以上的歷史。露西並不使用工具，身體比較小，在換算了身體大小之後，腦部比例只比黑猩猩大一點。從丹尼索瓦人一點點的骨骸資料，我們確信了丹尼索瓦人是和尼安德塔人、現代人類非常不同。

現代人群中尼安德塔人血緣的占比

【圖 10】

在現代人類族群中，尼安德塔人（左）和丹尼索瓦人（右）血統的所占比例，一個圓餅代表目前所知該古代人類所占比例的最大值。目前丹尼索瓦人的血統集中在赫胥黎線之東，這是一條深的海底谷地，就算是冰河時期海平面下降，依然把亞洲和澳洲及新幾內亞區隔開來。

混血的原則

有了整個基因組的序列之後，我們開始分析丹尼索瓦人是否和現代人類中的某些族群親緣關係更為接近，結果出乎意料之外。

現代人群中丹尼索瓦人血緣的占比

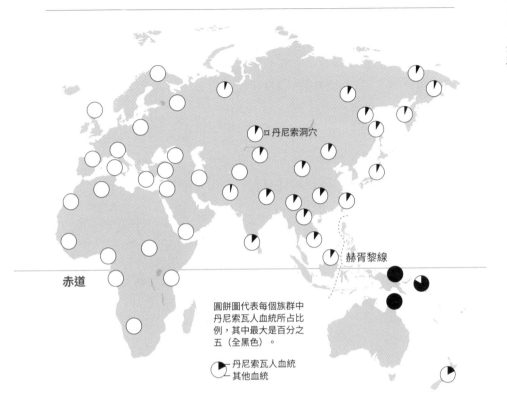

丹尼索洞穴

赫胥黎線

赤道

圓餅圖代表每個族群中
丹尼索瓦人血統所占比
例，其中最大是百分之
五（全黑色）。

丹尼索瓦人血統
其他血統

在遺傳上，比起居住於歐亞大陸上的人群，丹尼索瓦人更接近新幾內亞人，意味著新幾內亞人的祖先曾經和丹尼索瓦人混血。不過丹尼索瓦洞穴和新幾內亞相隔約九千公里，而且新幾內亞和歐亞大陸之間有海相隔，當地主要屬於熱帶氣候，與西伯利牙嚴苛的冬天大相逕庭，適應某一種環境的古代人類，不太可能在另一個環境中繁衍。

我們對這個發現感到懷疑，設想其他的解釋方式。一個可能是現代人類的祖先在數十萬年前分成數個族群，其中一個和丹尼索瓦人的親緣關係比較近，而這個族群也和現代的新幾內亞人比較近，和其他現代人類族群比較疏遠。如果真的是這樣，那麼丹尼索瓦人和現代新幾內亞人遺傳關聯密切，可能是來自於某些數十萬年前就進入新幾內亞人親緣譜系中的 DNA 片段。我們現在有新幾內亞人的基因組序列，可以計算出其中古代祖先的 DNA 片段大小，發現了和丹尼索瓦人相關的片段長度，要比和尼安德塔人相關的片段長了百分之十二，這代表平均來說，丹尼索瓦人相關的 DNA 片段比尼安德塔人，更晚才進入新幾內亞人的基因組中。[8]

一旦古代族群和現代組群混合，古代人類的 DNA 片段會在染色體重組過程中切斷，插入到現代人類的染色體中，每傳一代，染色體就會切一到兩次。在第二章中討論到，尼安德塔人古代染色體片段的長度代表了混血發生在五萬四千年前到四萬九千年前。[9] 根據新幾內亞人中丹尼索瓦人染色體片段要比尼安德塔人染色體片段還要長的程度，我們能夠推測出，丹尼索瓦人和新幾內亞人祖先大約在五萬九千年前到四萬四千年前混血的。[10]

新幾內亞人的基因組中，來自丹尼索瓦人的所占百分比有多少？計算方式是比較新幾內亞人和其他非非洲族群中古代人類遺傳證據的強度，我們估計新幾內亞人的血統中有百分之三到六來自於丹尼索瓦人，而來自於尼安德塔人的只有百分之二。因此總加起來，新幾內亞人祖先有百分之五到八屬於古代人類。這是古代人類基因組保留到現代人類族群中比例最高的例子。

丹尼索瓦人有關的發現證明了現代人類從非洲遷徙到近東的過程中，和古代人類混血，並非奇特之事。到目前為止，尼安德塔人和丹尼索瓦人這兩個古代人類的基因組已經定序了，而且有了序列資料之後，我們看到現代人類和古代人類有過混血，這是以前都不知道的。如果之後又發現了新的古代人類族群，而且在定出基因組序列之後，發現了新的混血事件，我也不會感到驚訝。

突破赫胥黎線

西伯利亞和新幾內亞相距很遠,那麼,丹尼索瓦人在哪兒和新幾內亞人的祖先相遇的呢?

我們最先猜測的地方是亞洲大陸,可能是在印度或是中亞,那是人類從非洲遷徙到新幾內亞的可能路線。如果是這樣,在亞洲大陸東部和南部沒有親緣關係和丹尼索瓦人相近的族群,可能的原因是不具丹尼索瓦人血統的現代人類在後來的幾波擴張過程中,取代了原來具備丹尼索瓦人血統的族群。這些稍晚才發生的遷徙並沒有大幅影響到當今的新幾內亞人,因此現在的新幾內亞人中丹尼索瓦人血統占比比較高。

乍看之下,現代人類中丹尼索瓦人血統占比高的族群在地理上的分布,似乎支持這個說法。我們收集東亞、南亞、澳洲,以及南太平洋諸島上現今人群的 DNA 樣本,估計其中丹尼索瓦人所佔的血統比例,發現其中東南亞島嶼的原住民中這種血統所占比例比較高,特別是菲律賓、新幾內亞的大島和澳洲的原住民。(在這裡的「原住民」指的是在還沒有和農業一起傳播的移民來之前就居住在當地的人類。)[11] 那些族群主要居住在赫胥黎線以東的地區,這條天然界線以東是新幾內亞、澳洲和菲律賓的天然界線,往西是印尼的西部以及亞洲大陸。由十九世紀英國的博物學家亞爾佛德·羅素·華萊士(Alfred Russel Wallace)所描述的,和他同世代的生物學家湯瑪士·亨利·赫胥黎(Thomas Henry Huxley)指出了在這條線兩側的動物有不同之處。舉例來說,胎盤哺乳動物住在線的西側,有袋哺乳動物住在東側。這條線代表了一道深的海溝,構成了阻止動物和植物跨越的地理障礙,就算是在冰河時期海平面下降了將近百公尺,這道障礙依然存在,厲害的是現代人類大約在五萬年前之後跨越了這道障礙。那些先驅雖然跨過去了,但一定經歷了重重困難。

在赫胥黎線以東，有具有丹尼索瓦人血統的現代人類居住，也就是新幾內亞、澳洲和菲律賓的原住民，我們發現他們是現今丹尼索瓦人血統占比最高的，他們後來可能受到這個屏障的保護，免於遭遇後來來自亞洲的遷徙者，就像居住在這些地區的動物一樣。

　　但是仔細思考，就會知道在亞洲中部所發生的族群混合事件，並沒有如乍看之下的那麼容易解釋。雖然在赫胥黎線以東有些族群中丹尼索瓦人血統所占比例高，但是在以西的地區就不是這樣了。最值得注意的是，位於印度與蘇門答臘外海安達曼群島（Andaman Island）上的狩獵－採集原住民，以及東南亞馬來半島上的狩獵－採集原住民，具備親緣譜系差異程度如同新幾內亞和澳洲原住民的，但是丹尼索瓦人血統所占比例卻不高。數年後，帕波的實驗室定序了中國北京附近的有四萬年歷史的田園洞人基因組，從這個資料看來，並沒有證據指出丹尼索瓦人血統占比有比較高。[12] 如果在亞洲本土發生了混血，帶有丹尼索瓦人血統的現代人類族群散播開來，那麼當地多個族群，以及東亞的早期人類，應該會帶有比較多的丹尼索瓦人血統，就像是在新幾內亞人所見的那樣，但目前觀察到的結果並非如此。

　　丹尼索瓦人血統占比高的族群，大多位於亞洲東南部底、新幾內亞和澳洲，最簡單的解釋可能是混血的地方靠近這些島嶼：在這些島嶼上或是在亞洲本土的東南部。不過這些區域屬於熱帶，距離丹尼索瓦洞穴非常遠。不過在二〇一一年一場我有參加的人類學家海部陽介演講中指出，在靠近那些島嶼的區域中發生混血的假說難以成立，因為當地缺乏考古遺物，能夠證明尼安德塔人與現代人類腦部巨大的表親可能出現過。海部還說，這個地區還沒有找到在那段期間遺留下腦部大小的骨骸。因此我認為，發生混血的區域可能是在中國南部或是東南亞。中國中部靠北陝西省大荔縣、東北方遼寧省的金牛山，以及東南方廣東省的馬壩等地的古代人類遺骸，時間都在二十萬年前左右，其中的人類骨骸可能更接近丹尼索瓦人。印度中部納爾默達（Narmada）的遺址有七萬五千年的歷史。中國和印度政府對於遺骸出口的控管嚴格，但是現在中國已經有世界級的古代 DNA 檢驗實驗室，在印度也開始建立了，從這些遺址發掘出的 DNA 樣本應該可以帶來更多不尋常的見解。

歡迎澳洲丹尼索瓦人登場

從我們得到的樣本定序結果看來，混血的尼安德塔人彼此親緣關係相近。但是和新幾內亞人祖先混血的古代人類，和西伯利亞的丹尼索瓦人親緣關係並不近。我們檢查了現今新幾內亞人和澳洲人的基因組，計算其中 DNA 字母之間差異，以及他們和丹尼索瓦人之間的差異。估計他們的祖先從共同的母族群分開的時間，發現到在基因組中的各個片段差異的數字大小，指出族群分開的時間至少發生在四十萬年到二十八萬年前之間。[13] 這代表西伯利亞丹尼索瓦人的祖先，和把丹尼索瓦人血統帶給新幾內亞人的那個丹尼索瓦人分支，是在丹尼索瓦人祖先和尼安德塔人分開之後到現在的時間中約前三分之一的時間點發生的。

由於兩個丹尼索瓦人分支的親緣關係遠，因此可能產生了不同的適應特性，或許能夠解釋他們能夠在差異如此大的氣候帶中生活。由於丹尼索瓦人的多樣性很高，不同族群分開來的時間比現在人類族群來得久，我們可以把他們想成是不同的族群，其中一個分支成為與新幾內亞人祖先混血的古老族群，另一個後來成為西伯利亞的丹尼索瓦人。很可能還有其他我們尚未找到樣本的丹尼索瓦人族群，或許我們甚至應該把尼安德塔人算成是這廣大丹尼索瓦人家族中的一分子。

有一個丹尼索瓦人血統的族群和現代人類混血，其後代遷徙到了東南亞。我們從來沒有給那一群丹尼索瓦人名稱，不過我想稱他們為「澳洲丹尼索瓦人」（Australo-Denisovan），以突顯出他們南向的地理分布。克里斯・史丁格（Chris Stringer）偏好「巽他丹尼索瓦人」（Sunda Denisovan）這個名稱，「巽他」陸塊由印尼所屬的許多島嶼所組成。[14] 但是如果混血的區域發生在亞洲東南部、中國或是印度，這個名稱就不真確了。

我們很自然就會去想，澳洲丹尼索瓦人、丹尼索瓦人和尼安德塔人源自於首先從非洲拓展出去的直立人族群，但這是錯的。在非洲以外最古老的直立人骨骸，在喬治亞的德馬尼西（Dmanisi）出土，有一百八十萬年的歷史，自印尼爪哇出土的遺骸時間也差不多。如果第一次從非洲散播出來的直立人，是丹尼索瓦人和尼安德塔人的祖先，那麼這兩群人和現代人類分開的時間，至少要和他們分散在歐亞大陸的時間是相同的，但是這和目前得到的遺傳研究結果不符，遺傳資料指出分開的時間在七十七萬到五十五萬年前之間，相比於一百八十萬年前，實在是太近了。

不過在直立人離開非洲很久之後、智人離開非洲之後的正確的時段中，的確有一個可能是他們祖先的化石，這個有大顴骨的化石在一九〇七年於德國的海德堡附近出土，估計有六十萬年的歷史，[15] 可能來自於現代人類與尼安德塔人的祖先[16]，因此可能也是丹尼索瓦人的祖先了。海德堡人（Homo heidelbergensis）通常被視為分布於歐亞大陸西部以及非洲的物種，但是並非在歐亞大陸東部生活。不過從澳洲丹尼索瓦人的遺傳資料可以知道，古早前海德堡人的分支也可能居住在歐亞大陸東部。在歐亞大陸東部發現到丹尼索瓦人的重大意義之一，是西方人常認為是人類演化附屬區域的歐亞大陸東部，其實是主要舞台。

對於這個四個都有大型腦部，同時差異很大的群體，我們現在有了基因組資料，而且在七萬年前這四個群體全部都還活著，他們分別是現代人類、尼安德塔人、西伯利亞丹尼索瓦人和澳洲丹尼索瓦人。在這四個群體中，我們還得加上現今印尼所屬弗洛瑞斯島（Flores island）上的小型人類，這種「哈比人」（hobbits）可能是早期直立人的後代，他們在七十萬年前抵達弗洛瑞斯島，之後因為受到海洋的包圍而孤立。[17]這五群人和其他可能尚未發現的群體，同時生存，各自分開演化了數十萬年。這個分開的時間要長過任何現在人類分支之間分開的時間，例如非洲南部的狩獵－採集者桑族和其他任何現代人類。七萬年前，地球上有多種不同類型的人類繁衍。我們對他們的基因組得到的越來越多，讓人可以回顧那段人類多樣性遠勝於現代的時間。

與古代人類混血得到的好處

丹尼索瓦人和現代人類混血所留下的生物遺產是什麼？在現存的人類族群中，新幾內亞人和澳洲人與他們的後代，丹尼索瓦人血統的占比最高。[18]不過在得到更為精確的資料，並且用更為靈敏的技術分析之後，我們發現到有些在亞洲本土也有一些丹尼索瓦人的血脈流傳下來，[19]從後者我們發現到丹尼索瓦人血統所發揮的生物效應。

在東亞人群中的丹尼索瓦人血統在基因組中只占了百分之〇・二，是在新幾內亞人的二十五分之一。而在南亞人群中這個比例稍高，到百分之〇・三到百分之〇・六。[20]我們目前還無法確定，在亞洲大陸的丹尼索瓦人血統和在東南亞島嶼的丹尼索瓦人血統，是來自於相同或不同的古代丹尼索瓦人族群。如果這些血統來自於不同族群，就等於找到了古代人類和現代人類混血的另一個例子。且不論這個血統怎麼來的，丹尼索瓦人的混血在生物上有重要的意義。

最近幾年最令人震驚的基因組學發現，是在紅血球中活躍的某個基因突變，讓人可以在西藏這樣高海拔的區域生活，能在氧氣稀薄的環境中繁衍。拉斯穆斯・尼爾森和同事發現到有具有這個突變的 DNA 片段，更接近於西伯利亞丹尼索瓦人基因組中的這個片段，而與尼安德塔人或是現代非洲人沒有那麼相近。[21] 代表了在亞洲本土中一些有丹尼索瓦人血統的人，帶有適應高海拔的特性，西藏人的祖先是經由和丹尼索瓦人混血而得到這個特性。考古學證據指出，最早在一萬一千年前，有人依照季節變化居住在西藏高原。以農耕方式定居始於三千六百年前。[22] 可能在此之後，那個突變的頻率才快速增加，研究古代西藏人的 DNA 就可以檢驗這個預測是否正確。

現代人類和尼安德塔人混血，也有助於適應新的環境，就像是和丹尼索瓦人混血那樣。[23] 我們和其他人的研究指出，現代歐洲人和東亞人中，平均來說角質蛋白（keratin）相關的基因帶有更多尼安德塔人血統，其他類群的基因沒有這樣。這代表了非非洲人中所具備的尼安德塔人角質蛋白基因版本，是因為天擇壓力而保留下來。角質蛋白是毛髮和皮膚的重要成分，在寒冷的環境中，髮膚提供的保護能力更形重要。現代人類在遷徙的過程中，進入了尼安德塔人已經適應的寒冷環境，因此保留下那些基因。

超古人類

由於丹尼索瓦人和尼安德塔人彼此遺傳關係相近的程度，超過兩者和現代人類遺傳關係相近的程度，那麼我們可以合理推測在沒有具備這兩個古老族群遺傳血統的現代人類，也就是居住在撒哈拉以南地區的非洲人，和丹尼索瓦人和尼安德塔人的遺傳關係應該是相等的。不過結果是撒哈拉以南地區的非洲人親緣關係和尼安德塔人比較近，離丹尼索瓦人稍遠。[24] 這代表了發生過還不知道的混血。唯一能夠解釋我們觀察到模式的說法，是丹尼索瓦人曾經和與其他族群都大不相同的未知古代族群混血了，非洲人和尼安德塔人都幾乎不具備那個古代族群的DNA。在現代人類、丹尼索瓦人和尼安德塔人從共同祖先分開之前，那個族群就和共同祖先分開了。

丹尼索瓦人具備這個未知古代族群血統的證據，是所有的非洲人基因組上都有的一個突變。在尼安德塔人基因組中這個突變比較常見，在丹尼索瓦人就少見。所有的非洲人都帶有這個突變，我們可以知道這個突變很久之前就產生了，因為沒有受到天擇壓力的突變要百分之百散播到整個族群中，往往需要一百萬年以上。丹尼索瓦人少有這個突變的唯一解釋，是和丹尼索瓦人祖先混血的那個族群，很久之前就和丹尼索瓦人、尼安德塔人與現代人類分開了，久遠到後來幾乎所有的現代人類都能帶有了那個新的突變。

我們檢驗了目前在非洲人中發生頻率為百分之百的突變，並且比對了非洲人基因組和尼安德塔人基因組，計算超出丹尼索瓦人基因組的比例，最後估算出那個和丹尼索瓦人混血的未知古代族群，和最後成為現代人類的譜系，是在一百四十萬年前到九十萬年前分開的，丹尼索瓦人的血統中有百分之三到六來自於這個未知古代族群。時間並不非常準確，因為我們對於人類突變產生的速率所知甚少。不過總是有這份不確定性在，我們還是有信心說這個之前沒有得到樣本的古代族群，和譜系分開的時間，是丹尼索瓦人、尼安德塔人與現代人類分開時間的兩倍。我稱他們是「幽靈」族群，我們沒有這個族群的純粹未混合資料，但是從後來族群的資料中可以看到他們曾經存在。

歐亞大陸是人類演化的重地

考古學資料加上遺傳學資料，我們可以信心滿滿的說在過去兩萬年中，在現代人類和古代人類譜系至少發生過四次大型的族群分離事件。

從骨骸得到的證據顯示，人類第一次大規模散播到歐亞大陸的時間是在一百八十萬年前，那時直立人離開了非洲。遺傳證據顯示，讓現代人類出現的第二次分離發生在約一百四十萬年前到九十萬前年。上一個超級古代群體出現，這個群體的證據來自於他們後來和丹尼索瓦人的祖先混血了，可能因此讓丹尼索瓦人粒線體 DNA 序列多樣性很高，而在這個時段，丹尼索瓦人、尼安德塔人和現代人類還沒有從共同祖先處分開。遺傳證據也指出第三次大分離發生在七十七萬年前到五十五萬年前，這時現代人類的祖先和丹尼索瓦人與尼安德塔人分開，之後到了四十七萬年前到三十八萬年前，丹尼索瓦人和尼安德塔人分開。

這些時間點是依照突變速度的估計值所計算出來的，如果估計值能夠更精確，時間也會跟著改變。我們很容易就會落入圈套，想要由遺傳學推論出的時間和考古紀錄之間建立明確的關聯，但是只要更新遺傳突變發生速率估計值，辛苦打造的關聯性架構就會崩塌。不過從遺傳學的證據可以清楚地指出分開事件的順序，及各族群彼此之間的親緣關係距離。

一般的推論是，這四個從非洲古代族群分開的族群，散播到歐亞大陸，但是真實的狀況是這樣嗎？

現代人類來自於非洲的論點，奠基於現存人類的眾多分支幾乎都可以回溯到非洲的狩獵－採集者，例如南非的桑族和中非匹格米人（Pygmies）。具有現代人類特徵的最古老骨骸也出土於非洲，有將近三十萬年的歷史。比較現存人類族群的遺傳組成，雖然指出了起源於歐洲，但是只能得到的近二十萬年的族群結構，以及這個現存人類族群祖先分支出來的時間表。有了古代 DNA 的資料，我們所看到的是四個遠古的人類分支，我們有這些譜系的 DNA 資料，其中三個古老分支只出現於從歐亞大陸挖掘出的人類遺骸中，分別是尼安德塔人、丹尼索瓦人，和一個只能夠從西伯利亞丹尼索瓦人中找到蛛絲馬跡的「超古」（superarchaic）族群。

我們找到的最古老各個分支都出現在歐亞大陸，原因之一可能是來自於科學家所說的「確定偏誤」（ascertainment bias）：事實上古代DNA研究幾乎都是在歐亞大陸完成的，而不是在非洲，新的分支是在歐亞大陸發現，也是理所當然的。如果我們也在非洲找到了許多古代DNA並且加以定序，如同在歐亞大陸那般，就可能找到從現代人類或是尼安德塔人分出去的譜系，或是比超古族群還早分出去的譜系。

但是還有另一種可能性：現代人類、尼安德塔人和丹尼索瓦人的古代族群的確生活在歐亞大陸上，他們都來自於最先從非洲散播出來的直立人。在這個狀況中，有可能後來的一些族群又從歐亞大陸遷徙回非洲，成為演化成現代人類的原始祖先。這個理論引人之處在於簡約：只需要有一個主要族群在非洲與歐亞大陸之間移動，就可以解釋資料的內容了。超古族群和現代人類、丹尼索瓦人、尼安德塔人的古老族群，都可能起源於歐亞大陸，不需要其他兩次離開非洲的遷徙，只需要後來有族群遷徙回非洲，成為當地現代人類的祖先之一即可。

一個理論具備了簡約這種特性，並不代表證明這個理論是正確的。更大的問題是有那麼多個分支以及混合狀況，應該多少會動搖許多人的信心，懷疑這個毫無疑問的推論，那就是人類演化過程中所有的重要事件都發生於非洲。根據骨骸紀錄，人類譜系的演化過程在二百萬年前之前，的確和非洲息息相關，這點很清楚，因為我們發現在人屬出現之前，直立步行的猿類已經在非洲生活了幾百萬年。我們也知道身體結構如同現代人類的族群起源於非洲，這是因為具有現代特徵的人類骨架約在三十萬年前就在那兒出現了，而且遺傳證據顯示在五萬年前他們從非洲散播到近東地區。但是在二百

現代人類的祖先並非一直都住在非洲，下面是可能的過程

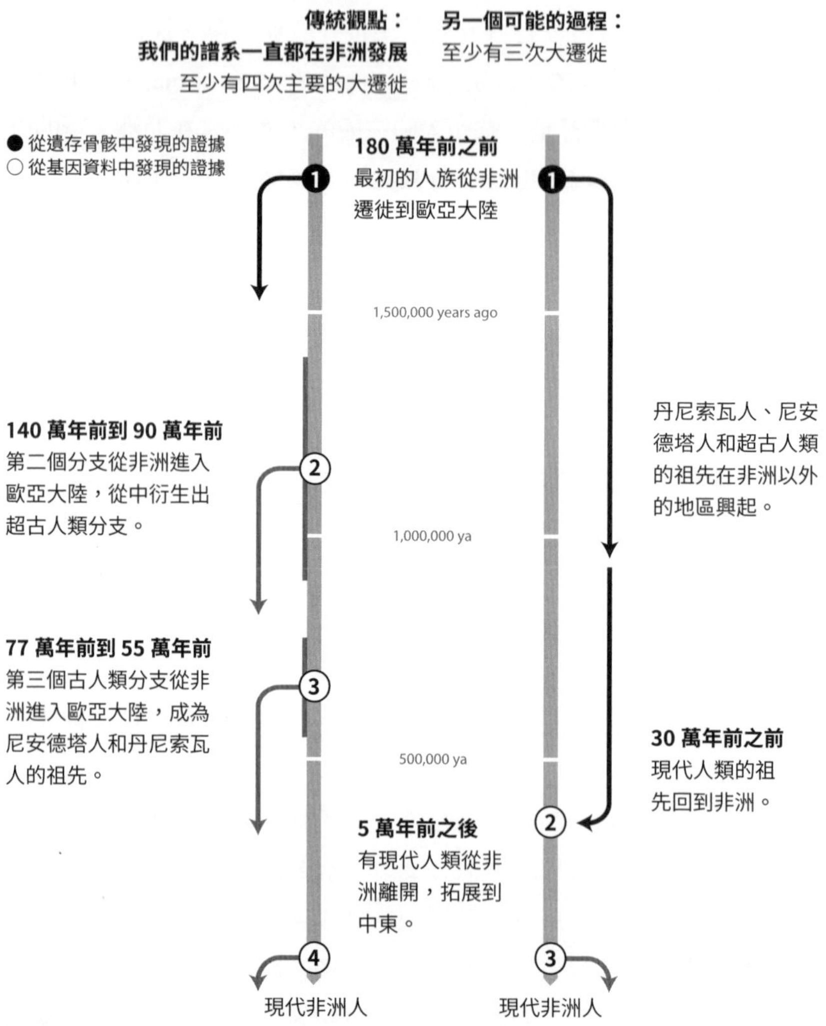

傳統觀點：　　　　另一個可能的過程：
我們的譜系一直都在非洲發展　**至少有三次大遷徙**
至少有四次主要的大遷徙

● 從遺存骨骸中發現的證據
○ 從基因資料中發現的證據

180 萬年前之前
最初的人族從非洲
遷徙到歐亞大陸

1,500,000 years ago

140 萬年前到 90 萬年前
第二個分支從非洲進入
歐亞大陸，從中衍生出
超古人類分支。

丹尼索瓦人、尼安
德塔人和超古人類
的祖先在非洲以外
的地區興起。

1,000,000 ya

77 萬年前到 55 萬年前
第三個古人類分支從非
洲進入歐亞大陸，成為
尼安德塔人和丹尼索瓦
人的祖先。

30 萬年前之前
現代人類的祖
先回到非洲。

500,000 ya

5 萬年前之後
有現代人類從非
洲離開，拓展到
中東。

現代非洲人　　　　現代非洲人

【圖 11】
現代人類的祖先可能在非洲之外的地區逗留了數十萬年嗎？傳統的看法是人類的祖先一直
都在非洲演化。為了解釋目前得到的骨骸與遺傳學資料，至少需要有四次人族遷徙出非洲
的事件發生。不過如果我們的祖先在一百八十萬年前之前到三十萬年前住在非洲以外的地
區，那麼只需要三個遷徙事件就足以解釋了。

萬年前到三十萬年前之間，發生了哪些事呢？在非洲出土、這段期間所遺留下的人類骨骸，和現代人類接近的程度，並沒有超過與歐亞大陸人類骨骸的接近程度。[25] 在近幾十年來，有一個觀點持續擺盪不定：因為在二百萬年前之前和三十萬年前之後，人類的譜系一直都在非洲發展，所以我們的祖先應該一直都住在非洲。但是歐亞大陸地方廣大、物產豐富、地貌多變，沒有甚麼根本的理由說現代人類的祖先在返回非洲之前沒有在歐亞大陸停留過一段重要時期。

遺傳證據顯示，現代人類的祖先在演化的過程中，可能有一段時間待在歐亞大陸。這個說法和瑪麗亞·馬迪南－托瑞斯（María Martinón-Torres）與羅賓·丹內爾（Robin Dennell）首先提出的理論相符。[26] 在考古學和人類學領域中，他們的理論屬於小眾看法，但是受到敬重。他們認為，在西班牙的阿特普卡（Atapuerca）出土、有一百萬年歷史的人類遺骸，稱之為先驅人（Homo antecessor），所具備的特徵顯示他們來自於現代人類和尼安德塔人的祖先。對於現代人類／尼安德塔人的祖先族群在歐亞大陸活動的時間，一百萬年前可以說是非常早了。許多人認為，在歐洲的尼安德塔人族群出自於一個從非洲離開的古老族群，他們會假設這兩個族群當時居住在非洲。馬迪南－托瑞斯與丹內爾整合了石器類型的考古分析結果，認為從一百四十萬年前開始到八十萬年前，人類與尼安德塔人最近期的共同祖先有可能一直都住在歐亞大陸，後來有個分支遷徙回非洲，演化出現代人類。[27] 根據新的遺傳證據，馬迪南－托瑞斯與丹內爾的理論成真的可能性增加了。

「遠離非洲」理論的吸引力之一在於簡單明瞭：非洲（特別是東非）一直都是培育人類多樣性的搖籃，創新的萌發之地，從人類演化的角度來看，世界其他地方都是了無生機之處。但是人類演化中的主要事件真的就全都發生在同一個地方嗎？遺傳證據指出，有許多古代人類居住在歐亞大陸，而且其中有些和現代人類混血了。

這讓迫使我們去問：為何遷徙的方向一定得要是從非洲往歐亞大陸？有時是否可能會反方向遷徙呢？

目前最古老的 DNA

在二○一四年初，馬諦斯‧梅爾與帕波和他們在萊比錫的團隊，將取得人類最古老 DNA 樣本的年代，一舉推前了約四倍：他們定序了超過四十萬年的海德堡人粒線體 DNA，骨骸出土於西班牙的胡瑟裂谷（Sima de los Huesos）。考古學家在這個十三公尺深的豎洞（shaft）底部，挖出了分屬二十八個個體的遺骸。[28] 胡瑟裂谷遺骸有類似於早期尼安德塔人的特徵，挖掘出這些遺骸的考古學家認為他們屬於尼安德塔人祖先的分支，而這個分支之前已經和現代人類祖先的分支分開了。梅爾與帕波在發表了粒線體 DNA 之後兩年，又發表了全基因組序列。[29] 他們的分析結果不但確認了胡瑟裂谷人位於尼安德塔人的譜系中，更進一步指出胡瑟裂谷人和尼安德塔人的親緣關係較近，和丹尼索瓦人較遠。這些結果直接證明了尼安德塔人的祖先至少在四十萬年前就在歐洲演化了，當時尼安德塔人的分支和丹尼索瓦的人分支已經開始分隔開來了。

但是胡瑟裂谷的資料也有讓人困惑之處。胡瑟裂谷人（the Sima humans）的粒線體基因組和丹尼索瓦人的更近，與尼安德塔人較遠，不同於全基因組和尼安德塔人比較近。[30] 如果全基因組得到的平均親緣關係和從粒線體基因組得到的親緣關係，有一個不相符的地方，我們可能認為那是統計的樣本誤差所造成的。但是這裡的遺傳關聯有兩個衝突的地方：胡瑟裂谷人的個體具備了丹尼索瓦人類型的粒線體 DNA，但是基因組其他部分更接近尼安德塔人。西伯利亞尼安德塔人個體的粒線體 DNA 和現代人類及尼安德塔人的差異程度，是後兩者彼此差異程度的兩倍，但是基因組其他部分卻又更接近於尼安德塔人。[31] 這兩個結果如此巧合，很可能其中還有更深的秘密，尚未揭露。

和丹尼索瓦人混血的「超古人類」對於歐亞大陸人類族群歷史的重要性，可能遠超過我們原先的設想。在一百四十萬年前到九十萬年前，這群超古人類的分支和後來成為現代人類的祖先分支分開之後，散播到歐亞大陸，演化出在丹尼索瓦人和胡瑟裂谷所見到的古老粒線體譜系。大約到了一半的時間，最後演化出現代人類的分支中又有另一個群體分出來了，也散播到歐亞大陸。後者可能和之前的超古人類族群混合，在歐亞大陸的西部成為了尼安德塔人祖先群體最大的血統來源，對於東部的群體血統的貢獻雖然比較少，但是也夠顯著，那些東部群體成為了丹尼索瓦人的祖先。這個過程可以解釋不同群體中所發現到的兩種古老粒線體 DNA 為何有很大的差異，也可以解釋一個我尚未發表的奇特看法：在研究現代人類、尼安德塔人和丹尼索瓦人基因組資料時，可以看出他們遺傳上共同祖先出現的時間變化，我卻無法找出證據指出超古人類的血統只傳給了丹尼索瓦人而沒有傳給尼安德塔人。相反的，模式顯示出丹尼索瓦人和尼安德塔人都有同一個超古人類族群的血統，只是丹尼索瓦人這個血統所占比較高。

克勞賽和同事提出了另一個不同的理論。克勞賽的想法是，在數十萬年前，早期現代人類的族群，從非洲遷徙出來，和類似胡瑟裂谷人的族群混血，換掉了他們的粒線體 DNA 以及基因組其他一部份的 DNA。這樣產生的混血群體，演化成真正的尼安德塔人。[32] 這個理論看起來很複雜，但確實能夠解釋數個和下面這個事實矛盾的觀察結果：尼安德塔人的粒線體 DNA 序列和現代人類更為相近，和胡瑟裂谷人或是西伯利亞丹尼索瓦人的沒有那麼相近。從粒線體 DNA 來估計，現代人類和尼安德塔人的共同祖先存在於四十七萬年前到三十六萬年前之間。[33] 從完整基因組序列來估計，這兩個群體的共同祖先存在於七十七萬年前到五十五萬年前之間，[34] 兩者之間的矛盾之處，用這個理論解釋得通。這個理論也能夠解釋尼安德塔人和現代人類都能夠運用複雜的新石器時代技術，製造石器。不過這類石器最古老的證據的年代，要比從遺傳學所推估尼安德塔人與現代人類分開的年代，晚了數十萬年。[35] 賽爾吉・卡斯提拉諾（Sergi Castellano）與亞當・賽佩爾（Adam Siepel）領導的研究指出，尼安德塔人的祖先中最多有百分之二的血統來自於早期人類分支，這個結果支持了克勞賽的理論。[36] 如果他的理論是正確的，那麼那個散播粒線體 DNA 的血統或許能夠在所有的尼安德塔人中發現。

不論對於各種模式的解釋為何，我們得要知道的事情還有很多。在五萬年前以前的歐亞大陸是個繁忙的地方，至少從一百八十萬年前，就有多個人類族群從非洲遷來。這些族群分裂成子群，分散開來，又彼此混血或是和從非洲新來的族群混血。其中絕大部分的群體現在滅絕了，至少「純血統」的群體已經不在。我們從遺骸與考古證據知道，在現代人類從非洲遷徙到歐亞大陸之前，在那一段期間中，各種人族的多樣性是非常高的。但是在能夠採取古代 DNA 並且加以研究之前，我們並不知道歐亞大陸是足以媲美非洲的演化重地。在這樣的前提之下，現代人類和尼安德塔人在歐亞大陸西部相遇時，是否有混血，當時學界中有很熱烈的爭辯，似乎也是理所當然的。當然這個爭議已經完全塵埃落定，因為現存的數十億人類都因混血而帶有尼安德塔的人血統。歐洲是個半島，位於歐亞大陸一端，面積不是很大。有鑑於丹尼索瓦人和尼安德塔人的多樣性（這一點至少我們已經從西伯利亞丹尼索瓦人、澳洲丹尼索瓦人和尼安德塔人的 DNA 序列中可以知道，這三個族群彼此分開已經數十萬年了），現在對於這些族群的正確看法，應該是視之為在廣大歐亞大陸上演化很久的古代人類中，彼此親緣關係疏遠的家族成員。

古代 DNA 讓我們一窺遙遠的過去，迫使我們質疑對於歷史的了解。如果在二〇一〇年首度公布的尼安德塔人基因組打開了阻礙我們了解遙遠過去的小開口，那麼丹尼索瓦人基因組序列和後續古代DNA的發現，就是打開了閘門，新的發現如奔騰而下的洪水，破壞了許多以往我們穩穩相信的內容。而這只是個開端而已。

PART

—— TWO ——

人類遷徙
全世界的過程

CHAPTER

4

人類中的
幽靈族群

發現古代北方歐亞人

　　演化生物學家在面對生物的多樣性時，往往會使用「樹」來比喻，這個領域開端者達爾文寫道：「所有同類生物彼此之關係，有時可以用一株大樹表示……綠葉與嫩枝可以視為現存物種……樹幹分出巨大的樹枝，這些樹枝進而分成更小的樹枝，而樹幹之前也只是小苗。」[1]現存的人群來自於過往的人群，種種分支來自位於非洲的共同根源。如果樹木的比喻是正確的，那麼現存所有人群在過去的每個時刻，都來自於單一個古代族群。樹木比喻的重點在於當一個族群分散開來，就不會再次混合，如同樹枝彼此不會融合。

　　基因組學革命之後，大量的新資料湧現，顯示出了對於現代人類的族群變化而言，樹木比喻錯得非常嚴重。和我合作關係最緊密的研究人員，是應用數學家尼克・派特森，他設計出了一連串井然有序的測試方式，以評估演化樹模型是否真的能夠代表實際的人類族群關係，我在第一部中說明了其中最尖端的四族群檢驗法，這

歐亞大陸的現代人類

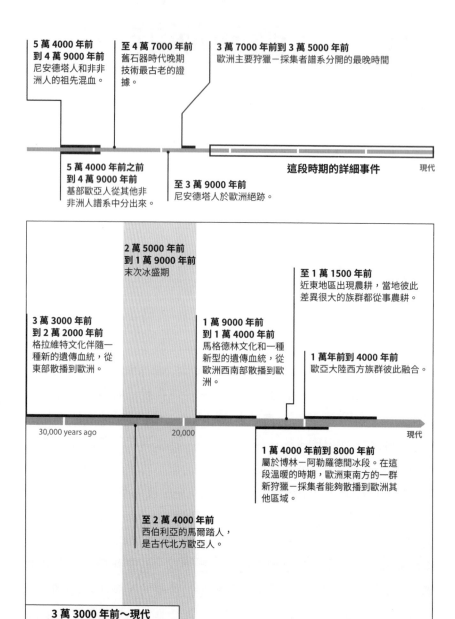

5 萬 4000 年前到 4 萬 9000 年前
尼安德塔人和非非洲人的祖先混血。

至 4 萬 7000 年前
舊石器時代晚期技術最古老的證據。

3 萬 7000 年前到 3 萬 5000 年前
歐洲主要狩獵－採集者譜系分開的最晚時間

5 萬 4000 年前之前到 4 萬 9000 年前
基部歐亞人從其他非非洲人譜系中分出來。

至 3 萬 9000 年前
尼安德塔人於歐洲絕跡。

這段時期的詳細事件

現代

2 萬 5000 年前到 1 萬 9000 年前
末次冰盛期

至 1 萬 1500 年前
近東地區出現農耕，當地彼此差異很大的族群都從事農耕。

3 萬 3000 年前到 2 萬 2000 年前
格拉維特文化伴隨一種新的遺傳血統，從東部散播到歐洲。

1 萬 9000 年前到 1 萬 4000 年前
馬格德林文化和一種新型的遺傳血統，從歐洲西南部散播到歐洲。

1 萬年前到 4000 年前
歐亞大陸西方族群彼此融合。

30,000 years ago

20,000

現代

1 萬 4000 年前到 8000 年前
屬於博林－阿勒羅德間冰段。在這段溫暖的時期，歐洲東南方的一群新狩獵－採集者能夠散播到歐洲其他區域。

至 2 萬 4000 年前
西伯利亞的馬爾踏人，是古代北方歐亞人。

3 萬 3000 年前～現代

個方式檢查了人類基因組中數十萬個變異點。舉例來說，有些人在
DNA 上某個位置的鹼基（「字母」）是腺嘌呤（A），其他人是鳥
糞嘌呤（G），代表了遠古之前發生的突變。如果把四個族群的關係
畫成一棵樹，那麼他們的突變出現的頻率，形成的關係應該會很單
純。[2]

　　檢驗演化樹模型最自然的方式，就是取我們認為從同一個樹
枝分出的兩個族群，計算其中突變的出現頻率。如果演化樹模型正
確，兩個族群中的突變出現頻率應該會隨機改變，因為這兩個族群
和其他另外兩個親緣關係比較遠的族群分開了，而這兩對族群的頻
率差異在統計上是不相關的。如果演化樹模型是錯誤的，頻率差異
會有相關性，這種相關性指出了各樹枝之間可能有混血。我們在研
究尼安德塔人和非非洲人類的親緣關係比非洲人近時，最重要的方
法便是四族群檢驗法，也就是知道了尼安德塔人和非非洲人曾經混
血。[3] 不過利用四族群檢驗法所得到的研究中，發現古代人類和現代
人類混血，只是結果的一小部分而已。

　　我的實驗室利用四族群檢驗法的第一個重大發現，來自於我們
檢驗一個許多人都相信的看法：美洲原住民和東亞人是「姊妹群」，
來自於一個共同的古老分支，這個分支是更早之前從歐洲人和撒哈
拉以南非洲人分出來的。但是出乎我們意料，就歐洲人和非洲人沒
有共有的那些突變來看，歐洲人和美洲原住民更接近，而和東亞人
比較遠。這個結果很容易讓人做出一些淺薄的解釋，例如在這五百
年來美洲原住民從歐洲移民那兒得到了一些血統。但是我們在每個
所研究的美洲原住民族群中，都發現到相同的模式，包括那些已經
證明未曾和歐洲人混血的族群。美洲原住民和東亞人之前是從東亞
同一個族群分開來的說法，也和這個結果矛盾。人類族群關係的演
化樹模型有一些嚴重的錯誤。

　　我們寫了一篇說明這個結果的論文，論文中指出這些突變關

係的模式反映出了美洲原住民的祖先在很久發生過混血事件：與歐洲人有親緣關係人群與和東亞人有親緣關係的族群，彼此混血，之後才穿過連接了亞洲和美洲的白令陸橋。二〇〇九年，我們把這篇名為〈美洲原住民血統中的古老混血〉（Ancient Mixture in the Ancestry of Native Americans）的論文投稿出去，期刊回覆說只要有一些小修改就可以接受刊登了。但是到最後，我們沒有發表這篇論文。

因為在做這篇論文的最後修改時，派特森發現了一些更奇怪的事情，讓我們了解到之前所發現的只是整個故事的一部分。[4] 為了解他的這項發現，我必須解釋另一個我們設計出來的統計學測試方式：三族群檢驗法（Three Population Test），這個方式能夠評估「測試」族群中的混血證據。如果測試族群的譜系是混合而成的（也就是美洲原住民是歐洲人和西非人的混血），而且和其他兩個比較族群的關係不同，那麼可以預期測試族群突變的狀況會介於兩個比較族群之間。如果沒有混血發生，那麼就沒有理由去預期該族群中的突變會位於兩者之間。也就是有混血和沒混血，會產生截然不同的突變頻率模式，這可以定量出來。

我們用三族群檢驗法去測試各種不同的人類族群。如果測試族群是歐洲北方人，得到的統計結果是負相關，證明了與歐洲北方人的祖先發生過族群混合事件。我們收集到世界各地五十多個人類族群資料，進行了所有可能的配對方式，發現到如果比較族群中有一個來自於南歐，特別是薩丁尼亞人（Sardinian），另一個是美洲原住民族群時，混血的證據最為顯著。顯然用美洲原住民族群產生的負相關最為顯著，因為我們發現到，比起用東亞族群、西伯利亞族群或是新幾內亞族群，用美洲原住民族群做為第二比較族群時，負相關的程度更高。我們發現到有證據指出歐洲北部人，例如法國人，是混血族群的後代，其中某個參與這個混血的族群，和當今美洲原住民的相近程度超過其他現存的族群。

　　我們要如何去理解三族群測試和四族群測試的結果呢？我們認為，在一萬五千年前之前，有一個居住在歐亞大陸北方的族群，並不是現在居住在當地族群的祖先。那個族群中有些人往東遷徙，越過了西伯利亞，加入了那群越過白令陸橋而成為現在美洲原住民祖

【圖 12】
找尋歐亞大陸北方的幽靈

非洲人

北方歐洲人

美洲原住民

東亞人

❶ 四族群檢驗法結果指出，不是北方歐洲人具備了和美洲原住民有親緣關係的血統，就是美洲原住民具備和歐洲人有親緣關係的血統。

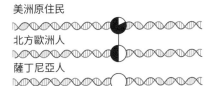

美洲原住民

北方歐洲人

薩丁尼亞人

鹼基 T 的突變頻率

❷ 三族群檢驗法指出，北方歐洲人的突變頻率，介於美洲原住民和南方歐洲人之間，代表北方歐洲人具備了和美洲原住民有親緣關係的血統，薩丁尼亞人

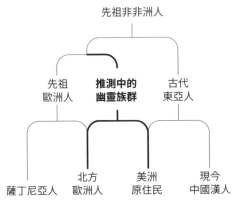

❸ 古代北方歐亞人的存在：這個族群在古代必定存在，然後混入了北方歐洲人和美洲原住民，如此就能夠解釋測試的結果。

❹ 找到了幽靈族群：馬爾踏男孩生活於兩萬四千年前，和預測中的古代北方歐亞人族群吻合。

先的族群。這個族群有一部分往西遷徙，成為歐洲人的祖先之一。這個概念可以解釋為何現在美洲原住民中歐洲人的血統比較多，西伯利亞人的血統就沒有那麼多歐洲人血統。現在的西伯利亞人可能是在冰期之後從東亞南方往北遷徙的人所生下的後代。

我們把推測中的新族群稱為「古代北方歐亞人」（Ancient North Eurasians）。我們在提出有這群人時候，他們還屬於「幽靈」，是從統計資料推論出存在於古代的一個族群，但是現在已經沒有以未混血的方式存在了。古代北方歐亞人如果生存到現在，毫無疑問可以稱之為一個「種族」，因為我們可以指出，他們在遺傳上和當時與現在所有居住在歐亞大陸上的族群都不相同。「西方歐亞大陸人」、「美洲原住民」和「東亞人」彼此不同。雖然古代北方歐亞人沒有留下未混血的後代，但曾經非常成功。如果把現今各族群中來自他們的所有遺傳物質都集合起來，加起來等同於數億人的基因組。總的來說，全世界有一半的人，基因組中有百分之五到四十，來自於古代北方歐亞人。

古代北方歐亞人的例子指出了用演化樹模型來比喻物種之間的關聯是恰當的，因為物種之間鮮少雜交，因此像是真正的樹枝模式，在分支之後並不常會在合併起來。[5] 但是用來類比人類族群就危險了。基因組演化的過程讓我們知道，相差甚遠的族群之間，大規模混血事件反覆出現。[6] 比較適合的比喻不是樹木而是格架，有分支，而在歷史中分支又會連接在一起。[7]

找到了幽靈

二〇一三年末，艾斯卡‧威勒斯勒夫（Eske Willerslev）發表了描述某個男孩的全基因組論文，這個男孩在兩萬四千年前，居住於西伯利亞中部南方的馬爾踏（Mal'ta）。[8] 馬爾踏基因組和歐洲人及美洲原住民的遺傳關聯深厚，而與現今居住於西伯利亞的人關係比較淺，這個結果正如同我們對於古代北方歐亞人幽靈族群的預測。現在馬爾踏基因組已經成為古代北方歐亞人的原型樣本（prototype sample）。如果是考古學家，可能會用「模式標本」（type specimen）這個詞，在科學論文中，這個個體（individual）用來定義那個新發現的群體。

有了馬爾踏基因組，拼圖的其他碎片開始扣合。我們不再需要從現代族群的資料中重建歷史。相反的，由於有了幽靈族群的基因組樣本，就有可能了解數萬年前族群的遷徙與融合，就如同分析近代的歷史。利用馬爾踏基因組完成的研究，是我所知的最佳範例，表示在古代基因組發現之前，從現今資料只能研究得模模糊糊，但是在之後就可以揭露出詳細的歷史。

分析馬爾踏基因組入讓我們了解到，美洲原住民有三分之一的血統來自於古代北方歐亞人，其他的來自於東亞人。這樣的重大混血事件解釋了為何歐洲人在遺傳上更為接近美洲原住民，而不是更接近東亞人。我們未發表的論文說，美洲原住民源自於有東亞人與西部歐亞大陸人血統的族群混血，這是正確的，但是並非是全貌。古代 DNA 研究領域進展迅速，趕過了那篇論文。威勒斯勒夫和同事的發現，遠遠超出了只靠分析現代族群所能得到的結果。他們不只證明了美洲原住民是族群融合產生的後代，這點我們辦不到，因為無法排除另一個可能的情節。除此之外，他們也指出了這次融合只是規模更大故事中的一個篇章而已。

目前在非洲之外的大型人類族群之前曾經彼此混血，這個發現和絕大部分科學家所預期的不同。在基因組革命之前，我和其他絕大多數的科學家一樣，認為目前所見個人類族群的主要遺傳群在很久之前就區分開來了。但事實上今日的遺傳群本身是之前不同族群混合而成。東亞人、南亞人、西非人和南非人等，我們分析的每個族群都發現了類似的模式。過去的人類不是由單一族群構成的主幹，而是一直都在混合。

近東地區的混合

二〇一三年一整年，我實驗室的伊歐席夫·拉薩利迪斯都受困於一個研究結果，如果沒有古代 DNA 就不能夠被解讀出來。

拉薩利迪斯利用了四族群檢驗法分析了東亞人、現代歐洲人以及約八千年前農業時代之前的狩獵－採集歐洲人。依照演化樹模型，這些人彼此之間沒有親緣關係。但是他的分析結果指出，平均而言，現在的東亞人在遺傳親緣關係上比較接近古代狩獵－採集歐洲人的祖先，而非現代歐洲人的祖先。在他這項研究之前的古代 DNA 研究指出，現代歐洲人的某些血統，來自於近東地區的農業族群，我原本認為他們來自於和歐洲狩獵－採集者相同的祖先族群。拉薩利迪斯發現了，第一批從事農耕的歐洲人所具備的血統，和歐洲狩獵－採集者有些不同。當時應該發生了一些更複雜的事。

拉薩利迪斯要在兩種不同的解釋之間斟酌取捨。一個解釋是古代歐洲狩獵採集者的祖先，和古代東亞人的祖先彼此混血，使得這兩個族群之間有遺傳交流。在歐洲和東亞之間沒有無法跨越的地理障礙，顯然有這種可能性。另一個解釋是那些把許多 DNA 傳給現代歐洲人的早期農耕歐洲人，本身所具備的血統有些來自於更早之前從歐亞大陸主要族群中分出來的某個群體，這可能使得東亞人和目前歐洲人的相似程度，低於農業時代前的歐洲狩獵採集者。

在有了馬爾踏人的基因組序列之後，拉薩利迪斯馬上就解決了這個問題。[9] 他把馬爾踏基因組加入了四族群測試中，測試四族群中不同的組合方式。馬爾踏人和農業時代前的歐洲狩獵－採集者都來自於一個古老的祖先族群，這個族群是在東亞人和撒哈拉以南非洲人分開之後出現的。這個結果符合單純的演化樹模型。但是在這項統計研究中，拉薩利迪斯把古代歐洲狩獵－採集者換成現代歐洲人，或是早期歐洲農耕者時，演化樹模型就無法解釋結果了。現代歐洲人和近東人都是混血族群：他們帶有一個歐亞人分支譜系，這個譜系在馬爾踏人、歐洲狩獵採集者與東亞人這三群人彼此分開之前，就已經和前三者分開了。

拉薩利迪斯稱那個譜系為「基部歐亞人」（Basal Eurasian），因為那群人後來分出了其他非非洲人的分支。基部歐亞人是新的幽靈族群，和古代北方歐亞人同樣重要，這點可以從他們傳下來的後代基因組數量看得出來。四族群檢驗法的結果中，偏差值範圍距離零點很遠，可以想成是這些族群彼此之間的親緣關係像是樹狀，這代表了現代歐洲人和近東人中有四分之一的血統來自於這個幽靈族群。伊朗人和印度人中，這個族群的血統占比也相當高。

還沒有人找到基部歐亞人的古代 DNA。在古代 DNA 田野研究領域中，這個樣本宛若聖杯，一如在發現馬爾踏人之前要找尋的古代北方歐亞人。但是我們知道基部歐亞人的確存在，就算是沒有找到他們的古代 DNA，但是有遺傳學資料，其中他們所流傳下來的基因組片段，讓我們知道他們位於祖源基部這個重要事實。

相較於其他在現今人類身上留下血脈的其他非非洲人類分支，基部歐亞人有一個很大的特點：他們幾乎不帶有尼安德塔人的血統。二○一六年，我們分析了在近東地區找到的古代 DNA，發現到一萬四千年前到十萬年前居住在當地的人，帶有約一半的基部歐亞人血統，這是現在歐洲人的兩倍。把基部歐亞人的血統比例和尼安德塔人的血統比例繪製成圖表，我們發現到在非非洲人中，如果基部歐亞人的血統占比越少，那麼尼安德塔人血統占比就越高。完全沒有基部歐亞人血統的人，所具備的尼安德塔人 DNA，是具有一半基部歐亞人血統者的兩倍。經由外推，我們可以推測百分百的基部歐亞人完全不具備尼安德塔人血統。[10] 因此不論和尼安德塔人的混血發生在什麼時候，主要應該是發生在其他非非洲人譜系從基部歐亞人分出來之後。

我們很容易就認為，基部歐亞人是撒哈拉沙漠北部的現代人類，在第二次遷徙潮所遺留的後代，時間在和尼安德塔人混血的族群大量分散開來之後。但這並不正確，因為基部歐亞人和其他非非洲人有許多共通的歷史，包括了都來自於五萬年前之前成為所有非非洲人祖先的那個小族群。古時候基部歐亞人在歐亞大陸出現的事實，顯然可從一萬年前之前居住在現今伊朗地區的人有一半基部歐亞人血統這件事看出來，[11] 不過遺傳證據顯示，這兩群人彼此之間沒有交流的時間，長達幾萬年。[12] 這可能是因為差異很大的基部歐亞人分支同時存在於古代的近東地區，在農耕還沒有散播之前，並沒有很多人遷徙出去與接納許多移民。基部歐亞人是人類遺傳變化主要而且特殊的來源，其下數個分支續存了很長一段時間。

那麼基部歐亞人是在那兒生活，和其他非非洲人分支隔開了數萬年嗎？由於缺乏古代 DNA，我們只能猜測。他們可能逗留在非洲北部，由於撒哈拉沙漠的阻隔，使他們難以接觸到非洲大陸南部的族群，而且這個地區在生態上更接近歐亞大陸西部。現在的北非人所帶有的基部歐亞人血統，絕大部分源自於歐亞大陸西部來的移民，使得當地的遺傳歷史難以剖析明確。[13] 不過考古學研究已經發現到可能屬於基部歐亞人的古代文化，例如現今歐亞人從他們在撒哈拉以南最親近的譜系中分出來之後，尼羅河谷就一直有人類居住。

找尋基部歐亞人可能的棲息，線索來自於納圖夫人（Natufian），他們是狩獵－採集者，在一萬四千年前居住在近東地區西南部，[14] 是目前已知最早過著定居生活的人類族群。雖然還是狩獵－採集者，卻沒有到處遷徙找食物。他們用石材打造了大型建築，主動管理當地的野生植物，後繼者則成為了完善的農耕者。他們的顱骨形態和石器樣式，類似於約同時代的北非人，因此有人認為納圖夫人是從北非遷徙到中東的。[15] 二〇一六年，我的實驗室發表了六個以色列納圖夫人古代 DNA 的資料。我們發現到，他們和早期居住於伊朗的狩獵－採集者一樣，具有高比例的近東地區基部歐亞人血統。[16] 不過我們得到的古代 DNA 資料無法確定這些納圖夫人的祖先居住在何處，因為我們沒有同時期或是較早居住於北非、阿拉伯或是近東西南部的古代人類 DNA 資料，能夠用來進行比對。就算是發現到納圖夫人和北非人之間有遺傳關聯，這也非故事的全貌，因為無法解釋古代居住在伊朗與高加索地區的狩獵－採集者都帶有高比例的基部歐亞人血統。

早期歐洲人中的幽靈

　　主要的幽靈族群一個接一個被發現，先是古代北方歐亞人，然後是基部歐亞人，讓人覺得古代 DNA 似乎並非研究必須的工具，因為可以從現代的族群中發現到這些幽靈的存在。但是經由統計學的重建工作也只能做到這個地步，從現今人類得到的資料，是難以知道最近一次混血的時間點之前發生的事情。除此之外，人類遷徙太頻繁了，讓人無法有十足的信心從後代的基因組，推測祖先族群居住的區域。但是如果能夠從幽靈族群中得到古代 DNA，就可以把時間回推得更早，找到的古代幽靈比只依靠現代族群所得到的資料來得多。馬爾踏基因組定序完畢之後的狀況便是如此。我們從基因組資料的統計學研究中發現了馬爾踏人基因組，但是得到了序列資料之後，我們能夠發現更早之前的基部歐亞人。[17]

　　二〇一六年，潘朵拉的盒子打開了，一大群古代幽靈衝了出來。我的實驗室集合了五十一個古代歐亞大陸現代人類的全基因組資料，其中絕大部分來自於歐洲，這些人生活在四萬五千年前到七千

歐洲狩獵－採集者歷史中的五大事件

【圖 13】

現代人類的先驅族群離開了非洲與近東，散播到歐亞大陸（1）。至少在三萬九千年前之前，有一群現代人類成為了歐洲狩獵－採集者的祖先。歐洲狩獵－採集者族群至少延續了兩萬年（2）。後來從那個祖先族群中有一個居住在西方的分支所產生的後代，往西散播（3），取代了原來居住在當地的族群，之後冰河擴張，這個族群被迫離開歐洲北部。冰河擴張到最大的範圍可以見右上圖。冰河退縮之後，居住在歐洲西南部的族群擴散到歐洲西部。

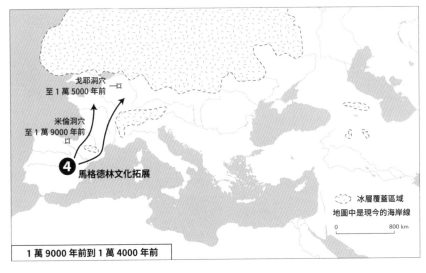

戈耶洞穴
至 1 萬 5000 年前

米倫洞穴
至 1 萬 9000 年前

❹ 馬格德林文化拓展

冰層覆蓋區域
地圖中是現今的海岸線

0   800 km

1 萬 9000 年前到 1 萬 4000 年前

勞斯堡
至 8000 年前

拉布拉納—阿里尼特羅
至 8000 年前

阿爾卑斯山

維拉布魯納岩棚
至 1 萬 4000 年前

巴爾幹山脈

❺ 博林—阿勒羅德
間冰段拓展

至 1 萬 4000 年前

（4）這個族群存在了數萬年，和一個三萬五千年前居住在歐洲西端的個體有親緣關係。後來首次極度溫暖的期間中，一個來自於東南方的遷徙造成了很大的影響（5），不只改變了歐洲西部的人類族群，同時也讓歐洲族群和近東族群均質化。在比利時的戈耶洞穴遺址中，含有古代 DNA 的各個人類骨骸，時間差異可達兩萬年，反映出了這些轉變，其中的代表文化分別是奧瑞納文化、格拉維特文化和馬格德林文化。

125

年前，這個時間橫跨過末次冰盛期（Last Glacial Maximum），時間是二萬五千年前到一萬九千年前，[18] 當時冰河覆蓋了歐洲高緯度和中緯度地區，所有人類都只能避居到南方的半島地區。在我們展開研究之前，這個時期遺骸的基因研究資料很少，從這研究得到的分析結果是停滯而單調的。但是我們得到了新的資料，其中顯示在這一段很長的時間中，族群轉變、取代、遷徙和混合的事件反覆發生。

在分析古代 DNA 資料時，常使用的方法是把古代個體和現代個體加以比較，以便從現代的角度標定過去的位置。但是我實驗室的付巧妹完成比較工作時，得到的結果卻沒多能揭露這些古代狩獵－採集者的樣貌。現代人們之間的差異，幾乎和她研究的那段長時間中居住在歐洲的人沒有什麼關聯。付巧妹必須用那些資料找出答案。她依照遺傳相似性以及由考古學研究所得到的年代，把那些古代個體歸為四群，每群中都有許多樣本。現在她只要知道這四群之前的親緣關係即可。其中也有些個體無法歸類到任何一群中，特別是年代比較古老的個體。

付巧妹組織了樣本之後，便可以開始破解現代人類在歐亞大陸活動前三萬五千年的故事，其中至少包括了五項重大事件。

第一個事件是現代人類散播到歐亞大陸西部，這個事件可以從最古老的兩個樣本中看出來，其中一個個體生活約在四萬五千年前，遺留的腿骨是在西伯利亞西部一個受到侵蝕的河岸中發現的，[19] 另一個生活約在四萬年前，下顎在羅馬尼亞的一個洞穴中出土。[20] 這兩個個體和歐洲狩獵－採集者之間的親緣關係遠近，並沒有超過和現代東亞人之間的親緣距離。這個發現指出他們是現代人類中的先驅者，曾經興旺，但是後代幾乎都消失了。這些先驅族群的存在，清楚指出歷史並不是直直的朝前推進。人類歷史中充滿死巷，我們不應該預期過往居住在某個地區的族群，就是現居當地族群的祖先。大約三萬九千年前，靠近現在義大利那不勒斯的超級火山噴發，把估計將近三百立方公里的火山灰灑滿整個歐洲，使得考古地層可以因為這個噴發事件而分層。[21] 在這個火山灰層之上的地層，幾乎找不到尼安德塔人的遺骸或工具，有人認為火山造成的氣候劇變，讓接下來數年的時間都有如冬季，使得尼安德塔人和現代人類之間本來就有的競爭更形惡化。這項危機造成了尼安德塔人的滅絕。但不只有尼安德塔人遭受到危機，在火山灰層之下的現代人類古代人類活動痕跡，到火山灰上的地層也幾乎都完全消失了。許多現代人類和同時代的尼安德塔人一樣，快速消失了。[22]

第二事件是譜系的分散，這些人後來成為歐洲所有狩獵－採集者的祖先。付巧妹的四族群測試指出，一個約三萬七千年前生活在東歐（現在俄羅斯的歐洲區域）的個體，[23] 以及約三萬五千年前生活在西歐（現今的比利時）的個體。這兩個個體所屬的族群，是後來所有歐洲人的祖先，包括現今的歐洲人。[24] 付巧妹也利用四族群測試，指出了從約三萬七千年前到一萬四千年前間，所分析的這段時間的歐洲樣本，幾乎全部都可以說成是某一個共同先祖族群的後代，這個族群並沒有和其他非歐洲人族群混合過。考古學家之前就指出，在三萬九千年前的火山爆發之後，有一個現代人類的文化散播到歐洲，他們所做出的石器類型稱為奧瑞納文化，取代了先前各式各樣的石器類型。遺傳學和考古學證據都指出早期現代人類曾經數次遷徙進入了歐洲，其中有些遷入的族群滅絕了，有些由更為同源的族群和文化所取代。

第三個事件是使用格拉維特文化（Gravettian）工具的人主宰了歐洲，時間是三萬三千年前到二萬二千年前。他們留下來的物品包括豐滿性感的小型女性雕像、樂器，以及精美的壁畫。相較於製造奧瑞納文化石器的人，格拉維特文化的人對於埋葬死者更為精緻，使得這個時期留下來的遺骸要比奧瑞納文化的人更多。我們從格拉維特文化時期遺骸萃取DNA，這些遺骸出土自現今比利時、義大利、法國、德國和捷克。雖然地理分布廣闊，但是他們在遺傳上非常類似。付巧妹的分析結果指出，他們的血統絕大多數來自於三萬七千年前東歐邊陲地帶狩獵－採集者的分支，這些人往西方擴散，取代了使用奧瑞納工具的分支，這個分支的代表個體是三萬五千年前居住在現今比利時的個體。格拉維特文化的興起，同時帶來人造物品類型的改變，這是由新的民族散播所造成的。

　　道出第四個事件的是一件在現今西班牙所出土的遺骸，時間約在一萬九千年前，那是第一個和馬格德林文化（Magdalenian culture）相關的個體。接下來，屬於這個文化的人會從氣候溫暖的避難地區，往東北遷徙，沿著往北退縮的冰層，前進到現今的法國與德國。考古學的資料和遺傳學的發現再次吻合，記錄了這些散播到中歐地區的人，並不是之前住在當地格拉維特人的後代。另外還有一件讓人驚訝的事情。馬格德林文化相關者的血統，絕大多數來自某個於三萬五千年前生活在比利時個體所代表的譜系，這個個體所屬的文化是奧瑞納文化。但是後來住到同一個區域的人使用的是格拉維特文化工具，所帶的 DNA 和當時其他歐洲同文化的人類一樣，來自於東歐。有另一個幽靈族群為後來的族群提供了部分血統。奧瑞納人血統並沒有完全滅絕，而是在某些地理上的小區域中續存，可能位於在歐洲西部，到了冰河時期結束後捲土重來。

　　第五個事件發生於約一萬四千年前，這是最後一次冰期以來首度氣候大幅變暖的時期，這個大規模氣候變化稱為「博林－阿勒羅德間冰段」（Bølling-Allerød）。由地理學研究重建當時的狀況，顯示之前從阿爾卑斯山延伸到地中海的冰河末端，原本靠近現今法國尼斯，分隔了東歐和西歐將近一萬年，在這個時期終於融化了。歐洲東南部地區（義大利半島與巴爾幹半島）的動物與植物大量往歐洲西南部遷徙。[25] 在一萬四千年前之後，有一群血統和之前馬格德林文化相關者差別極大的狩獵－採集者，擴散到整個歐洲，取代了馬格德林文化相關者。在三萬七千年前到一萬四千年前這段期間，居住在歐洲的人類，全部可能都是一個共同祖先群體傳下的後代，這個群體之前就和成為現在近東居民祖先的譜系分開了。但是大約在一萬四千年後，歐洲西部的狩獵－採集者和現在的近東居民在血緣上更為接近。代表了大約在那個時候，近東和歐洲之間發生了新的移民事件。

我們並沒有來自歐洲東南部與近東地區且年代早於一萬四千年前的古代 DNA 樣本，因此只能夠推測當時有族群移動。當時在歐洲南部等待冰期結束的人，在阿爾卑斯冰河巨牆融化之後，席捲了整個歐洲。[26] 可能同樣的這群人也拓展到安納托力亞（Anatolia），他們在當地的後代繼續擴散到近東，歐洲人和近東人因此遺傳上有共同的血統，五千年後，近東的農耕者以相反的方向，把近東人的血統帶入了歐洲。

現今歐亞大陸西部人的遺傳組成

歐亞大陸西部指的是歐洲、近東地區和中亞的大部分，目前居住在這個地區的人，遺傳上非常相似。十八世紀的學者藉由外表的相似性，區隔了住在歐亞大陸西部的人稱之為「高加索人種」（Caucasoid），以和居住在東亞的「蒙古人種」（Mongoloid）、非洲撒哈拉以南地區的「黑人種」（Negroid），以及居住在澳洲與新幾內亞的「澳洲人種（Australoid）。到了二〇〇〇年代，比起外貌特徵，全基因組序列資料能夠更正確的把人類族群歸類。

乍看之下，全基因組序列資料似乎確認了舊式分類的一些內容。比較兩個族群遺傳相似性，最普遍的方法是看這兩個族群中突變出現頻率的差異。把整個基因組中成千上萬個突變頻率的數字平均下來，能夠得到一個精確的數值。用這種方式計算，基本上歐亞大陸西部人彼此之間親緣相近的程度，是和東亞人親緣相近程度的七倍。如果標定突變的頻率在地圖上的話，從歐洲臨大西洋地區一直到中亞細亞的草原，族群的同源性很高。而從中亞到東亞之間的地區，同源性差異突然增大。[27]

現在人類族群的結構，是如何從過往的結構中產生的？我們和其他古代 DNA 實驗室在二〇一六年發現，現今歐亞大陸西部地區的族群，是由食物生產者的散播所打造的。農耕約在一萬兩千年前到一萬一千年前，起源於目前土耳其西南部和敘利亞北部地區，當地的狩獵－採集者開始馴化許多現在歐亞大陸西部地區的人依然食用的植物和動物，包括了小麥、大麥、黑麥、豌豆、牛、豬和綿羊。大約在九千年前之後，農耕開始往西傳播到現在的希臘，自此同時也往東傳播到現今巴基斯坦的印度河谷（Indus Valley）。在歐洲，農耕沿著地中海沿岸地區傳播到西班牙，往西北方則沿著多瑙河谷傳到德國，最後抵達北方的斯堪地那維亞半島，以及西方的不列顛群島，那些地區是農耕的極限，再遠的區域就不適合農耕了。

二〇一六年之前，使用近東地區古代全基因組 DNA 資料，以評估考古記錄中這些的確推動人類移動的改變的相關研究，全部都失敗了。因為近東地區氣候溫暖，加速化學反應，使得 DNA 分解的速度比較快。不過兩項技術突破改變了現況。其中一項技術由梅爾發展出來，能夠提高從古代人類遺骸中萃取出的 DNA 量。[28] 這項技術使得分析古代 DNA 的成本效益增加一千倍，過往 DNA 含量太少而無法分析的骨骸都能夠加以分析。我們和梅爾一起研究，採用了這個分法而能夠分析大量樣本的全基因組 DNA。[29] 第二項突破是知道了，顱骨中內耳的岩骨中含有的 DNA 濃度相當高，是其他骨頭所遠遠比不上的，每毫克骨粉中的 DNA 量是其他骨骸的百倍以上。這是在愛爾蘭都柏林從事研究的人類學家羅恩·品哈希（Ron Pinhasi）發現的。另一個和岩骨一樣富含大量 DNA 的是耳朵中的蝸牛狀聽覺器官耳蝸（cochlea）。[30] 二〇一五年和二〇一六年，經由分析岩骨中的古代 DNA，我們一一突破障礙，得以首度研究溫暖近東地區的古代 DNA。

我們和品哈希合作，得到了四十四個古代近東地區居民的 DNA，那是孕育農業的地方。[31] 結果顯示大約在一萬年前農業開始傳播時，歐亞大陸西部的人口結構，和我們今日所見在遺傳上所見的單調狀況不同。在伊朗西部山區的農耕者最早馴化了山羊，從遺傳資料顯示他們是直接來自於之前住在當地的狩獵－採集者。同樣的，在現在以色列和約旦的最早農耕者，主要是之前的納圖夫狩獵－採集者的後代。但是這兩個族群在遺傳上差別很大。我們和另一個研究團隊發現[32]，近東地區西部（肥沃月灣，包括了安納托力亞和黎凡特地區）最早出現的農耕者，和近東地區東部（伊朗）最早出現的農耕者，兩者之間在遺傳上的差異，如同現在歐洲人和東亞人之間的差異。在近東地區，伴隨農耕一起拓展的，不只是人群的移動，如同歐洲那樣，還包括了共同概念在遺傳上不同群體之間的散播。

拉薩利迪斯帶領這項分析計畫，他發現到在一萬年前的近東地區，有四個差異很大的人類族群，這在廣大的歐亞大陸西部地區是一個很特殊的例子。他分析了我們的資料之後，發現大約在一萬年前，歐亞大陸西部地區至少有四個主要族群：肥沃月灣地區的農耕者、伊朗的農耕者、歐洲中部與西部的狩獵－採集者，以及歐洲東部的狩獵－採集者。這四個族群彼此之間的差異程度，如同現在歐洲人和東亞人的差異程度。想要經由血統進行種族區分的學者，如果身處一萬年前，會把這些族群分為不同的「種族」，但是這四個種族的血統並沒有以無混血的方式留存至今。

馴化植物和動物是革命性的技術，比起狩獵與採集，農耕可以支持更高的人口密度，在這樣的刺激之下，近東地區的農耕者遷徙到周邊，並且和鄰近族群混合。但是和之前在歐洲地區發生的狀況不同，歐洲以前是取代並滅絕之前的群體，近東地區群體的擴張則都把血統留給了後來的族群。現今土耳其地區的農耕者拓展到歐洲。現今以色列和約旦的農耕者拓展到東非，目前在衣索比亞人中，他們的血統占比是最高的。和現今伊朗人有親緣關係的農耕者拓展到印度，以及黑海與裏海北方的草原。他們和當地的族群混合，並且建立了以放牧為主的新經濟型帶，使得農業革命能夠散播到世界上不適合種植馴化作物的地區。生產食物方式不同的族群彼此混合，這個過程加速了之後五千年之中青銅時代技術發展的速度。這個過程也代表了，之前在歐亞大陸西部族群中遺傳特色明顯的群體與更迭方式完全崩潰，到了青銅時代，成為我們看到各個群體之間遺傳差異小的狀況。這是一個科技（在這裡是馴化）造成同質化（homogenization）的絕佳例子，不只影響了文化，也影響了遺傳。這個狀況也指出人類這個物種發展的過程中，工業革命和現在發生的資訊革命並非歷史中獨特的事件。

這些原本差異很大的族群，彼此融合，成為現代歐亞大陸西部的居民，結果可以體現在現代我們認為典型北歐人的樣貌：金髮藍眼皮膚白。分析古代 DNA 序列的結果指出，八千年前歐洲西部的狩獵－採集者有藍眼睛，但是皮膚和頭髮的顏色是深色的，這種特徵組合在現今很罕見。[33] 歐洲最早的農耕者大都皮膚白，但是頭髮顏色深，具有棕色的眼睛，目前歐洲人大部分皮膚白就因為這些遷入的農耕者。[34] 已知最早歐洲人典型金髮的突變，是一萬七千年前在西伯利亞東部貝加爾湖（Lake Baikal）周邊地區居住的一位古代北方歐亞人。[35] 現今中歐與西歐有數億人帶有這個突變，可能是某次大遷徙進入這個帶有古代北方歐亞人血統的區域所造成的，下一章會討論這個事件。[36]

古代 DNA 革命發現到了幽靈族群和這些族群的混血事件，意外地讓許多人批評過去學者所做出的種族分類，這些分類由於缺乏紮實的科學事實支持，其實根本就不重要。[37] 研究古代 DNA 發現到在歐亞大陸西部，一萬年前到四千年前之間，曾經發生過「遺傳斷層」（genetic fault line），當時族群組成和現在的完全不同，因此目前使用的種族分類方式並沒有反映出在生物學上「純粹的基本單位」。相反的，目前的種族分類內容只是指出最近才產生的現象，這些種族是過去反覆混血與遷徙事件的結果。古代 DNA 革命所帶來的發現指出，混血將會持續。混血是人類的基本，我們需要接受這種事件，而不是否定他的發生。

CHAPTER 5 ｜ 現代歐洲人的形成

奇特的薩丁尼亞

　　二〇〇九年，姚阿辛・伯格（Joachim Burger）所帶領的遺傳學家團隊定序了古代歐洲狩獵－採集者以及一些歐洲最早農耕者的粒線體 DNA 片段。[1] 雖然粒線體 DNA 的長度只有基因組其他部位數十萬分之一，但是其中的變異已經多到足以可以把這些人區別為不同的類型。幾乎所有古代狩獵－採集者都帶有某一組類型的粒線體 DNA。但是後來取代狩獵－採集者的農耕者帶有的比例很低，他們本身的 DNA 比較類似於現今住在歐洲南部和近東地區的人。顯然這些農耕者的祖先並非歐洲狩獵－採集者的後代。

　　粒線體 DNA 只佔了整個基因組的一小部分，後來全基因組研究發現了奇怪的結果。二〇一二年，一個遺傳學家團隊定序了「冰人」（Iceman）的基因組序列。冰人是天然形成的木乃伊，死於五千三百年前，後來阿爾卑斯山冰川融化，在一九九一年被人發現。[2] 冰川的寒冷保留了冰人的身體和器具，讓人清楚的看到在書寫文字

135

歐洲古代三個族群融合的過程

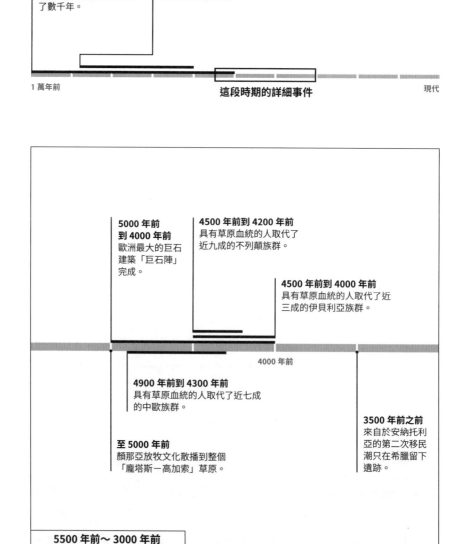

1 萬年前到 5000 年前
在農耕傳播到歐洲之前，狩獵－採集者在當地生活了數千年。

8800 年前到 6000 年前
農耕從安納托利亞的起源地傳播到整個歐洲。

1 萬年前　　　　　　　　　　這段時期的詳細事件　　　　　　　　現代

5000 年前到 4000 年前
歐洲最大的巨石建築「巨石陣」完成。

4500 年前到 4200 年前
具有草原血統的人取代了近九成的不列顛族群。

4500 年前到 4000 年前
具有草原血統的人取代了近三成的伊貝利亞族群。

4000 年前

4900 年前到 4300 年前
具有草原血統的人取代了近七成的中歐族群。

至 5000 年前
顏那亞放牧文化散播到整個「龐塔斯－高加索」草原。

3500 年前之前
來自於安納托利亞的第二次移民潮只在希臘留下遺跡。

5500 年前～ 3000 年前

出現之前數千年便有的複雜文化。他的皮膚上有數十個紋身圖案，穿著由草編織成的斗篷和精細縫製的鞋子。他帶了銅製斧頭和一組生火工具。在肩頭上的箭尖和受傷的動脈，指出了他受到箭傷，並且在力竭之前蹣跚爬到山頂。從他牙齒琺瑯質中含有的鍶、鉛和氧元素的同位素來看，他可能在附近的一座山谷中長大，因為當地的這些元素的同位素比例相近（這些同位素位來自於附近的岩石，會滲入地下水和植物）。[3] 但是古代 DNA 序列資料指出和他遺傳親緣關係最相近的，並不是目前住在阿爾卑斯山區域的人。相反的，最相近的是目前居住在薩丁尼亞島上的人，這座島位於地中海。

冰人和現今薩丁尼亞人的關聯後來慢慢浮現。在冰人基因組序列發表的那一年，瑞典烏普沙拉大學的彭特斯・斯克倫、馬提亞斯・傑可布森（Mattias Jakobsson）和同事發表了四個五千年前居住在瑞典個體的基因組序列。[4] 在他們的研究結果發表前的主流理論是，那個時期在瑞典的狩獵－採集者，是農耕者的後代，因為波羅的海的漁產豐富，才轉變成為狩獵－採集者。他們並不是在更早幾千年前原本居住在歐洲北方（包括瑞典）的狩獵－採集者直接後代。但是古代 DNA 推翻了這個理論。這四個狩獵採集者彼此的親緣關係相近，但是農耕者和狩獵－採集者之間的親緣關係，就如同現在的歐洲人與東亞人。而且，怪得很，那些農耕者也和薩丁尼亞人有親緣關係。

斯克倫和傑可布森提出了一個新的模型，好解釋這些發現：遷徙的農耕者祖先，起源於近東，後來散播到歐洲，一路上和遇到的狩獵－採集者有稍微混血。這個模型與之前流行的模型大相逕庭，後者是由路卡・卡瓦利－斯福札提出的：在這個時間之前，農耕已經在歐洲散播開來，而且在擴散的時候，農耕者和當地的狩獵－採集者的混血程度很高。[5] 新的模型不只解釋了五千年前瑞典狩獵－採集者和農耕者之間遺傳差異會如此之大，也能夠解釋為何古代農耕

農業的散播

【圖 14a】

考古學和語言學找到的證據指出，人類文化發生了重大的轉變。考古學證據指出約在一萬
一千五百年前到五千五百年前之間，農耕從近東地區拓展到歐洲的東北端，改變了這整個
地區的經濟活動。

語言的傳播

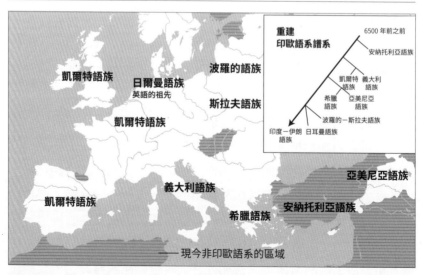

【圖 14b】

歐洲的語言幾乎全部都屬於印歐語系，全部都來自於六千五百年前的一個共同祖先語言。
（圖中標示的是在羅馬時期以前印歐語系的分布狀況。）

者和現在的薩丁尼亞人之間遺傳相似度很高，後者可能的祖先可能來自於八千年前遷徙到這座島上的農耕者，那些農耕者幾乎把之前的狩獵－採集者都取代了。農耕者的後代在薩丁尼亞島上離群而居，幾乎沒有受到後來改變歐洲大陸上人口組成事件的影響。這個新模型到目前來說都很有效力，能夠解釋歐洲在五千年前人口的遺傳組成。但是斯克倫和傑可布森還更進一步提出，狩獵－採集者和農耕者可能是目前歐洲人絕大部分的血統來源。在這方面，他們沒注意到一些極為重要的事情。

大難臨頭

二〇一二年，關於現今歐洲人血統來源這個大問題，似乎就要解決了。但是有一個觀察到的現象無法與理論吻合。

那一年派特森發表了一篇引起困惑的三族群測試結果。在前一章中提到，他指出了目前歐洲北方人突變的頻率居於南歐人和美洲原住民之間。對這個結果，他的假設是如果有一個「幽靈族群」，也就是古代北方歐亞人，就能夠解釋這個結果。在一萬五千年前之前，這些古代北方歐亞人分布於歐亞大陸北方，後來越過白令陸橋到美洲居住的族群，以及北歐人，都具有古代北方歐亞人的血統。[6] 一年後，威勒斯勒夫和同事得到了來自西伯利亞的 DNA 樣本，符合預期中的古代北方歐亞人，這個出土於馬爾踏的個體骨骼有兩萬四千年的歷史。[7]

古代北方歐亞人的血統有傳到現今北歐人，古代 DNA 研究也指出原來居住在歐洲的狩獵－採集者與來自於安納托力亞的農耕者有雙向混血。這兩個現象要如何調和在一起？實際的狀況還要更複雜難解，因為我和其他人另外還得到了八千年前到五千年前其他狩獵－採集者與農耕者的古代 DNA 資料，發現這些人的遺傳組成符合雙向混血模型，也沒有證據顯示他們具有古代北方歐亞人的血統。[8] 應該有些影響深遠的事情發生了，一定是有新一波移民到來，把古代北方歐亞人的血統引入，並且改變了歐洲。

在二○一四到一五年之間，古代 DNA 研究社群，特別是我的實驗室，發表了超過兩百份古代歐洲人的資料，其中的樣本來自於德國、西班牙、匈牙利、以及歐洲極東地區的草原，和安納托力亞地區最早的農耕者。[9] 我實驗室的拉薩利迪斯把這些古代個體和現今居住於歐洲的人加以比較，以便釐清在最近五千年中古代北方歐亞人的血統如何進入歐洲。

我們一開始的方法是進行主成分分析（principal component analysis），這種方式能夠確認突變頻率的組合方式，以最高效率找出樣本之間的差異。藉助於我們高解析度的資料，包含了基因組中六十萬個可以發生變化的位置，遠比卡瓦利—斯福札在他一九九四年出版的書中所提的增加了一萬倍，因此才能夠進行這項研究。[10] 卡瓦利—斯福札把遺傳變異的主成分分析總結，以數值的方式，標定在世界地圖上的各個位置，想方設法解釋其中的意義。我們能夠做的遠超過於此。我們把代表每個個體的點畫在座標圖上，各個點的位置，取決於和兩項主要成分的關聯。在以將近八百名現今歐洲人資料所製成的分散圖上，有兩條平行線浮現：所有的歐洲人幾乎都在左邊，右邊幾乎都是近東人，兩者之間有明顯的區分。把所有的古代樣本放到同樣這張座標圖上，我們可以看到他們的位置隨著時間變化，最近八千年來歐洲人的歷史變動就在我們眼前展現開來，有如縮時錄影，顯示出現今的歐洲人，如何形成自一些古代的族群，而這些古代族群長相和現今歐洲人幾乎沒有相似之處。[11]

首先是狩獵－採集者，他們之前是在之前三萬五千年間多次族群轉變所產生的後代，上一章說明了，最近一次族群轉變發生於約一萬四千年前，在歐洲東南地區的人散播，取代了歐洲之前其他區

現今歐亞大陸西部人的遺傳起源

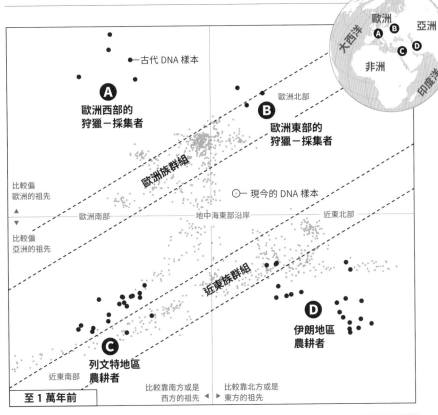

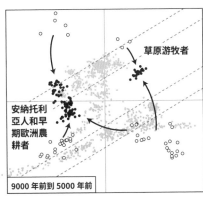

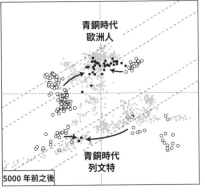

【圖15】
這張分布圖是分析現今人類（灰色點）和古代歐亞大陸西部人（黑色點和白點）的主要遺傳變異梯度的結果所繪製而成的。一萬年前，歐亞大陸西部上有四種不同的族群居住，這些族群之間的差異程度就如同現今的歐洲人和東亞人。歐洲和安納托利亞西部的農耕者，在九千年前到五千年前，和歐洲西部的狩獵採集者（A）、列文特地區農耕者（C）和伊朗農耕者（D）混血。在此同時，黑海與裏海北方草原的游牧者大約在五千年前，和歐洲東方的狩獵－採集者（B）及伊朗農耕者（D）混血。到了青銅時代，這些混成的族群又進一步混血，所形成的族群和現代歐洲人有相似的血統。

域的族群。[12] 在主要組成分析結果圖上，在這個時期居住於歐洲的狩獵－採集者的位置，距離區分現今歐洲人與近東人的軸線的距離，比現今歐洲人還要遠。這個結果符合現今歐洲人有他們的血統，但是現今近東人沒有的情況。

接著是第一批農耕者，八千八百年前到四千五百年前，他們居住在現今德國、西班牙、匈牙利與安納托利亞地區。在這些地區的古代農耕者，遺傳上都和現今的薩丁尼亞人接近，有一個先驅農業族群可能從安納托利亞登陸希臘，然後往西散播到伊貝利亞半島（Iberia）、往北散播到德國，這群人保有從原始地區出發時九成的DNA，也就是說，他們和一路上所遭遇的狩獵－採集族群幾乎沒有混血。不過進一步的研究發現事情沒有那麼簡單。我們發現六千年前居住在伯羅奔尼撒（Peloponnese）的農耕者，有大部分血統並非繼承自安納托利亞族群，而是來自於和伊朗人親緣關係更為接近的族群。歐洲其他地區的農耕者祖先比較可能是來自於安納托利亞西北部的農耕者。[13] 歐洲最早的農耕出現於伯羅奔尼撒以及附近的克里特島，那些農耕者沒有使用陶器。因此有些考古學家猜想，他們是從不同的地方遷徙過來的。[14] 我們的古代 DNA 研究和這個想法一致，並且指出了有可能那群人已經在當地生活了數千年。

第三，我們找到一個新發展出現的農耕者，在六千年前到四千五百年活動。我們在這群比較晚出現的農耕者中，發現到早期農耕者所不具備的狩獵－採集者的血統，在他們中多出了兩成，代表了之前住在當地的族群和新來的族群終於開始混血了，只不過這個混血事件晚了兩千年。[15]

農耕文化和狩獵－採集文化是如何共存的？線索來自於漏斗瓶文化（Funnel Beaker culture），這個文化的名稱來自於從墓中發掘出的裝飾陶瓶，時間約在六千四百年前。漏斗瓶文化興起於波羅的海沿岸一條數百公里長的帶狀區域，第一波農耕者移民潮並沒有抵達那裡，可能是當地的土壤密實，這一批農耕者所具備的技術不適合在當地耕種。那些北方的狩獵－採集者把難以耕種的環境當成屏障，並且能從波羅的海沿岸地區得到豐富的魚獲和獵物，有超過千年的時間來適應農耕所帶來的轉變。他們開始飼養馴化動物，後來也耕種作物，這兩者都來自於居住在南方區域的鄰居，同時也保留了本身狩獵－採集者的許多元素。漏斗瓶文化的人也會建造「巨石」（megalith），這是由巨大的石頭所建成的公墓，所使用的石材重到需要幾十個的人才搬得動。考古學家柯林‧藍夫認為，巨石建築可能直接反映出後來從事農耕的狩獵－採集者和南方農耕者之間的界線，是彰顯領土的方式，區分不同文化的人。[16] 遺傳資料中可能留下了這種交流的證據，因為顯然持續有新移民漸漸滲入這個混合族群中。在六千年前到五千年前間，北方的基因庫絕大多數由農耕者的血統所取代了，這次的混合中帶有一些狩獵－採集者相關的血統，以及大量與安納托利亞人相關的血統，形成的族群保留了狩獵－採集者的文化，其中包括了製造漏斗瓶的族群，以及其他許多同時代的歐洲人。

　　歐洲達成了新的平衡。沒有混血的狩獵－採集者逐漸消失了，只能孤立生活在偏遠的地區，例如瑞典南方的島嶼。在歐洲西南部，有一群定居的農耕者組群發展出當時所知階級最為分明的社會，他們的祭典一如考古學家瑪利亞‧金布塔斯（Marija Gimbutas）所指出，由女性居於核心地位，這和後來的文化中祭典由男性主持大不相同。[17] 在遠方的不列顛，建造巨石的族群奮力建築出當時全世界最大的人造遺址「巨石陣」（Stonehenge）。那裡是國家等級的朝聖地，這點可以由出土的物品來自不列顛遙遠之處看出來。建造這些巨石建築的人是為了自己崇拜的神而打造神殿、為死者打造墳墓，他們並不知道幾百年之後自己的後代會消失，自己的土地會受到佔領。從古代 DNA 資料中浮現的驚人事實是，成為現在北方歐洲人的原始祖先，在五千年前居然還沒有抵達當地。

來自東方的移民潮

從中歐延伸到中國的草原，綿延八千公里。考古證據指出，在五千年前之前，幾乎沒有人居住在草原地帶河谷以外的區域，因為之外的地域的雨量太少，無法支持農耕，水坑也少到無法支持畜牧。位於歐洲的草原佔了整個草原地帶的三分之一，其中分散著各種當地文化，每種文化都有自己的陶器風格，這些文化都活動於有水源的狹長地區。[18]

約五千年前，顏那亞文化（Yamnaya）出現之後，這一切都改變了。顏那亞文化的經濟基礎是放牧牛羊，他們來自於之前的草原文化與周邊地區的文化，使用草原資源的能力遠超過先前草原族群。他們散播到廣大的地區：歐洲的匈牙利到中亞阿爾泰山山區的丘陵地帶。在許多地方，他們取代了當地之前各異其趣的文化，使得這些地方有類似的生活形式。

讓顏那亞文化得以散播的發明之一是輪子。輪子的起源地並不清楚，因為當輪子一出現（至少是在顏那亞文化興起的數百年之前），就如同野火般散播到整個歐亞大陸。具備輪子的貨車可能是顏那亞文化從他們南方的鄰居邁科普文化（Maikop）接收過來的，後者活動於黑海與裏海之間的高加索地區。輪子對於邁科普文化和歐亞大陸的其他文化來說很重要，但是對於居住在草原上的人來說更為重要，因為可以讓經濟與文化活動整個翻新。顏那亞人把貨車套在牲畜上，讓貨車載運水和補給品，便能深入開闊的草原，探索之前無法接觸到的廣大土地。他們還利用了其他發明，讓牧牛事業更有效率，例如得到了前不久才在草原更東的區域所馴化出的馬。一個人騎馬所能夠放牧的牲畜數量，要高出一個人徒步所能夠照顧數量的許多倍，讓顏那亞人的生產力大幅提升。[19]

對於許多研究草原地帶的考古學家來說，顏那亞人所帶來的重大文化轉變是顯而易見的，人們使用草原土地的效率更高，而與之同時發生的，是不再長期居住在同一區域的這件事情。顏那亞人所遺留下來的建築結構幾乎全部都是墳墓，這種巨大的土墳丘稱為「庫爾干」（kurgans）。有的時候貨車和馬匹會放入庫爾干中陪葬，點出了馬匹在他們生活中的重要性。輪子和馬匹深深影響了他們的生活，讓他們放棄了鄉村生活，到處移動，像是古代的拖車房屋。

在二〇一五年研究到古代 DNA 之前，絕大多數考古學家並不相信隨著顏那亞文化散播的遺傳改變，會如同考古發現改變那樣的劇烈。考古學家大衛・安東尼相信，顏那亞文化的散播徹底改變了歐亞大陸的歷史，並且大力支持這個概念。連他都不敢說這種改變是由大量人口遷徙所造成的。他認為顏那亞文化散播主要來自於其他族群的模仿，或是顏那亞文化誘迫對方所造成。[20]

但是遺傳學研究的結果並不是如此。我們分析顏那亞人 DNA 的工作由拉薩利迪斯領導，結果指出他們具備的各種血統之前並未存在於中歐。顏那亞人是遺失的材料，必須要把他們的血統加到早期歐洲的農耕者和狩獵－採集者中，才能夠產生現今於歐洲人中所見到的混合血統。[21] 我們古代 DNA 的資料也讓我們知道了顏那亞人是如何從之前的族群中誕生出來的。我們觀察到，在七千年前到五千年前之間，還有另一個族群一直穩定融入這個草原族群。那個族群的祖先來自於南方，遺傳親緣關係上接近古代和現代的阿美尼亞人和伊朗人，他們和原先的草原族群凝聚成為顏那亞人，其中兩者血統的比例是一比一。[22] 適當的猜測是經由黑海與里海之間的高加索地峽進行的。沃夫岡・哈克（Wolfgang Haak）、克勞賽與其他同事所得到的古代 DNA 資料指出，在高加索北部的族群一直有這樣類型的血統，直到邁科普文化出現，顏那亞文化剛好就接在邁科普之後。

　　證據指出，高加索地區邁科普人或是其他在該文化之前的人，血統傳給了顏那亞人。這並不意外，因為邁科普影響了顏那亞文化，邁科普人不但把製作車子的技術傳給了顏那亞人，也是最早在草原地帶建造庫爾干的文化，之後數千年庫爾干成為草原文化的象徵。來自南方、與伊朗人和阿美尼亞人有親緣關係的血統進入了邁科普文化地域，是很有可能的，因為有研究指出，邁科普文化的器物深受南方美索不達米亞地區烏魯克文明（Uruk civilization）的元素所影響，當地缺乏金屬資源，需要與北方貿易與交換商品，這點反應在高加索北部地區的遺址中埋藏有烏魯克文明的物品。[23] 不論文化交流的過程是否使得南方的人口狀況對北方的人口狀況造成了影響，顏那亞文化一旦形成，其後代就朝著四面八方拓展。[24]

從草原血統進入中歐

　　約在五千年前草原的血統抵達之前，居住中歐的人，主要的祖先是最早的農耕者，這些農耕者約在九千年前之後，開始從安納托利亞進入歐洲，次要的祖先是當地和農耕者混血的歐洲狩獵－採集者。在歐洲最東端，大約也是在五千年前，顏那亞人的基因結構反映出了不同的祖先來源：和伊朗人有親緣關係族群，以及歐洲東部的狩獵－採集族群，兩者貢獻出的血統約略相等。這時由歐洲農耕者和有顏那亞親緣關係群體混合而成的族群還沒有形成。

　　草原血統遺傳在中歐地區造成的結果是產生了一群人，這群人屬於考古學家所稱的繩紋器文化（Corded Ware），因為他們的瓶子具備由細軟黏土條交錯而形成的裝飾。繩紋器文化的人造物品約在四千九百年前開始出現，之後散播得很廣，從瑞士綿延到俄羅斯的歐洲部分。古代 DNA 資料顯示在繩紋器文化開始出現時，血統類似於現今歐洲人的個體首度在歐洲出現。[25] 派特森、拉薩利迪斯和我發展出了新的統計學方法，讓我們能夠估計在德國和繩紋器一起埋葬的屍體，有四分之三的血統來自於和顏那亞有親緣關係的群體，其他的四分之一來自於原先居住在當地的農耕者。草原血統續存下來了，因為我們也發現後續歐洲北部所有考古文化中有這個血統，現代歐洲北方人也有。

就這樣，遺傳資料平息了一個考古學界長久以來的爭議：繩紋器文化和顏那亞文化之間的關聯。這兩種文化有許多非常相似之處，例如建造大型的墳塚，經常使用到馬匹，放牧牲畜，也都是以男性為中心的文化，頌讚暴力，最後這一點可以從他們有些墳墓中有巨大的槌矛殉葬品看出來。但是這兩種文化之間也有很大的不同，特別是陶器的類型。繩紋器文化的風格取自於之前中歐的陶器。不過遺傳學研究指出，繩紋器文化和顏那亞文化之間的關聯來自於大量人口移動。至少從遺傳學的角度，顏那亞文化朝西方延伸的部分打造出了繩紋器文化。

繩紋器文化反映了大量人口從草原地區遷徙到中歐，這個發現並不只是枯燥無味的學術結果，還具備了政治和歷史意義。二十世紀初期，德國考古學家蓋斯塔夫·高希納（Gustaf Kossinna）首度明確提出一個概念：曾經散播到廣大地區的文化，能夠經由這個文化所遺留人工製品的相似之處看出來。他還有更進一步的看法：考古發現確認出的文化，就等同於確認到該文化的人。他首先提出了「物質文化的散播能夠用來追蹤人類遷徙」的想法，並且稱這種研究方式為「聚落考古學」（siedlungsarchäologische Methode）。高希納有鑑於繩紋器文化地理分佈的區域和說日耳曼語的區域有重疊之處，就認為現今的日耳曼人和日耳曼語的根源建立在繩紋器文化之上。他在論文《日耳曼東部的邊界：日耳曼人的家鄉領域》（*The Borderland of Eastern Germany: Home Territory of the Germans*）中指出，由於繩紋器文化的分布區域包括了當時波蘭、捷克和俄羅斯西方的領土，因此日耳曼人有正當的權利宣稱那些區域屬於日耳曼人。[26]

　　高希納在一九三一年便去世了，但是納粹在掌權之前採納了他的概念，他的學術研究成果被當成納粹宣傳的內容，並且讓納粹有藉口說東方的區域屬於德國領土。[27] 高希納認為人類遷徙是造成考古紀錄中出現改變的主要原因，也受到納粹歡迎，因為這個看法能夠融入納粹的種族主義世界觀，他們很容易就能夠想像遷徙是由某些天生生物特質比較優越的民族所推動，進而取代了其他民族。第二次世界大戰之後，歐洲考古學家對自己研究領域的政治化作出反應，粉碎了高希納和他同儕的論點，舉出了一些例子，說明物質文化的改變也可以透過創新和模仿而發生，不一定要靠民族擴散。他們提出嚴重的警告，要特別留意用人口遷徙來解釋考古紀錄中的變化。現在，考古學家之間的共識是人口遷徙只是造成過去文化改變的許多因素之一。許多考古學家還指出，如果有證據指出某個遺址的重大文化改變，最有用的假設應該是這個改變反映了概念的交流或是新概念的出現，不必要解釋為人口的流動。[28]

　　繩紋器文化和人口遷徙兩者放在一起討論時，引起的警鈴特別響亮，因為高希納和納粹之前想要利用繩紋器文化打造德國國族認同。[29] 我們在二〇一五年論文撰寫到最後階段時，有一位提供骨骸樣本以供研究的德國考古學家寫信給所有論文作者：「我們應該要避免被拿去和高希納的聚落考古學做比較。」他和其他幾位提供骨骸樣本的考古學家退出了作者群。我們修改了論文，特別指出我們的研究和高希納論文之間的差異：繩紋器文化來自於東方，而和這個文化有關的人之前並沒有居住於歐洲中部。

　　一九二〇年代，和高希納同時代的考古學家中，就有人對於繩紋器文化提出正確的理論：考古學家戈登・柴爾德（V. Gordon Childe）[30] 指出這個文化是從東方跟著人類遷徙而散播。可是這個說法不受人青睞，原因發生了第二次世界大戰，加上人們對於納粹濫用考古學反感，反感的實際表現方式便是極度懷疑任何和遷徙相關的見解。[31] 我們發現到顏那亞文化者和繩紋器文化者之間有遺傳關聯，彰顯出古代 DNA 研究的顛覆性力量。這種研究能夠證明過往人群的流動，在這個例子中指出了族群取代的幅度遠遠超過現代任何一位考古學家、甚至最忠誠的遷徙學說支持者所敢提出來的。經由墳墓與器物的類型，指出來自草原的遺傳血統和與繩紋器考古文化相關的人之間有關連，並不只是一個理論，而是已經證明的事實。

但是，那些來自草原、人口密度低的游牧者，怎麼能夠取代歐洲中部和西部人口稠密的定居農耕者？考古學家彼得・貝爾伍德指出，人口密集的定居農耕族群一旦在歐洲立足了，就不太可能因為其他族群的來臨而使得人口組成有所變化。他認為後來者比起當地定居者的人數，簡直就是小巫。[32] 類似的情況可以見於英國或是蒙兀兒帝國都曾經佔領印度，兩者都控制了這個巨大的半島數百年，但是在現今的印度人口中幾乎看不出蛛絲馬跡。不過古代 DNA 指出大約在四千五百年前之後，歐洲絕對發生了大規模的族群取代事件。

對於已經有人定居的區域，具備草原血統的那些人是怎麼造成如此巨大的影響？一個可能的原因是在他們之前的農耕者並沒有佔據中歐每個可用的經濟區位（economic niche），使得草原民族有機會擴張。雖然從考古證據中難以估計族群數量，在兩千年前歐洲北部的人口數量估計只有現在的百分之一或是更少。可能是因為農耕方式缺乏效率、沒有殺蟲劑和肥料可用、不具備產量高的作物品種，以及嬰兒死亡率高。[33] 繩紋器文化抵達時，中歐許多開闢的田地還受到原始森林的包圍。不過研究丹麥和其他地區的花粉紀錄，在這個時期歐洲北部有許多半森林區域轉變成了草地，代表了新來的繩紋器文化者可能砍伐了森林，把地貌改造成接近草原的模樣，開闢出之前住在這裡的人還沒有完全佔據的區位。[34]

關於草原民族能夠在歐洲生根立足，還有第二個可能的原因，若非有古代 DNA 的研究，不會有人想到這個原因。威勒斯勒夫、拉斯穆森和考古學家克里斯蒂安‧克里斯蒂安森有個想法，去檢測了歐洲和草原地區一○一個古代 DNA 樣本，找尋其中病原體的蹤跡。[35] 他們在七個樣本中找到了鼠疫桿菌（Yersinia pestis），這種細菌是黑死病的元兇，大約在七百年前，這種疾病讓歐洲、印度和中國的人口減少了三分之一，從牙齒上的牙菌斑就幾乎可以明確判斷這個人是否死於黑死病。他們定序出來的細菌基因組中，最早的缺乏幾個重要的基因，這樣細菌便沒辦法經由跳蚤散播，也就不能造成鼠疫（bubonic plague）。這些細菌的基因組中如果真的攜帶了幾個造成肺炎的基因，那麼咳嗽、打噴嚏，就能夠使得肺炎如同感冒般傳播出去。隨機選取墳墓分析，其中許多帶有鼠疫桿菌，顯示在草原地區這種疾病頗為流行。

　　草原地區的人可能有帶原，但是已經免疫了，接著把這個疾病傳給中歐的農耕者，後者缺乏相關的免疫力，很容易就發病，使得他們的數量一時大為減少。繩紋器文化擴散的障礙因此就消除了？這很諷刺。一四九二年美洲原住民數量大減的主要原因之一，是受到歐洲人帶來的疾病所傳染。歐洲人之前數千年都和牲畜住得很近，可能對於這些疾病多少有免疫力。但是美洲原住民總的來說沒有馴化動物，可能對於那些疾病的抵抗力就比較低。五千年前的歐洲可能也發生了類似的事嗎？歐洲北方農耕者大量死於從東方帶過來的傳染病，讓草原血統散播到歐洲？

不列顛的投降

　　草原血統浪潮席捲歐洲中部後，持續前進。約在四千七百年前，也就是繩紋器文化擴散到中歐之後數百年，鐘形杯文化（Bell Beaker culture）同樣快速的擴張了，這個文化可能起源於今日的伊貝利亞半島。鐘形杯文化名字來自於這個文化有鐘形的容器，用於裝盛液態食物。和這種容器一起快速在歐洲西部擴散的還有其他人造物，包括了有裝飾的鈕扣以及弓箭護手。藉由研究人體和物品中鍶、鉛和氧元素的同位素比例，可以得知這些人造物產出的區域。考古學家研究骨骸中牙齒裡面的同位素組成，指出有些鐘形杯文化的人離開了出生地數百公里遠。[36] 到了四千五百年前之後，鐘形杯文化擴散到了不列顛。

對於鐘形杯文化的散播，一個尚未解決的大問題依然是這個文化的擴散是經由人的遷徙，還是概念的傳播。在二十世紀初，有些人了解到鐘形杯文化的重大影響之後，產生了一個浪漫的想法，說是有「鐘形杯人」（Beaker Folk），這些人散播新的文化，甚至還散播了凱爾特語。這個想法是對當時國家主義熱潮的正面回應。但是就如同繩紋器文化所遭遇的狀況相同，在第二次世界大戰之後這個受到冷落。

二〇一七年，我的實驗室從來自於歐洲超過兩百個鐘形杯遺址的骨骸中，成功的彙整出古代 DNA 的全基因組資料。[37] 博士後研究員伊尼哥・歐雷德（Iñigo Olalde）分析資料後指出，伊貝利亞的個體間在遺傳上，無法與鐘形杯文化之前更早的個體和其他非鐘形杯文化埋葬形式個體區分開來。但是在中歐與鐘形杯文化相關的個體就不是這樣了，他們的血統幾乎都來自於草原，就算有伊貝利亞地區鐘形杯文化者的血統，也非常稀薄。這種狀況和之前繩紋器文化從東方散播來時不同，鐘形杯文化在歐洲散播的方式是概念的移動，而非人口的移動。

當鐘形杯文化經由概念的散播抵達歐洲中部之後，更進一步的散播由人口遷徙造成。在不列顛，鐘形杯文化傳播來之前時段的數十個古代 DNA，經由分析，沒有一個帶有草原血統，但是在四千五百年前之後的幾十個古代 DNA 樣本中，都能夠發現到大量的草原血統，但是伊貝利亞血統不顯著。不列顛數十個鐘形杯文化骨骸，測量其中草原血統所佔比例，和英倫海峽對面的其他鐘形杯文化墳墓骨骸的相似。這段期間，歐洲大陸的人散播到不列顛群島所造成的遺傳影響持續至今。不列顛與愛爾蘭[38]在後續青銅時代遺留下的骨骸，其中一成的血統來自於這些島上最初的農耕者，其他九成類似於荷蘭的鐘形杯文化者。這樣劇烈的人口取代，不下於當時伴隨著繩紋器文化散播的人口替代。

　　所以說，那個受到拋棄的「鐘形杯人」概念其實對不列顛而言

鐘形杯文化潮流與草原血統抵達不列顛

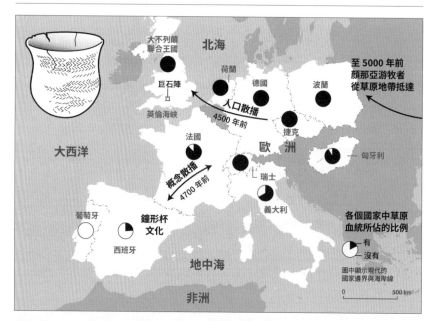

【圖16】

在現今西班牙與葡萄牙和中歐之間有鐘形杯陶器散布，是因為概念的傳播，而非由人口的移動造成，這點可以由各地的鐘形杯文化者血統並不相同而看出來。但鐘形杯陶器伴隨著大量人口遷徙，散播到不列顛群島。會知道這點，是因為建立巨石陣的族群並不具備顏那亞血統，而他們有九成由來自於歐洲大陸有顏那亞血統的人取代。

是正確的，不過用來解釋鐘形杯文化在整個歐洲大陸的散播便是錯誤的。研究古代 DNA 開始讓我們更仔細了解到史前時代的文化轉變。藉由研究古代 DNA 的結果，幾位考古學家對我猜測說，鐘形杯文化可以看成是一種古老的宗教，改變了各種背景不同的人，有一種新的世界觀，就如同意識形態的溶劑，促使草原血統與文化能夠散播和融入歐洲中部和西部。在匈牙利的鐘形杯文化遺址，我們發現到這個文化包容不同血統的直接證據，那個鐘形杯文化遺址埋葬的骨骸，草原血統從零到百分之七十五的都有，後者如同繩紋器文化者中草原血統所佔的比例。

鐘形杯文化的人是如何快速的散播到歐洲西北方，並且競爭掉已經在當地立足且高度發展的族群？考古學家認為，鐘形杯文化和繩紋器文化相當不同，也就和顏那亞文化不同。不過這三種文化參與了草原血統由東往西大規模擴散的過程，有可能雖然特性不同，但是在意識形態上有共通之處？

這些文化相距數百公里，對於要推測彼此之間共同特徵，讓科學家和考古學家相當為難。但是我們應該要注意，在遺傳學研究出現之前，顏那亞文化、繩紋器文化和鐘形杯文化在考古內容上彼此相異，有任何人敢說這三種文化共有一種新的世界觀，其他人都會信心滿滿的說那個人在幻想。但是現在我們知道這三種文化的人因為大規模遷徙而產生了聯繫，其中有些整個取代了早期的文化，證明了這些遷徙活動造成了深遠的影響。我們也需要重新檢視語言散播的過程，因為這個過程直接顯示了文化擴散的過程。現今幾乎所有的歐洲人所說的種種語言，彼此的關係都很近，證明了曾有一時某種新文化散播到整個歐洲。從古代 DNA 研究中，能夠看出共通語言經由人群的散播而傳遍歐洲的過程嗎？

印歐語系的起源

　　印歐語系的起源是史前時代的一大謎題。目前居住在歐洲、阿美尼亞、伊朗和印度北部的人都說關係相近的語言，這些地區之中隔了一個近東。在近東，印歐語系只存在最近五千年中的史前時代，會知道這一點是因為當地發明了書寫文字。

　　第一個注意到印歐語系中語言之間相似性的人是威廉·瓊斯，他就學期間學了希臘文與拉丁文，後來成為法官，在英國占領印度時於加爾各答服務。他也學習了梵文，這是古印度宗教文字的語言。一七八六年，他寫道：「梵語可能因為非常古老，具有巧妙的結構，比起希臘文更完美，比拉丁文更豐富，比希臘文或拉丁文更為精緻。但是和後面這兩種語言，在動詞字根和文法形式上關聯更為密切，不太可能只是巧合。這種關聯實在太強了，如果語言學家仔細研究這三種語言，一定會相信他們有共同的來源，只是那種語言可能已經不存在了。」[39] 兩百多年來，學者一直不清楚為何相隔如此遙遠的地方會發展出如此相似的語言。

　　一九八七年，藍夫提出了一個統合理論，解釋目前印歐語系的分布範圍。在他的著作《考古及語言：印歐語系起源之謎》（*Archaeology and Language: The Puzzle of Indo-European Origins*）中指出，現今歐亞大陸中廣袤的地區中使用的語言具備相似性，可以用一個事件來解釋：九千年前，農耕從安納托利亞散播，傳授農耕技術的人也傳授了語言。[40] 他的論點所根據的是農耕讓安納托利亞人具有經濟優勢，能夠讓新的族群快速佔遍歐洲。人類學研究一直都指出，小規模社會的語言發生改變是由人口大規模遷徙所造成的，因此印歐語系語言散播這樣的重大現象，很可能是大規模人口遷徙的結果。[41] 由於當時沒有確實的考古證據說明後來有大批人口遷徙到歐洲，而且歐洲已經有人口密度相當高的族群在進行農耕了，因此讓人難以想像有其他的群體還能夠在歐洲站穩腳跟。藍夫和後來其他相信這個理論的學者，都認為農耕散播可能是印歐語系散播到歐洲的原因。[42]

從當時具有的資料來看，藍夫的說法相當有吸引力，但是農耕從安納托利亞散播開來而使得印歐語言跟著一起散播到歐洲來，被古代 DNA 研究的結果顛覆了。DNA 研究指出大規模人口遷徙到歐洲是在五千年前伴隨繩紋器文化一起出現的。藍夫從基本論點開始反駁：農耕散播到歐洲之後，從人口組成來說，不可能有另一個人口遷徙的規模大到能夠造成語言的改變。他設想出了一個讓安納托利亞假說成立的狀況，相當動人，贏得了許多擁護者。但是理論總是受到資料的阻攔，資料顯示顏那亞人也造成了顯著的人口結構變化，事實上，我們很清楚知道，現今歐洲北部地區最重要的血統來源就是顏那亞人或是和他們有親緣關係的人，代表了顏那亞文化擴張的時候，也讓一群新的語言擴張到了歐洲。最近數千年來，印歐語言遍布歐洲各處，而帶有顏那亞血統的人是比農耕還要晚得多才在歐洲散播開來，因此有些（或者是全部）在歐洲的印歐語系語言，是由顏那亞人所散播的。[43]

反駁安納托利亞假說的主要理論是草原假說（steppe hypothesis）：印歐語系是從黑海與裏海北部的草原散播出來的。在遺傳研究結果問世之前，支持草原假說的最佳論證可能是由大衛・安東尼所提出來的。他指出，從現在印歐語系語言中大部分的共通詞彙來看，這些語言的起源不太可能早於六千年前之前。他的重要發現是，印歐語系中所有分支語言中，除了最早分出去的安納托利亞語系中一些已經滅絕的語言，例如古代的西臺語（Hittite），都有詳細描述馬車的詞彙，包括了車軸、韁繩和輪子等。安東尼認為這些共通詞彙代表了現今的印歐語系語言區域，東起印度，西到大西洋沿岸地區，都是古代某個語言的後代，說這種語言的族群會使用馬車。這個族群活動的年代不會早於六千年前，因為從考古證據知道從那時起，輪子和馬車才開始散播的。[44] 這個時間點排除了安納托利亞起源的理論，因為安納托利亞農耕技術的擴張發生在九千年前到八千年前。把現代印歐語系散播開來，最有力的候選者是顏那亞人，他們約在五千年前倚仗馬車和輪子的技術，大幅擴張。

草原游牧者的遷徙程度有可能大到足以取代原來定居的農耕族群，讓新的語言傳播出去。比起在歐洲，這一點在印度比較不可能發生，印度和草原地帶之間有阿富汗的高山地帶阻隔，歐洲就沒有類似的屏障。但草原游牧者還是突破障礙，抵達了印度。就如同下一章所說明的，在印度，幾乎每個人是兩個差別極大的古老族群混合後的後代，其中一個族群中有一半的血統直接來自於顏那亞人。

遺傳證據指出了在印歐語系散播的過程中，顏那亞人居於核心地位，因此狀況整個改變了，某些草原假說的修改版比較正確，但是這些發現並沒有解決印歐語系起源地的問題，也就是在顏那亞人大幅擴張之前，說這種語言的地點。我們可以從四千年前西臺王國和周邊古文化所遺留的黏土版，知道安納托利亞語言中並沒有現今所有印歐語系語言中共通的馬車和輪子詞彙。現在找到的當時安納托利亞古代 DNA，分析之後沒有發現類似於顏那亞人的草原血統（不過這個證據是間接的，因為沒有西臺王國人的古代 DNA 資料發表出來）。對我來說，這個狀況代表了首先說印歐語系的地區，最有可能是在高加索山區的南部，可能是目前的伊朗或是阿美尼亞，古代 DNA 的資料顯示，當時居住在該區域的人，符合我們預期中的顏那亞人和古代安納托利亞人的先人族群。如果這個推論是正確的，該族群中有一個分支進入了草原，和草原中的狩獵－採集者以一比一的比例混血，成為了之前所描述的顏那亞人，另一個分支則進入安納托利亞，成為說西臺語人的祖先。

從圈外人的角度來看，DNA 對於語言爭議能夠造成如此決定性的影響，有些不可置信。當然 DNA 無法揭露出人們所說的語言，但是遺傳學能夠重建出遷徙的過程。如果人群移動，代表會發生文化接觸，換句話說，從遺傳追蹤遷徙過程，讓我們有可能也追蹤到文化和語言可能的散播過程。追蹤可能的遷徙路徑，並且排除其他可能性，研究古代 DNA 終結了數十年來印歐語系起源的爭議。安納托利亞假說缺乏好的證據，草原假說中最為普遍的版本（包括安納托利亞語系在內的印歐語系最早的起源地是草原）也需要修正。以 DNA 為核心，重新糾合遺傳學、考古學和語言學的綜合學說，目前正在取代那些過時的理論。

從古代 DNA 革命得到的一個重要教訓是，從古代 DNA 的研究，總是能夠解釋人類遷徙過程，而這些過程和先前得出的模型有很大差異。可見得在新科技出現之前，我們對於人類遷徙和族群形成有多麼無知。十九世紀以來，把印歐人（Indo-European），也就是所謂的「雅利安人」（Aryans），視為一種「純血」的族群，在歐洲激起了國家主義情結。[45] 有人爭論說凱爾特人、條頓人或是其他民族是否為真正的「雅利安人」，這些討論助長了納粹的種族主義。遺傳學資料多少支持了那個看法：有個單一且遺傳上連貫的群體，散播了許多印歐語系語言，這的確讓人不舒服。但是遺傳學資料也指出，當年的那些討論受到誤導，認為血統有「純粹性」。不論最原始的印歐語系族群是否居住在近東或是東歐，顏那亞人都是散播印歐語系到大片地區的主要推手，而顏那亞人本身是混血族群，從事繩紋器文化的人也是混了更多血統，和鐘形杯文化相關的歐洲北方人，混的血統更多。古代 DNA 研究指出，遷徙以及差異很大族群之間的混血，是推動人類史前歷史的重要力量之一，想要利用神秘的純粹血統的意識形態，是會被紮實的科學打臉。

CHAPTER 6

形成印度的
衝突事件

印度文明的衰落

在印度教最古老的文獻《梨俱吠陀》中，戰神因陀羅（Indra）
駕著馬拉動的戰車攻擊汙穢的敵人「達薩」（dasa），摧毀他們的
堡壘「普爾」（pur），保護了信徒的水源和土地，他的信徒稱為「雅
利」（arya）或是「雅利安」（Aryan）。[1]

《梨俱吠陀》是約在四千年前到三千年前之間由古老的梵文文
獻，以口耳相傳的方式流傳了約兩千年，才以文字的方式保留，類
似於希臘的《伊利亞德》和《奧迪賽》，後兩本是數百年後由另一
個早期印歐語系語言所記錄的故事。[2]《梨俱吠陀》能夠讓我們清楚
的看到歷史，一瞥印歐文化當年可能的模樣。在那個時代，印歐語
系才剛從共同的起源擴散開來不久。但是《梨俱吠陀》中的故事和
真實事件之間有什麼關聯嗎？誰是達薩？誰又是雅利？那些堡壘在
哪兒？那些故事真的發生過嗎？

一九二〇年代和一九三〇年代，能夠利用考古學回答這些問題

南亞族群歷史

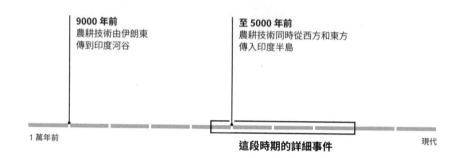

9000 年前
農耕技術由伊朗東
傳到印度河谷

至 5000 年前
農耕技術同時從西方和東方
傳入印度半島

1 萬年前

這段時期的詳細事件

現代

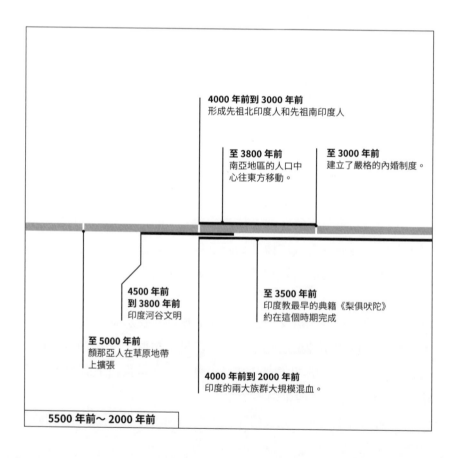

4000 年前到 3000 年前
形成先祖北印度人和先祖南印度人

至 3800 年前
南亞地區的人口中
心往東方移動。

至 3000 年前
建立了嚴格的內婚制度。

**4500 年前
到 3800 年前**
印度河谷文明

至 3500 年前
印度教最早的典籍《梨俱吠陀》
約在這個時期完成

至 5000 年前
顏那亞人在草原地帶
上擴張

4000 年前到 2000 年前
印度的兩大族群大規模混血。

5500 年前～ 2000 年前

的話，將讓人大為興奮。那段期間，考古學家在巴基斯坦旁遮普省（Punjab）的哈拉帕（Harappa）與信德省（Sind）的摩亨佐－達羅（Mohenjo-daro）等地，發掘到古代文明遺址，那些具有城牆的都市建立於四千五百年前到三千八百年前之間。這些城市和其他小城鎮散落在現今巴基斯坦的印度河流域，也有一些位於印度，有些大到可以供數萬人居住。[3]那些城市是《梨俱吠陀》中所說的「堡壘」嗎？

印度河文明中的都市周圍有城牆包圍，城牆上有城垛。城中儲存了大量穀物，是在周圍的河流平原上耕種所得。這些城市中有工藝者，能夠加工黏土、黃金、青銅、貝殼與木材。印度河文明的人會進行大量貿易活動，這點可以從他們遺留的大量石製砝碼和其他度量工具看出來。他們的貿易夥伴所在的區域，遠達阿富汗、阿拉伯、美索不達米亞，甚至非洲。[4]他們製造有人類或動物圖案的裝飾印章，許多印章上的圖案或記號所代表的意義還沒有解答出來。[5]

自最初的發掘以來，許多關於印度河文明的事情都依然處於謎團之中，光只有該文明的印章圖案而已。其中最大的謎就是這個文明為何衰落了？大約在三千八百年前，當地居住的印度人減少了，人口中心往東轉移到恆河平原。[6]大約在此同時，《梨俱吠陀》以古梵文流傳了，這種語言是現代印度北部通行語言的古老版本，在《梨俱吠陀》出現之前幾千年，就從伊朗人所說的語言分出來。印度－伊朗語言其實和幾乎所有的歐洲語言關係密切，這些語言共同組成了龐大的印歐語系。《梨俱吠陀》中的宗教，以及其中有諸多掌管各種自然現象與規範社會的神祇，顯而易見地與其他歐亞地區流行印歐語系語言地方的神話非常相似，包括了伊朗、希臘和斯堪地那維亞，進一步證明這片橫跨歐亞大陸的區域中在文化上的相關性。[7]

有些人推測，印度河文明崩壞的原因，是從西方和北方來的印歐語系移民抵達了這個地方，那些移民也稱為「印度－雅利安人」

（Indo-Aryan）。在《梨俱吠陀》中，入侵者具有馬匹和戰車。我們從考古學資料中知道，印度河文明中並沒有馬匹。在考古遺址中沒有關於馬匹的證據，也沒有具備車輻的交通工具，不過他們的黏土塑像中有用牛拉的車子。[8] 馬匹和具備車輻輪子的戰車，是青銅時代歐亞大陸上的大規模毀滅武器。印度－雅利安人利用這種軍事科技喪送了古代印度河文明嗎？

自從哈拉帕遺址發掘出來，「雅利安人入侵假說」就受到歐洲和印度國家主義者的擁護，讓人難以用客觀的角度檢視這個概念。在歐洲，包括納粹在內的種族主義者，從這個概念出發，找到入侵印度的理由，當地深色皮膚的原始居民屈服於與北方歐洲人等淺膚色戰士，這些戰士強行實施階級分明的喀斯特體系（caste system）[★]，以阻止不同群體之間通婚。對於納粹和其他人而言，印歐語系的分布讓歐洲和印度連接起來，對於近東猶太民族的影響比較少。從自己的祖先之地出發佔領其他地方，對於所佔領的人民加以驅逐或壓制，是他們想幹的事情。[9] 有些人認為，印度－雅利安人的祖先居住在歐洲北部，包括了德國。他們也借用了吠陀神話中的名詞，稱自己為《梨俱吠陀》中的雅利安人，還使用了傳統印度中代表好運的萬字符號「卐」。[10]

納粹對於遷徙的喜好，以及印歐語系的傳播，讓歐洲正經的學者難以討論遷徙使得印歐語系語言散播的可能性。[11] 印度河文明在印度的衰落，由北方印歐語系者的遷徙所造成的可能，也造成憂慮，因為這代表了南亞文化中的重要元素可能受到外地的影響。

來自北方大規模人口遷徙的概念，不受學者喜愛的原因不單是

★ 編注：喀斯特體系（英語：Caste System，有時也被稱為種姓制度）是一種社會階層制度，其特點是通過內婚制、繼承的方式傳承某一特定階層的生活方式。為避免與印度種姓制度造成混淆，除印度實施的制度翻為「種姓制度」外，本書統一使用人類學用詞，翻為「喀斯特體系」。

因為受到政治化。考古學家知道，考古紀錄中顯著的文化改變並非總是代表大規模人口遷徙，而且能夠證明大規模族群移動的考古證據不足。在三千八百年前的土層中，沒有灰燼指出城市受到焚燒，沒有殘跡指出印度的城市受到踐踏。如果有什麼證據，也只是指出了印度河文明衰落的過程很長，花了數十年才從城市遷徙完畢，環境衰敗也要那麼長的時間。不過缺乏考古證據並不代表沒有來自外界的大規模入侵。一千六百年前到一千五百年前，西羅馬帝國受迫於日耳曼人擴張的壓力而崩壞，西哥德人（Visigoths）和汪達人（Vandals）都挾著巨大的政治與經濟力量，攻擊西羅馬帝國，踐踏羅馬，並且控制羅馬的領土。不過到目前為止幾乎沒有這些羅馬城市遭受破壞的考古證據。如果沒有詳細的歷史紀錄，我們可能不會知道曾發生這些重要事件。[12] 在印度河谷區域可能明確的發生了人口移動，但是我們可能受限於考古學上的難處，無法發現到這些突然的轉變。考古學中的一些模式可能遮掩突然轉變的事件。

遺傳學能夠有什麼幫助？遺傳學無法告訴我們印度河文明的末日，但是能夠告訴我們不同血統的人群之間是否發生了衝突。雖然混血本身不是遷徙的證據，混血的遺傳證據指出了劇烈的人口變遷。哈拉帕沒落之時，有可能發生了文化交流事件。

衝突之地

數千萬年前，印度大陸板塊往北穿過印度洋，與歐亞板塊碰撞，造就了高聳的喜馬拉雅山。現在的印度也是文化和人群彼此之間碰撞而形成的。

舉農耕這個例子來說。印度次大陸是世界上重要的產糧地區，餵飽了世界上四分之一的人口。在五萬年前現代人類散播到整個歐亞大陸之後，便是人口較多的地區。但是農耕並不是在印度發明出來的。印度現在的農耕來自於歐亞大陸上兩大農耕系統的融合。考古證據證實，在近東地區適應冬季下雨的作物小麥與大麥，約在九千年前之後抵達印度河谷，例如在印度河谷地區目前位於巴基斯坦境內的梅赫爾格爾（Mehrgarh）就有發現到，[13] 大約在五千年前，當地的農耕者從這些作物中，成功的培育出適應當地季風氣候夏季降雨的品種，後來這些作物傳播到印度半島。[14] 中國季風氣候夏季降雨的作物稻米和小米約在五千年前傳播到印度半島，印度可能是近東作物和中國作物最早相遇的地方。

語言也是混合的產物。印度北方的印歐語系語言和伊朗與歐洲的語言有關聯。印度南方的人幾乎都說達羅毗荼語（Dravidian），這種語言和南亞其他地方的語言都沒有關係。在印度北方山區有些族群說漢藏語系（Sino-Tibetan language）中的語言，在中部和東部有些小群的部落說的是南亞語系（Austroasiatic language）語言，這種語言與柬埔寨語及越南語有關，這些部落的祖先也被認為是最早把稻米耕作帶到南亞和東南亞部分地區的人。語言學家在《梨俱吠陀》中發現到一些借自於古代達羅毗荼語及南亞語系語言中的詞彙，這些詞彙和典型的印歐語系語言無關，代表了那些語言在印度彼此至少接觸了三千年到四千年。[15]

居住在印度的人外貌多樣，一看就知道是混血。在印度任何一個城市街道上漫步，就可以了解印度人的多樣性有多高。膚色從深到淺都有，有些人臉部的特徵像是歐洲人，有些人近似中國人，這種差異讓人不禁去想過去的民族彼此衝突與混合，使得今日不同群體中各混血所佔的比例不同。當然光從身體外貌可能會讓人過度解釋，因為環境與飲食也會影響外貌。

針對印度人最早的遺傳研究結果看似矛盾。研究人員檢視了粒線體 DNA，這種 DNA 必定來自於母親。他們發現大部分印度人的粒線體 DNA 都屬於這個次大陸獨特的類型，並且估計出印度粒線體

DNA 類型具有相同祖先的粒線體 DNA，主要分布於南亞以外的地區，是在數萬年之前了。[16] 這個結果指出了印度祖先中的母系在很長的一段時間中，大多孤立在印度次大陸中，沒有和西方、東方和北方相鄰的族群混血。相反的，在從父親傳給兒子的 Y 染色體中，有很大一部分和歐亞大陸西部（歐洲、中亞和近東）居民的關係密切，代表了有混血發生。[17]

有些印度的歷史學家對於這個結果舉手投降，還因為結果彼此矛盾而不太相信那些遺傳研究。遺傳學家也沒有接受過正式的考古學、人類學和語言學的訓練，因此對於改善這個狀況來說毫無幫助，後面這些領域主宰了人類史前史的研究。遺傳學家往往容易犯下很根本的錯誤，或是提出與這些領域相關的結果時，犯下了顯見的謬誤，無法取得進展。但是忽略遺傳學研究只是有勇無謀的行為，我們遺傳學家可能在研究人類歷史的領域中，加入得晚而且又無知，但是忽略無知者的看法是不聰明的。我們得到了之前沒有人能夠接觸到的資料類型，而且能利用這些資料解決之前無法研究的問題，去了解那些古代人的身分。

小安達曼島的孤立人群

我對於印度史前時代的研究，在二○○七年始於一本書和一封信。

這本書是卡瓦利—斯福札的巨著《人類基因的歷史和地理》，在書中他提到孟加拉灣中安達曼群島（Andaman Islands）上的居民，屬於「黑人人種」，這些島嶼距離大陸數百公里，受到大海的包圍，在現代人類散播到歐亞大陸的過程中，幾乎沒有受到影響。只有其中最大的島嶼大安曼達島在過去幾百年中有來自大陸的嚴重干擾（英國人把這個島當成殖民地的監獄），北森蒂納爾島（North

Sentinel Island）上居住著全世界最後一批沒有和其他人類接觸的石器時代民族。他們一共有數百人，現在由印度政府保護，避免外界的干擾。他們極度離群索居，在二〇〇四年印度洋大海嘯之後，印度政府派直升機空投救援物資，那些直升機都受到了弓箭攻擊。安達曼群島人說的語言和歐亞大陸上其他語言差異極大，找不到什麼聯繫。他們的外貌也和其他居住在附近的族群有很顯著的不同：骨架比較修長，頭髮捲曲得很緊。卡瓦利—斯福札在書中的一段中推測，安曼群島人可能是最早現代人類離開非洲之後所留下來的孤立後代，或許在五萬年前之前就搬到這些島上居住，現在幾乎所有非非洲人的血統，是在五萬年前之後的遷徙而產生的。

讀到這裡，我和我的同事寫了一封信給印度海得拉巴（Hyderabad）細胞與分子生物研究中心的拉爾吉·辛格（Lalji Singh）與庫馬拉薩米·桑加拉（Kumarasamy Thangaraj）。幾年前，辛格和桑加拉發表了一篇關於安曼達群島人粒線體和 Y 染色體 DNA 的論文。[18] 他們的研究指出，小安曼達島上的族群已經和歐亞大陸的族群分隔了數萬年。我問他們能否分析安曼達島人的全基因組序列，好得到更為完整的樣貌。

辛格和桑加拉對於合作大感興奮，而且很快就說服我也要把印度大陸的人加進來，得到更為廣大的樣貌。他們讓我們能夠取得大量 DNA 樣本。在細胞與分子生物學研究中心的冷凍櫃中，有他們收集到的樣本，代表了印度極大的人類多樣性。上次我去看的時候，包括了超過三百個群體，個體 DNA 樣本數量超過一萬八千名，都是學生從印度各地收集而來的。他們訪遍村莊，從祖父母就住在當地而且是同一群的人中，採集血液樣本。我們從細胞與分子生物學研究中心挑了二十五個群體，選擇標準是地理、文化和語言的差異盡可能大。這些群體在印度的種姓階級系統中，有地位最高的，也有地位最低的，也包括了不在種姓制度中的群體。

幾個月後，桑加拉帶著這組獨特又珍貴的 DNA 樣本，來到我們位於美國波士頓的實驗室。我們用單核苷酸多型性（single nucleotide polymorphism, SNP）微陣列加以分析。當時在美國才剛有這個技術，印度還沒有，因此桑加拉才能夠得到印度政府的許可，把這些 DNA 帶出國（印度的法規規定，除非研究要在其他國家才能夠執行，否則生物樣本禁止出口）。

SNP 微陣列上含有數十萬個細微的像素，每個像素上都有一段人工合成的 DNA，這些片段原本位於基因組中，是科學家特地挑出來用以分析的。當樣本覆蓋到微陣列上，其中的 DNA 片段如果能夠和人工合成 DNA 片段緊密互補，就不會被沖洗下來。樣品與人工 DNA 互補的相對強度，可以用發出的螢光表示，攝影機拍下微陣列上的螢光圖案，便可以知道 DNA 樣本的個人遺傳模式。我們使用的 SNP 微陣列能夠分析基因組中數十萬個具有突變的位置，有些人可能帶有某個突變，其他的人沒有。經由這些突變的位置，有可能決定出哪些人的親緣關係比較近。這種技術鎖定的是我們有興趣的基因組位置，比定序一個人的整個基因組要便宜多了。那些位置能夠把人區分開，並且提供大量族群歷史的資料。

為了得到這些樣本彼此之間親緣關係的概況，我們利用主成分分析這項數學技術（之前在論及歐亞大陸西部族群歷史的章節時曾提及這種技術），並且發現到 DNA 中各單一字母改變的組合方式，對於區分人群來說是最有用的資訊。我們利用這種技術，把印度遺傳資料轉換成平面圖，發現到這些樣本的點沿著一條線分布。線的最遠端是歐亞大陸西部人，包括了歐洲人、中亞人和近東人。我們為了做比較，把這些人的樣本也納入分析。我們稱這條線上非歐亞大陸西部人的部分為「印度生態群」（Indian Cline）：圖中印度群體之間的梯度變化方向，直接指向了歐亞大陸西部人。[19]

主成分分析中的梯度變化，可以由數種不同的歷史進程造成，但是這樣明顯的模式讓我們猜想現今印度許多群體可能和具備歐亞大陸西部血統人的混血，只是各群體混血的比例差異很大。位於印度最南端的群體，使用的語言是達羅毗荼語，在圖中他們和歐亞大陸西部人距離最遠。為此我們建立了一個模型，指出了現今的印度人是由兩個祖先族群混合而成，接著評估這個模型和資料的一致性。

為了檢驗混血是否發生，我們得發展出新的方法，這個方法其實最初是發展用來研究印度族群變動的歷史，而我們在二〇一〇年使用這個方法發現尼安德塔人和現代人類的確有混血[20]。

我們先測試的假說是，歐洲人和印度人共同祖先族群分出來的時間，要比和其他東亞人（例如中國漢人）從共同祖先分開的時間要來得早。我們找出歐洲人和印度人基因組中不同的 DNA 字母，然後測量中國人樣本中具備歐洲人或印度人中所見遺傳字母突變的出現頻率。我們發現中國人和印度人所具備相同的 DNA 字母數量，超過和歐洲人所共有的。這個結果排除了歐洲人和印度人從共同祖先族群分開的時間，要比中國人的祖先從共同祖先族群分開的時間還要晚的可能性。

我們接著檢測另一個假說：中國人和印度人的共同祖先族群，是和歐洲人的祖先分開之後，才再分出中國人和印度人。但是這個假說依然站不住腳，因為歐洲群體和所有印度群體的親緣關係，要近於所有中國群體。

我們發現印度人各個遺傳突變的出現頻率，平均來說，介於歐洲人和東亞人之間。這種模式會出現，可能的原因只有古代族群彼此混血，其中一個族群和歐洲人、中亞人和近東人有親緣關係，另一個和遠方的東亞人有親緣關係。

我們起初稱第一個族群為「歐亞大陸西部人」，代表了生活在歐洲、近東和中亞的許多族群，這些族群彼此之間遺傳突變的差異並不大，差異程度約在為歐洲人和東亞人差異的十分之一。發現到混血成現今印度人的古老族群中，有一個是歐亞大陸西部人，讓人非常震驚。我們覺得這是因為歐亞大陸西部人古時候散布到了極東之地，並且和非常不同的人群混血。我們也發現到另一個族群和現今東亞人（例如中國人）有緊密的親緣關係，但是這個族群顯在數萬年前就和現今東亞人的祖先分開了，代表有一個早期分開來的分支是現今南亞人的祖先，但是這個分支的後代沒有住到其他地方。

確定了有混血事件之後，我們開始找尋目前印度中沒有經歷過混血事件的族群。所有在印度本土的族群都有些歐亞大陸西部人的血統，但是在小安達曼島的人沒有。安達曼島人遺世獨立，祖先和東亞人有親緣關係，也成為南亞人的祖先。雖然人口調查指出目前居住在小安達曼島上的原住民不足百人，但卻是了解印度族群的關鍵。

東西方融合

我學術生涯中最為緊張的二十四小時，出現在二〇〇八年十月，我的研究合作者派特森和我前往海得拉巴，和辛格與桑加拉討論這些初步結果。

我們在十月二十八日碰面，商談的過程真不容易。辛格和桑加拉似乎是受到了威脅，想要取消整個計畫。在碰面之前，我們給他們看了發現的總結：現今的印度人由兩個親緣關係很遠的祖先族群混血而成，其中一個是「歐亞大陸西部人」。辛格和桑加拉反對這種陳述方式，他們認為這個說法意味著歐亞大陸西部人大量遷入了印度。他們還指出了我們的資料並不能當作這個結論的直接證據，這點他們是正確的。他們甚至還想到了遷徙的方向是相反的：印度人遷往了近東和歐洲。他們根據自己的粒線體 DNA 研究，認為現今印度絕大部分的粒線體 DNA 譜系已經在印度次大陸存在了數萬年。[21] 他們不想加入這個研究，因為這個計畫指出了歐亞大陸西部

【圖 17a】

在北方的人主要說印歐語系語言，歐亞大陸西部人血統的占比高。在南方的人主要說達羅毗荼語系語言，歐亞大陸西部人血統的占比低。在北部和東部有許多說漢藏語系語言的群體。在中部與西部有說南亞語系的孤立群體。

南亞人遺傳變異的主要模式

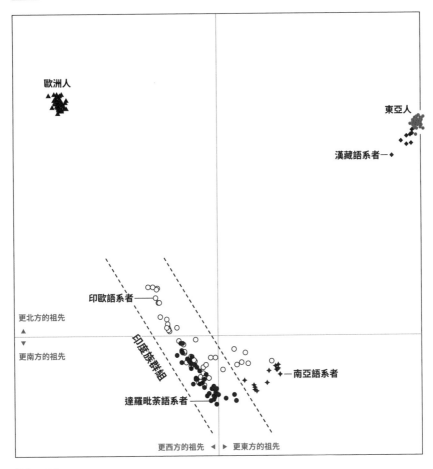

歐洲人

東亞人

漢藏語系者——◆

印歐語系者——

印度族群組

更北方的祖先
▲
▼
更南方的祖先

達羅毗荼語系者——

南亞語系者

更西方的祖先 ◀ ▶ 更東方的祖先

【圖17b】
南亞人遺傳變異基本模式的分析結果指出，印度群體主要的血統會形成梯度，來自北方的印歐語系者聚集在一端，來自南方的達羅毗荼語系者聚集在另一端。

人大量入侵印度，但是結果卻是不確定的，因為全基因組資料要怎麼才能夠和他們的粒線體DNA研究結果不起衝突？他們也暗示，來自歐亞大陸西部的遷徙會引起政治大爆炸。這點他們並沒有明白的說出來，但是言下之意，來自印度之外的人口遷徙，在印度次大陸會引發天翻地覆的效應。

　　辛格和桑加拉建議使用「遺傳共享」來描述歐亞大陸西部人和印度人之間的關係，這種說法指的是兩者來自共同的祖先族群。不過我們從自己的遺傳學研究知道，兩個差異很大的族群的確好好的混血了，組成了現今幾乎所有印度人的血統，而他們的說法則代表了混血可能沒有發生。我們的計畫受到阻礙了，那時我覺得政治考量阻止了我們發表所得到的結果。

　　那一天是印度最重要的節日光明節（Diwali），夜幕降臨，煙火燦爛，我們住的房舍牆外，小男孩把花炮丟到路過的卡車輪下。辛格和桑加拉所屬科學機構為我們安排了客房，我和派特森窩在他的房間中，尋思到底發生了什麼事，漸漸了解到我們的發現所具備的文化影響力。因此我們斟酌摸索一個說法，能夠正確的傳達出科學意義，同時又能顧及到文化面向。

　　第二天，我們到辛格的辦公室再度開會，坐在一起為古代印度族群取新的名字。我們寫下現在的印度人是由兩類親緣關係差異很大的族群混血而成。這兩群人分別是「先祖北印度人」（Ancestral North Indians, ANI）和「先祖南印度人」（Ancestral South Indians, ASI），這兩群人在混血之前，彼此之間的親緣關係差異如同現在的歐洲和東亞人。先祖北印度人和歐洲人、中亞人、近東人及高加索人有親緣關係，但是我們並沒有宣稱他們的故鄉或是曾遷徙過。先祖南印度人來自於一個和現今印度人以外都沒有親緣關係的族群。我們指出先祖北印度人和先祖南印度人在印度發生了激烈的混血，最後結果是現今印度本土上每個人都是混血的：具有和歐亞大陸西部人相關的血統，以及比較接近東亞人和南亞人的血統，只是這兩者血統的比例會因人不同。在印度沒有一個群體可以說在遺傳上是純種的。

血緣、權力與性支配

有了這個結論之後，我們能夠開始估計目前印度每個群體中歐亞大陸西部人相關血統所佔的比例。

為了要進行計算，我們測量了歐亞大陸西部人基因組和印度人基因組的符合程度，以及和小安達曼島人基因組的符合程度。小安達曼島人在這裡至關緊要，因為他們和先祖南印度人有親緣關係（雖然關係遠），但是和現今印度本土的人所具備的歐亞大陸西部人血統沒有關係，因此我們可以把他們作為分析的參考點。我們重複整個分析過程，這次用來自高加索人的基因組取代印度人基因組以測量符合程度，我們預期這個基因組帶有完全的歐亞大陸西部人血統。比較前後兩個數值之後，我們可以問：「在印度，每個族群和預期中具備純粹歐亞大陸西部人血統之間的差異有多大？」回答了這個問題，我們就可以估計印度每個族群中歐亞大陸西部人血統所佔的比例。

在這個初步研究，以及後來包括更多印度群體的研究中，我們發現到歐亞大陸西部人相關的血統，在印度人的血統中的占比最低有兩成，最高到八成。[22] 歐亞大陸西部人血統的連續分布模式，在主成分分析圖中呈現出梯度變化，便是形成印度族群組的原因。沒有一個群體不受混血影響，包括了最高階級和最低階級，也包括了不在種姓制度中的非傳統印度族群。

混血比例提供了歷史事件的線索。首先，遺傳資料點出了先祖北印度人與先祖南印度人所說的語言。印度的群體中，說印歐語系語言者所具備的先祖北印度人血統，通常要多過說達羅毗荼語的，後者具備先祖南印度人的血統多。對我們來說，這代表了先祖北印度人可能是說印歐語系語言，先祖南印度人說達羅毗荼語。

遺傳資料也指出先祖北印度人與先祖南印度人的社會階級（平

均來說前者通常比較高，後者比較低）。在印度傳統種姓階級中，社會地位比較高的，通常先祖北印度人的血統占比比較高，傳統上社會比較低的人則反過來。就算是居住在同一個州，說的語言也相同。[23] 舉例來說，就算在同樣語言的群體中，婆羅門屬於祭司階級，先祖北印度人的血統占比高。雖然印度有些群體並不符合這些模式，例如已經詳細記錄到整個群體社會階級都改變的例子，[24] 但是在統計上，這些發現明確無誤，指出了在古代印度，先祖北印度人和先祖南印度人混血時，社會中有階級制度。

從目前印度人得到的遺傳資料，還揭露出男性與女性在歷史中所具有社會權力不同。大約二到四成的印度男性，以及約三到五成的東歐男性，帶有一種 Y 染色體類型。從突變的密度可以區分出帶有這型染色體的人，而追溯回去，推算出這些人有一個共同的男性祖先，生活約在六千八百年前到四千八百年前。[25] 相反的，只由母系傳下來的粒線體 DNA，幾乎都只存在於印度這個區域，代表了粒線體 DNA 可能幾乎全部都來自先祖南印度人，就算是在北方的區域也是如此。這種狀況唯一可能的解釋是在青銅時代或是之後，歐亞大陸西部和印度之間有大規模的人口遷徙，具有這種 Y 染色體類型的男性在生殖上特別成功，留下了許多後代，女性遷徙者就沒有那麼多子孫。

Y 染色體和粒線體 DNA 之間的差異，一開始讓歷史學家大惑不解。[26] 不過有一個可能的解釋：把先祖北印度人遺傳血統帶入印度的，大部分都是男性。這種性別不對稱的族群混血模式並不陌生，這樣的模式令人不安，如非裔美國人的例子：有二十％的血統來自歐洲人，其中來自男性的比重是來自女性的四倍。[27] 哥倫比亞的拉丁裔也是，其中八十％的血統來自歐洲人，其中絕大部分都來自於男性（五十比一）[28]。我在第三部分會討論族群中這種比例的意義，以及對於男性及女性的影響，但是同樣的主題是權力較大族群的男性，往往和權力較小族群的女性交配。遺傳資料所包含的訊息，揭露出過去社會特質的程度，相當令人驚喜。

哈拉帕衰落時的族群混血

為了了解我們關於族群混血的發現在印度歷史中所具備的意義，需要知道的不只是發生了混血，還要知道發生的時間。

我們考慮的一個可能性是，我們所檢測到的混血來自於最近一次冰河時期結束時人類的大規模遷徙，大約是在一萬四千年前，因為這時候氣候改變，讓沙漠變成適合人類居住的土地，加上其他的環境變化，驅使人類在歐亞大陸各處散布開來。

第二個可能性是這場混血反映了起源於近東地區的農耕者移動到了南亞，這場遷徙或許能夠解釋在九千年前之後，近東地區的農耕為何能散播到印度河谷。

第三個可能性是混血直到四千年前才發生，這時印歐語系語言散播，使得今日歐洲和印度都說這個語系的語言。這種可能性的線索來自於《梨俱吠陀》中所描述的故事。不過如果混血發生在四千年前之後，有可能發生在當時已經定居的族群之間，其中一個族群在數百年或甚至數千年前，就從歐亞大陸西部遷徙過來，只是還沒有和先祖南印度人混血。

以上三種可能性都牽涉到某個時間點上，有人從歐亞大陸西部遷徙到印度。雖然來自印度以外的遷徙人口有可能遠從西邊的歐洲而來，解釋了先祖北印度人和歐亞大陸西部族群之間的親緣關係，這點讓辛格和桑加拉滿意。可是基於目前歐亞大陸西部人中絕大部分都沒有絲毫先祖南印度人的血統，印度的地理位置又極端，再加上目前具有歐亞大陸西部人血統的分布方式，我一直認為共通的血緣可能代表了古代人口從北方或西方遷徙到南亞的事件。找出混血

175

的時間，我們便能得到更為紮實的訊息。

找出時間點並不容易，我們必須要發展出一些新的方法。我們的想法是，先祖北印度人和先祖南印度人混血之後，生下的第一代中所具備的各個染色體，不是完全來自先祖北印度人，就是來自先祖南印度人。每傳一代，個體就會把來自父親和來自母親的染色體重組，也就是說來自先祖北印度人的染色體和先祖南印度人的染色體會破裂，而每一代每個染色體上會有一兩個破裂點。經由計算目前印度人身上先祖北印度人與先祖南印度人染色體片段的長度，同時計算要歷經多少代才能染色體斷裂形成那樣的長度，我們實驗室的研究生普莉亞‧摩亞尼成功的估計出混血的時間點。[29]

我們的分析發現，具有先祖北印度人及先祖南印度人的群體，是在四千年前到兩千年前混血而成的。平均來說，說印歐語系語言的群體發生混血的時間比較晚，說達羅毗荼語的群體混血時間比較早，後面這個發現讓我們嚇一跳。我們之前認為最早混血的組群會是在北方說印歐語系語言的群體，因為那兒會是最早發生混血的地方。後來我們了解到，達羅毗荼人混血時間比較早，其實是有道理的，因為族群目前所在的位置並不代表他們以前就住在那裏。假設首度混血發生在約四千年前的印度北方，接下來，在印度北方，原本居住在當地的族群和帶有更多歐亞大陸西部人血統的族群，在邊界地帶重複接觸，發生了幾波混血。在印度北方首度混血而成的族群，可能在接下來數千年中遷徙到南方或是與南方的族群混血，目前印度南方人有可能是首度混血的後代。後面幾波具有歐亞大陸西部人血統的人進入了印度北方的群體，使得目前印度北方群體的平均混血年代要比印度南方群體晚。

仔細研究遺傳資料，確認了先祖印度北方人分成數波混血到印度北方的理論。在北方印度人體內，我們發現到有短小的、源自先祖北印度人 DNA 散布在染色體中，也發現到相當長的源自先祖北印度人 DNA 片段，這代表比較晚混血的人幾乎沒有先祖南印度人的血統。[30]

值得一提的是，我們觀察到的模式符合理論：現今一些印度群體中所見到先祖北印度人及先祖南印度人混血，發生在最近四千年中的某些時刻。這代表了在約四千年前以前，印度的族群結構和現在截然不同。在那之前沒有混血族群，但是之後出現了爆發性混血，幾乎影響了每個群體。

在四千年前到三千年前之間，剛好是印度文明崩毀和《梨俱吠陀》寫作的年代，這期間有一次規模龐大的族群混合，這些族群之前就已經有階級區分制度。現在的印度中，說不同語言以及不同社會階級的人，具有比例不同的先祖北印度人血統。現在印度先祖北印度人的血統多來自男性、比較少來自於女性。這個模式會讓人想到在四千年前之後，一個說印歐語言的民族在有階級的社會中，握有政治和社會權力。這個掌權群體中的男性，比那些剝奪了公民權利的男性更容易找到對象。

古代的喀斯特制度

為什麼這些古老事件所留下來的遺傳痕跡，過了數千年都不會變得模糊到辨認不出來？

印度傳統社會最重要的特徵之一，是具備了喀斯特制度，有明顯的社會階級，決定了哪些人彼此可以婚配，以及在社會中所具有的特權和擔當的角色。喀斯特制度的壓抑本質，激發了一些重要宗教的出現，例如耆那教、佛教與錫克教，讓人可以在階級中受到庇護。在印度，伊斯蘭教能夠流行，也出自於信奉伊斯蘭教的蒙兀兒帝國統治了印度，在那之後伊斯蘭教能夠讓許多人脫離原本的低社會階級。印度在一九四七年起實施民主制度，種姓制度廢除，但是依然影響了現今印度人選擇的社交與婚配的對象。

喀斯特制度在社會學上的定義是，一個群體會和群體外的人有經濟交流（經由特殊的經濟規則），但是經由內婚制（不和群體外的人結婚）而與不同的群體分隔。我的祖先是歐洲北方的猶太人，在十八世紀末展開「猶太解放運動」（Jewish emancipation）之前，他們在並非所有群體都屬於喀斯特體系的土地上，過著喀斯特的生活。猶太人從事的經濟活動包括了放債、販酒、經商、製作工藝品等。現在猶太教徒經由飲食規則（潔淨飲食）、特定的穿著、修飾身體（男性割禮）和嚴禁與非同宗教者結婚等措施，和社會隔離。

印度的種姓制度有兩個並行的系統：瓦爾那與迦提。[31] 瓦爾那系統把社會分成至少四個階級。最上位者是祭司階級（婆羅門），以及戰士階級（剎帝利）。商人、農人與手工藝者位於中間階層，稱為「吠舍」，最低下的為奴隸（首陀羅）。另外還有稱為「旃陀羅」（Chandalas）的賤民，屬於「表列種姓」（Scheduled Castes），這些人社會地位之低，屬於「不可接觸的」，排除在正常社會之外。最後，還有「表列部落」（Scheduled Tribe），這是印度政府對於印度教徒之外，非穆斯林與基督教信仰者的稱呼。種姓是印度傳統社會根深蒂固的一部分，並且在宗教典籍《吠陀經》（Vedas）中有詳細的描述，這些經書是在《梨俱吠陀》之後出現的。

在印度之外的區域，知道迦提的人就少了。這個系統更為複雜，其中包括了至少四千六百個內婚群體，有人估計甚至高達四萬個。[32] 每個群體都屬於某個特定的瓦爾那階級，但是嚴格又複雜的內婚制度，使得不同迦提群體的人之間幾乎無法婚配，就算屬於同一個瓦爾那階級也是。舉例來說，古札爾（Gujjar）迦提的名稱來自於印度西北方的古札爾特省（Gujarat），這個迦提中，依照居住在印度的地區不同，而有不同的階級身分，這可能反映出在某些地區中古札爾人，成功的讓自己的迦提在瓦爾那系統中的階級地位提升了。[33]

　　瓦爾那與迦提之間的關係是怎麼出現的，到現在依然是個引起爭議的謎。人類學家伊拉瓦提・卡夫（Irawati Karve）提出了一個理論：數千年前，印度各民族確實實行內婚制度，不同的部落之間沒有混血，如同目前世界其他的部落。[34] 後來政治菁英把自己置於所有社會階級的頂端（成為祭司、王族與商人），創造出階級制度。在這個系統中，部落群體以奴隸的形式納入了社會，並且成為社會的最底層，成為了「旃陀羅」，也就是賤民。部落組織以這種方式融入了社會階級系統，成為早期的迦提。後來迦提系統滲入了社會比較高的階層，因此現在有許多高社會地位的迦提，也有比較低的。在種姓制度和內婚制度之下，古代部落群體保有了差異性。

　　另一個理論認為嚴格的內婚制度並不古老。這個理論說，喀斯特體系很古老，這點毫無疑問，在《梨俱吠陀》後數百年寫成的印度教書籍《摩奴法論》（The Law Code of Manu）就已經描述了種姓制度階級。《摩奴法論》詳細說明了區分社會階級的瓦爾那系統，以及其中包含的無數迦提群體。書中把整個系統納入宗教的架構中，辯稱種姓制度是生命自然秩序的一部分。不過有些修正主義的歷史學家，以人類學家杜寧凱（Nicholas Dirks）為首，認為在印度古代並沒有很嚴格的內婚制度，趨於嚴格主要是英國殖民印度時推動的。[35] 杜寧凱和同事指出，英國為了更有效率的統治印度，從十八世紀起強化了種姓制度，好讓英國的殖民統治者能夠自然的納入體系中，成為新的種姓群體。英國為了達到這個目的，在印度某些種姓制度並不重要的地區，強化了種姓制度，並且調和不同地區的種姓制度規則。有鑑於英國的這些做法，杜寧凱認為目前種姓制度中嚴格的內婚制度實際運作的歷史，沒有系統本身那般古老。

　　為了了解迦提和實際遺傳模式之間的符合程度，我們檢查了資料中各個迦提彼此之間突變頻率的差異程度[36]，發現到迦提之間的差異，至少是歐洲群體在地理區隔距離類似情況下的三倍。這個結果無法以群體中先祖北印度人血統差異來解釋，社會階級以及這些族群所在印度地區，也都無法解釋。就算是各群體根據這些規則配對比較時，我們也都發現印度群體之間的遺傳差異要大過歐洲群體的數倍。

這些發現讓我們得到結論：現今許多印度群體是族群在經歷瓶頸效應之後產生的。瓶頸效應是指相當少數的個體產下了許多後代，這些後代也有很多後代，但是這些後代因為社會障礙或是地理障礙，和周圍的其他人隔離了。歷史中，歐洲民族血統裡著名的瓶頸族群的例子，包括一些人成為芬蘭族群的祖先（大約在兩千年前），以及目前大部分德系猶太人血統（大約在六百年前），最後遷徙到北美洲的哈特教徒（Hutterite）與艾米許人（Amish）等信徒也是（約三百年前）。在每個例子中，一小群人產下了非常多後代，使得那些人所具備的罕見突變在他們後代中出現的頻率增加。[37]

我們找尋印度這些族群的瓶頸效應中造成的跡象，最後終於找到了：在同一個群體中的兩個人配對，都可以找出相同的長序列片段。這種片段會出現，唯一可能的解釋是，那兩個人都來自於至少數千年前的共同祖先，那位祖先具有這個 DNA 片段。除此之外，共有 DNA 片段的平均大小能夠指出共同祖先生活的年代，因為每傳下一代，就有片段就會因為染色體重組而切斷。

遺傳資料呈現的內容很明顯：印度群體中，有三分之一經歷過的瓶頸效應，如同芬蘭人或德系猶太人所經歷過的一樣，或者程度更強。我們後來與桑加拉的研究中收集到的資料更多，也確認了這一點。這次的資料包括了印度各地兩百五十多個群體。[38]

印度許多族群所經歷的瓶頸效應事件也相當古老。讓我最驚訝的是印度南方安德拉邦（Andhra Pradesh）的吠舍，他們是種姓制度中的中階群體，約有五百萬人。我們經由這些人共有的 DNA 片段長度，推測出瓶頸發生的時間在三千年前到兩千年前之間。

觀察到這群吠舍祖先族群所經歷過的強烈瓶頸效應，讓人震撼，因為其中的意義是在通過瓶頸之後，吠舍的祖先維持嚴格的內婚制度，基本上這幾千年來都沒有和其他群體混血。就算平均每一代只有百分之一的外來血統流入，也會消除一個族群中的瓶頸痕跡。吠舍的祖先生活的地區並沒有遭受地離隔離，而是在印度人口稠密的地區和其他群體緊鄰生活。雖然和其他的群體距離很近，但是吠舍的內婚制度和群體認同非常強烈，讓他們在社交上與周遭群體嚴格區分開來，並且在每一代相傳的時候，都把這種孤立的社會文化傳遞下去。

吠舍並不是單一案例。我們分析的群體中有三分之一具備了類似的特徵，代表印度有數千個這類的群體。事實上，我們可能低估了印度有長期嚴格內婚制度群體所佔的比例。要出現這樣的遺傳跡象，一個群體必須要經歷瓶頸效應。在我們的統計中，初始群體中，個體數量多的群體，雖然維持了嚴格內婚制度，卻不會顯現出瓶頸效應的跡象。所以說，長期的內婚制度並不如杜寧凱所說，是由英國殖民者所建立，而是隸屬於種姓制度，數千年來對印度極度重要，到今日依然如此。

了解到印度歷史中的這個特徵，為我帶來了很深的感觸。我一開始研究印度的群體時，以為他們像是德系猶太人，後者屬於歐亞大陸西部中一個古老的喀斯特體系。我的猶太人血統讓我感到不舒服，但是我卻無法清楚了解不舒服的感覺是從哪裡來的。對於印度的研究具體地呈現出我的不舒服。我是猶太人，這點無可逃避。我雙親養育我的時候，最高原則是向我開放接受猶太教之外的世界，不過他們成長於深受宗教影響的社區，童年在歐洲時因為受到迫害而逃離，那段經歷讓他們有深切的民族差異感。我在成長時期，家中遵循猶太飲食規則，我相信父母親這樣做的原因，其中之一是希望他們的親人在我們家吃飯的時候會感到舒服自在。我在猶太學校上學九年，許多夏季時光在耶路撒冷度過。我從雙親、祖父母、表／堂兄弟姊妹等那兒感受到強烈的與眾不同感：我們這群人是特殊的。意識到這點，讓我覺得如果我和非猶太人結婚，會讓他們失望與尷尬（我知道這種念頭對我的手足影響也很大）。當然我對於讓家人失望的擔憂，完全比不上在印度和群體以外的人結婚，會遭受到的羞辱、孤立與暴力。我的猶太人背景，讓我從心底同情在印度數千年歷史中那無數「羅密歐與茱麗葉」，他們跨越民族界線的愛情受到種姓制度的摧殘。我的猶太人身分也讓我發自內心了解到，這種制度為何能夠持續得那麼久。

這些資料指出，印度的迦提群體中有許多的確是在遺傳上和其他群體區隔，原因就是在這片次大陸上行之有年的內婚制度。人們往往會想，印度人口超過十三億，應該是一個超級巨大的族群，事實上許多印度人也和外國人一樣有這種想法。但是從遺傳學的角度來說，卻不能夠這樣看待。中國的漢族才是一個真正的巨大族群，他們數千年來都能夠自由的混血。相反的，從人口學的角度來說，在印度幾乎沒有群體是非常巨大的。不同的印度迦提群體就算住在同一個村落中，彼此之間的遺傳差異通常比南方歐洲人與北方歐洲人多出了兩三倍。[39] 因此，實際上，印度是由許多小族群構成的。

印度人的遺傳、歷史與健康

一些歐洲群體的祖先也經歷過強烈的瓶頸效應，例如德系猶太人、芬蘭人、哈特教徒、艾米許人，以及薩格奈－聖讓湖區（Saguenay–Lac-St.-Jean）的法裔加拿大人等，他們都是許多醫學研究的對象，那些研究也得到了豐碩的成果。這些族群經歷過瓶頸後，最初的個體中剛好有一些罕見的疾病突變，使得後來族群中這些突變出現的頻率大為增加。如果一個人只從雙親之一繼承到這種罕見突變，突變並不會造成危害，因為這些突變是隱性的，也就是說同時要有兩個突變才會引起疾病。換句話說，從雙親各得到一個突變就可能會致死。一旦這些突變經由瓶頸效應而在族群中出現的頻率增加，在這個族群中的個人從雙親各得到一個同樣的突變的機率就會大增。舉例來說，德系猶太人得到致死的泰薩二氏症（Tay-Sach）的機會很高，患者的腦部會退化，出生後幾年便會死亡。我有一位表／堂兄弟姊妹出生後幾個月，因德系猶太人奠基者所帶有的齊威格症候群（Zellweger syndrome）而去世。我母親的一位表／堂兄弟姊妹因為賴利－戴症候群（Riley-Day syndrome）而早夭，這種疾病也稱為家族性自律神經功能障礙（familial dysautonomia），是另一個德系猶太人奠基者遺留下來的疾病。類似的疾病已經找到了數百種，相關的基因也在歐洲的奠基族群中確認出來了，德系猶太人就是其中之一。這些發現引發出重要的生物學見解，其中有些促成了治療受損基因藥物的出現。

在印度，有更多人隸屬於經歷過強烈瓶頸效應的群體。這個國家的人口眾多，而且有三分之一的迦提群體的祖先經歷過的瓶頸，強度等同或超過德系猶太人或是芬蘭人。在這些印度群體中研究引發疾病的基因，可能會找出數千種疾病的風險因子。目前並沒有這樣全面性的研究，但是已經有些例子了。吠舍中有很高的比例，若施用手術前的肌肉鬆弛劑，會發生長時間的肌肉麻痺。因此印度的醫生知道不要對具有吠舍血統的人施予肌肉鬆弛劑。產生這種狀況的原因，是因為有些吠舍體內的丁醯膽鹼酯酶（butylcholinesterase）濃度太低。遺傳研究指出這種情況來自於大約兩成的吠舍帶有一個隱性突變所產生的效應。兩成的比例遠高於其他印度群體，可能是吠舍的奠基者中帶有這個突變。[40] 這個突變出現的頻率高到吠舍中有百分之四的人帶有兩個隱性突變，他們在麻醉時會出現非常嚴重的反應。

如同吠舍的例子，印度的歷史讓我們有機會得到重要的生物學發現，以現代的遺傳學技術，不需要花多少錢就可以找出引起那些隱性遺傳疾病的基因。要做的就是在一個迦提群體中找到有這些疾病的少數人，定出他們的 DNA 序列。遺傳學方法可以找出印度數千個群體中有哪些經歷過強烈的瓶頸效應。當地醫生和助產士能夠找出特定團體中出現頻率高的症候群。當地醫生接生了數千名嬰兒，必然會知道一些群體中某些疾病和功能障礙出現的頻率會比較高。只要有這些資料，就可以採集一些血液樣本，進行遺傳分析。只要有樣本在手，找出那些基因的遺傳學工作是很容易的。

印度流行媒妁之言，因此經由調查罕見的隱性疾病而提升醫療服務的可能性很高。我覺得這種婚姻不合，會造成很多阻礙，但是事實上在印度有許多社區都是這樣。一如許多超正統的猶太社區，我有許多表／堂兄弟姊妹住在正統德系猶太人社區，他們就是這樣找到伴侶的。在這個宗教社區中，拉比約瑟夫‧艾克斯坦（Josef Ekstein）的四個小孩死於泰薩二氏症，因此他在一九八三年成立了一個遺傳檢驗組織，使得許多隱性遺傳疾病幾乎消失了。[41] 在美國與以色列的許多正統猶太教學中，幾乎所有的青少年都接受檢驗，看看是否帶有德系猶太人常見的一些隱性疾病突變。如果有，那麼媒人就不會撮合帶有相同突變的青少年。這樣的方式在印度也有可能辦得到，只不過受到影響的不只幾十萬人，而有數億人。

印度歷史與歐洲歷史的相似之處

但是到二〇一六年出現了變化，包括我的實驗室在內的數個實驗室，首度發表了一些全世界最早農耕者的古代 DNA 全基因組研究資料，他們在一萬一千年到八千年前，生活於現在的以色列、約旦、安納托利亞和伊朗。[42] 我們研究這些近東早期農耕者和現今人類的親緣關係，發現到現今歐洲人和早期的安納托利亞農耕者有密切關聯，這個結果與九千年前之後，安納托利亞農耕者遷徙到歐洲的事件相符。現今的印度人和古代伊朗農耕者有密切關聯，這個結果代表了近東的農耕技術在九千年前往東傳入印度河谷時，對於印度的族群組成有很大的影響。[43] 不過我們的研究也揭露出，現今印度人和古代草原地區游牧者在遺傳上有密切的關聯。遺傳證據指出，伊朗農耕族群的擴張對印度族群造成影響，也指出草原族群也擴張到印度，這兩者要如何才能調和？這種狀況讓我們想起數年前對歐洲的研究結果：現今的歐洲族群不只混合了當地的狩獵－採集者與遷徙來的農耕者，也有來自草原地區的第三個主要群體。

為了深入了解內情，我實驗室的拉薩利迪斯設計了數學方式，研究現今印度群體和小安達曼島人、古代伊朗農耕者及古代草原民族之間的親緣關係。他發現到現今印度的群體，幾乎帶有那三個族群的血統。[44] 派特森接著把將近一百五十個現今印度群體的資料結合起來，建立出一個統合的模型，以精確估計這三個古代族群對於現今印度人血統的影響。

派特森的推論是，如果血統完全來自於先祖北印度人的族群（完全都沒有安達曼島的人血統），那麼這個族群可能是具有伊朗農耕者相關血統和草原游牧者相關血統的混血族群。但是當他推論血統完全來自於先祖南印度人的族群（完全都沒有顏那亞的人血統）時，卻發現到他們具備顯著的伊朗農耕者相關血統（其他是與小安達曼島人相關的血統）。

這個結果讓人非常驚訝。發現到先祖北印度人和先祖南印度人都有大量伊朗相關血統，代表我們之前的推論是錯誤的：印度族群組的兩個主要先祖族群中，有一個不具備歐亞大陸西部人的血統。相反的，伊朗農耕者的後代對印度有兩次重大的影響：分別和先祖北印度人和先祖南印度人混血。

派特森對於我們的印度古代歷史模型，提出了一個重大的修

兩個次大陸的故事

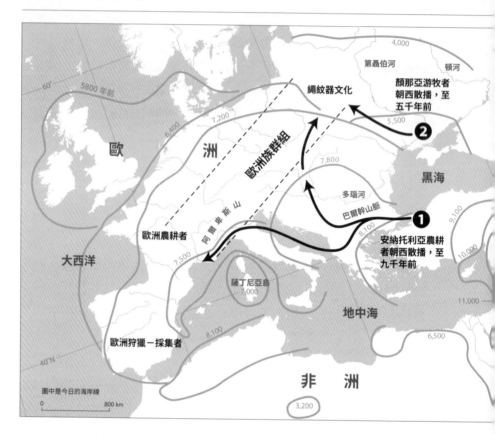

【圖 18】

南亞和歐洲都受到接連兩次大型遷徙的影響。第一次遷徙發生於約九千年前，來自於近東地區（1），讓農耕者和當地的狩獵－採集者混血。第二次遷徙發生於約五千年前（2），可能是說印歐語系語言的遊牧民族在散播時和遇到的當地農耕者混血。這些混血群體之後混合，形成了兩個有梯度的血統，一個在歐洲，另一個在印度。

正。[45] 先祖北印度人有一半的血統來自於遠方和顏那亞有關的草原游牧者血統，另一半來自於和伊朗農耕者相關的血統，草原民族往南擴張時，兩者相遇了。先祖南印度人也是混血的，一方是早

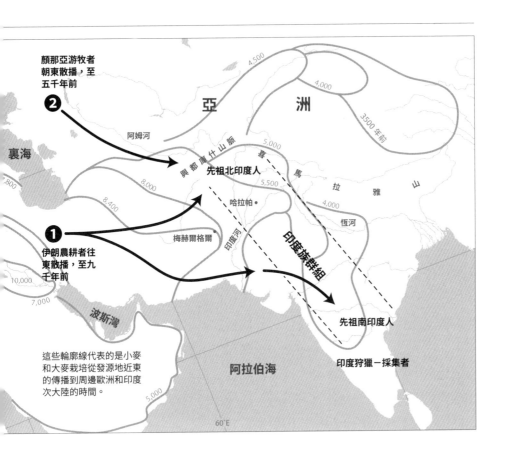

顏那亞游牧者朝東散播，至五千年前

2

阿姆河

裏海

先祖北印度人

興都庫什山脈

哈拉帕

梅赫爾格爾

印度河

1

伊朗農耕者往東散播，至九千年前

亞　洲

4,500

4,000

3,500 年前

5,000

5,500

4,000

喜馬拉雅山

恆河

印度族群組

波斯灣

先祖南印度人

印度狩獵－採集者

這些輪廓線代表的是小麥和大麥栽培從發源地近東的傳播到周邊歐洲和印度次大陸的時間。

10,000

7,000

5,000

阿拉伯海

60°E

期從伊朗擴張出來的農耕者（占血統的百分之二十五），另一方是原先就居住在印度南方當地的狩獵－採集者（占血統的百分之七十五）。因此先祖南印度人可能並不是原先居住在印度的狩獵－採集者，而可能是把近東農業傳播到南亞的一群人。由於先祖南印度人血統和達羅毗荼語的關係密切，先祖南印度人的形成過程等同於達羅毗荼語言擴散的過程。

　　這個結果顯示出，歐亞大陸上這兩塊面積類似的次大陸，歐洲與印度，在史前時代的歷史中有極為相似的地方。在九千年前之後，近東核心地區的農耕者都遷徙到這兩個次大陸：安納托利亞農耕者遷徙到歐洲，伊朗農耕者遷徙到印度，並且帶來了革命性的新技術，同時也和原先在當地居住的狩獵－採集者混血，在九千年前到四千年前之間，產生了新的混血群體。後來源自於草原地區的第二次大遷徙，也都影響了歐洲與印度。那些說印歐語系語言的顏那亞遊牧民族，一路上和當地的農耕族群混血，在歐洲形成了和繩紋器文化相關的人，在印度最後形成了先祖北印度人。這些帶有草原游牧者和農耕者血統的族群，又在各自的區域中和已經在當地生活的農耕者混血，形成了目前在兩個次大陸所見到的混血梯度。

　　遺傳資料指出，印度和歐洲的草原血統來源，與顏那亞人有密切的關連，顯然顏那亞人很有可能把印歐語系的語言傳播到歐洲與印度。值得一提的是，派特森對於印度族群歷史的分析結果，又為這個可能性增添了一個證據。他的印度族群組模型，建立在兩個古代族群混血這個簡單的基礎之上，那兩個族群是先祖北印度人和先祖南印度人。但是當他深入研究，檢驗印度每個群體是否能夠納入這個模型，發現到有六個群體沒有辦法加入模型中，因為草原血統相較於伊朗農耕者血統的比例太高，高過了模型做出的預測。這六個群體都屬於婆羅門，根據以印歐語言梵文所寫的典籍，在傳統社會中，婆羅門屬於祭司和管理階級。派特森所檢查的群體中，只有一成屬於婆羅門。對於這個結果，理所當然的解釋是先祖北印度人在和先祖南印度人混血時，本身就不是純種的族群，其中包括了有社會區隔的不同群體，各群體中草原血統和伊朗農耕者血統所占的比例不同。在印歐語系和文化中處於管理階層的人，草原血統的占比較高。由於種姓制度非常牢固，代代保留了血統與社會角色，在數千年後，現今的婆羅門依然可以清楚看到古代先祖北印度人的次結構。這個發現是草原血統的另一個證據，指出了除了印歐語言之外，印歐文化也反映在婆羅門數千年來所保存的宗教當中，兩者都是由祖先來自於草原的人群所散播。

我們對於印度族群移動的了解程度，遠不如對歐洲族群的，因為少了亞洲南部的古代 DNA。一個重大的謎團是印度河谷文明居民的血統。四千五百年前到三千八百年前，他們居住在印度河谷與印度北方。這個地區是古代人口大量移動時的十字路口。我們還沒有能夠得到印度河文明的古代居民 DNA，但這是我的實驗室和其他多個實驗室所追求的目標。在二〇一五年的實驗室會議中，我們團隊中的分析師圍在桌邊，打賭印度河谷文明居民的血統最有可能來自何方，壓注的結果分歧。當時的三個可能性到現在依然都還沒有確定。其中之一是他們主要是最早具備伊朗血統的農耕者後代，而且沒有什麼混血，說的是早期達羅毗荼語言。第二個可能性是先祖南印度人，為伊朗農耕者和南亞狩獵－採集者的混血，如果是這樣，說的也是達羅毗荼語言。第三個可能性為他們是先祖北印度人，已經是草原游牧者和伊朗農耕者的混血，說的可能是印歐語系語言。這些可能性各自代表的意義相當不同，但是如果有了古代 DNA，這個謎團和其他重大的印度謎團很快都能夠解開。

找尋美洲
原住民祖先

人類起源的故事

亞馬遜蘇魯伊族（Suruí）的起源故事中，天神帕洛普（Palop）最先創造出祂的弟弟帕洛普・雷瑞古（Palop Leregu），接著創造人類。帕洛普賜給美洲原住民吊床與裝飾品，並且告訴他們要在身體刺上花紋，嘴唇上穿孔，但是祂沒有把這些賜給白人。帕洛普創造了各種語言，每個部落分得一種，然後這些部落分散到大地各處。[1]

這個起源故事由一位研究蘇魯伊族文化的人類學家所記錄。對於學者來說，這個故事就如同其他部落的起源故事般，是虛構出來的。學者對於這些故事有興趣，是因為可以從起源故事了解一個社會。但是我們科學家也有起源故事要研究。我們認為這些故事的學術地位更重要，因為有多類型的證據可以應用，以科學方式檢驗故事的正確性，只不過有的時候依然要保持謙遜。二〇一二年，我帶領的一項研究宣稱，所有居住在中美洲以南的美洲原住民，包括了蘇魯伊族，全都來自於某一個族群。一萬五千年前之後，這個

遷徙到美洲

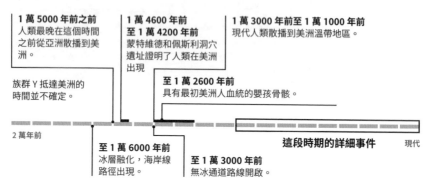

1 萬 5000 年前之前
人類最晚在這個時間之前從亞洲散播到美洲。

族群 Y 抵達美洲的時間並不確定。

1 萬 4600 年前至 1 萬 4200 年前
蒙特維德和佩斯利洞穴遺址證明了人類在美洲出現

1 萬 3000 年前至 1 萬 1000 年前
現代人類散播到美洲溫帶地區

至 1 萬 2600 年前
具有最初美洲人血統的嬰孩骨骸。

2 萬年前

這段時期的詳細事件　現代

至 1 萬 6000 年前
冰層融化，海岸線路徑出現。

至 1 萬 3000 年前
無冰通道路線開啟。

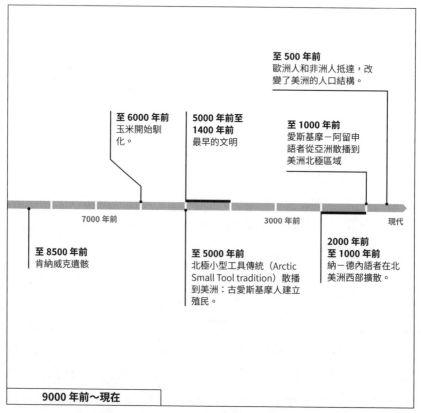

至 500 年前
歐洲人和非洲人抵達，改變了美洲的人口結構。

至 6000 年前
玉米開始馴化。

5000 年前至 1400 年前
最早的文明

至 1000 年前
愛斯基摩－阿留申語者從亞洲散播到美洲北極區域

至 8500 年前
肯納威克遺骸

至 5000 年前
北極小型工具傳統（Arctic Small Tool tradition）散播到美洲：古愛斯基摩人建立殖民。

2000 年前至 1000 年前
納－德內語者在北美洲西部擴散。

7000 年前　　3000 年前　　現代

9000 年前～現在

族群跨過了冰層，往南移動。[2] 這個理論符合考古學研究所得到個共識，我當時對於這個理論信心十足，用了「最初美洲人」（First American）這個詞來突顯出我們研究的這個譜系是最根源的譜系。三年後，我發現我錯了。蘇魯伊族和他們周圍的一些亞馬遜部落所具備的血統中，有一些並不是美洲原住民根源血統，後者的祖先抵達美洲的時間和路徑，我們現在都還不清楚。[3]

如果研究美洲人類歷史的學者之間有什麼共識，必定就是人類花那麼久的時間才遍布非洲和歐亞大陸，而相較之下，轉眼之間人類就遍布美洲了。人類那麼晚才抵達美洲的原因，在於歐亞大陸和美洲大陸之間有地理障礙：廣大的西伯利亞天寒地凍、資源稀少，同時歐亞大陸東有太平洋、西有大西洋。直到最近一次冰期，人類才有足夠的技巧與技術，能在西伯利亞的東北角生活，當時海平面下降，使得現今的白令海峽地區有陸橋露出，讓那時候的人類可以步行到阿拉斯加。遷徙到阿拉斯加的人類，雖然能夠生存下來，卻並沒有馬上往南移動，因為至少在陸地上，他們受阻於巨大的冰河，這片冰河覆蓋著加拿大，厚度超過一公里。

當初人類如何散播到美洲？大約在二十年前，最受歡迎的理論是美洲這個樂園的大門到了一萬三千年前之後才打開。從植物與動物的殘骸，以及對冰河遺跡的放射性碳定年研究，都指出了到了那個時候，冰層層融化到足以讓一條通道出現，並且通道的出現時間長到光禿的石塊、泥地和冰河堆積物上都長出植物。[4] 如果用些科普敘事的手法，會說那個「無冰通道」就如同《聖經》中以色列人離開埃及時紅海上打開的乾燥通道，不過這是美洲版本。走過通道的遷徙者抵達了美洲北部的大平原地帶，在他們面前的是充滿各種大型獵物的土地，這些動物從來都沒有見過人類狩獵者。在一千年的時間內，人類就抵達了南美洲最南端的火地島（Tierra del Fuego），一路上吃著在大地上漫遊的野牛、長毛象和乳齒象。

　　人類最早是從亞洲遷徙到空無一人的美洲。這個說法，到今日依然是學者之間的共識。由耶穌會的博物學家荷西・德・阿科斯塔（José de Acosta）在一五九〇年提出的。他認為古代人類不可能航行過大洋，當時人類還沒有描繪出北極的全貌，他認為新大陸和舊大陸在北極地區連接了起來。[5] 庫克船長（Captain Cook）繞地球航行時，發現到亞洲和北美洲之間的白令海峽非常狹窄，為這個想法增添了可能性。到了一九二〇年代和一九三〇年代，最近這次冰期末溫帶地區出現美洲原住民的科學證據出現了。當時考古學研究就位於美國加州福松（Folsom）和新墨西哥州克拉維斯（Clovis）的遺址，發現了人造物和石器，其中矛尖和滅絕的長毛象骨骸混在一起，顯然就是人類存在的確鑿證據。從那時起，在北美洲各地便發現到數百個有這種矛頭的遺址，其中有些矛頭就插在野牛與長毛象的骨骸中。這些遺址彼此的距離非常遠，而且各地區後來的文化所打造出來的石器類型各有變化，有人可能會認為克拉維斯拓展的速度非常快（因為人類遷徙到無人居住的區域）。現有的證據指出，克拉維斯文化出現在考古記錄中的時間，約略於地理學研究得出的無冰通道開啟時間，所有的事情看起來都嚴絲合縫。人們很自然會想到，從事克拉維斯文化的人，是最先到冰層之南的人，也是現今所有美洲原住民的祖先。

　　這個「克拉維斯人最先抵達」模型中，打造克拉維斯文化的人，穿過了無冰通道而來，在這個尚無人煙的大陸上繁衍，成為了美國史前史的標準模型。如果考古學家宣稱找到了比克拉維斯文化還要早的遺址，就會受到懷疑。[6] 這個模型也影響了語言學家，美洲原住民的語言種類多而且變化，他們要找尋這些語言的共同起源。[7] 當時有的粒線體 DNA 資料也符合模型：現今美洲各個原住民最主要的血統，起自於單一個來源，不過光靠這個資料並不足以確定，從這個單一起源輻射擴散出各支原住民的時間，是在克拉維斯文化時期或是在之前。[8]

「克拉維斯人是最初美洲人」這個概念在一九九七年受到遭遇重擊。當年有一篇論文的內容描述了在智利的蒙特維德（Monte Verde）遺址所發掘出的結果，其中包括了乳齒象受到屠宰後遺留的骨骸、木製結構的殘留物、繩結、古老的灶台，以及石器，這些石器的風格和北美洲的克拉維斯石器完全沒有相似之處。[9] 對蒙特維德遺址的放射性碳定年結果顯示，有些人造器具約有一萬四千年的歷史，絕對是在北方數千公里外的無冰通道打開之前。一群當年反擊在克拉維斯之前還有其他文化的人，抱持著懷疑，在同一年前往了蒙特維德遺址。去之前，他們懷疑這個遺址是否真有那麼古老，離開的時候卻都相信了。他們接受了蒙特維德遺址，後來也接受了其他證明無冰通道開放之前以及克拉維斯文化形成之前，美洲已經有人類出現的遺址。證明在無冰通道之前美洲就有人的紮實證據，來自於美國西北方奧瑞岡州的佩斯利洞穴（Paisley Caves）。洞裡面沒有受到破壞的土層中，有一萬四千年前遺留下來的糞便，其中有能夠定序的粒線體 DNA。[10]

在無冰通道尚未開啟之前，人類要如何抵達冰層之南？在冰河時期最寒冷的時候，冰河伸展到海洋中，在加拿大的西部沿岸設下了一個超過千里長的障礙。不過在一九九〇年代，地理學家和考古學家重建出冰層退縮的時間表，發現到在一萬六千年前之後，海岸便沒有冰層覆蓋了。但是在海岸線目前沒有發現到屬於那個年代的考古遺址，因為在冰河時期過後，海平面上升超過了一百公尺，緊挨著海岸線的考古遺址可能後來遭受淹沒了。由於缺乏人類當時在海岸生活的考古證據，也沒有證據指出人們不曾在海岸居住。如果走海岸這個假說是正確的，那麼人類在當時或稍後，可能沿著沒有冰層的細長海岸步行（並且能夠及時抵達蒙特維德），遇到冰層覆蓋的地區，可能搭乘小船或是木筏繞過，便可以在內陸的無冰通道

【圖 19】

遺傳證據指出至少有四次史前時代的人口遷徙到美洲的事件

其中至少有兩次的後代抵達了南美洲（圖左），而至少有兩次只散播到北美洲（圖右）

①
從親緣關係最接近的歐亞人分開，至兩萬三千年前。

②
族群 Y 的來源，進入美洲的時間未知。

圖內標註：

亞洲

北極海

北美洲

至 1 萬 2600 年前的嬰孩骨骸

佩斯利洞穴 至 1 萬 4200 年前

福松 □ 新墨西哥州的克拉維斯

大西洋

太平洋

亞馬遜

安地斯山

南美洲

□ 蒙特維德，至 1 萬 4600 年前

圖例：
- → 海岸線路徑開啟 至 1 萬 6000 年前
- ⋯▸ 無冰通道開啟 至 1 萬 3000 年前
- ➡ 最初美洲人
- ➡ 族群 Y
- ⇢ 兩者共通路線
- 古代海岸線
- 冰層

至 1 萬 3000 年前，冰層延伸和海岸線大致的位置。

0 _____ 2,000 km

至 1 萬 5000 年前～1 萬年前

打開之前千年就抵達南方。

　　現在古代 DNA 的研究，明確指出了「克拉維斯人最先抵達」這個概念不僅錯得離譜，而且還少了一大篇美洲原住民的族群歷史。二〇一四年，威勒斯勒夫和同事發表了在美國蒙大拿州（Montana）發掘出一個嬰兒遺骸的全基因組資料，從遺址的考古跡象判斷，這個嬰孩屬於克拉維斯文化，放射性碳定年的結果指出

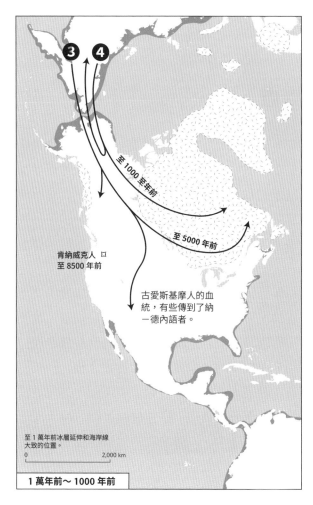

至 1000 至年前

至 5000 年前

肯納威克人 □
至 8500 年前

古愛斯基摩人的血
統，有些傳到了納
－德內語者。

至 1 萬年前冰層延伸和海岸線
大致的位置。

0　　　　　2,000 km

1 萬年前～ 1000 年前

❸
來自於亞洲的遷徙，
形成了古愛斯基摩人
譜系，至五千年前。

❹
最後一波來自亞洲的遷
徙，形成了新愛斯基摩
人，取代了古愛斯基摩
人。

他出生於一萬三千年前稍晚之後。[11] 他們的分析指出，這個嬰孩絕
對來自於和許多美洲原住民相同的先祖族群，但是他的遺傳資料也
顯示，他活著的時候，不同的美洲原住民之間已經有很深的區隔。
克拉維斯嬰孩的遺骸所在的一邊，是中美洲和南美洲所有美洲原住
民大部分的血統來源的一邊。另一邊包括現在居住於加拿大東部和
中部的原住民。會出現這種情況的唯一可能，就是在克拉維斯文化

之前，美洲就有一個族群存在了，這個族群成為美洲原住民的主要譜系來源。

對西方科學的疑慮

研究古代克拉維斯嬰孩的 DNA，有可能解決關於美洲原住民族群歷史中的爭議。但是現在那些族群的後代對於這些研究的反應卻不完全都是正面的。這是因為最近五百年來，他們目睹了具有歐洲血統的人利用西方科學的成果，一再剝削美洲的原住民，加深一些美洲原住民群體對於學術社群的懷疑，遺傳研究的進行變得困難重重。

歐洲人在一四九二年抵達美洲之後，美洲原住民的族群與文化就因為來自於歐洲的疾病、軍事行動，以及政經統治而崩潰，歐洲人剝削這塊大陸上豐沛的資源，並且把環境改造成適合基督徒居住的樣貌。歷史是由勝利者所撰寫的，歐洲人征服美洲之後，把美洲的歷史徹底改寫，因為在歐洲人抵達之前，除了中美洲之外，並沒有書寫文字。在墨西哥，西班牙人焚燒了原住民的書籍，絕大部分美洲原住民的文件都毀於火焰之中。口傳歷史的傳統也受到威脅。語言變化、信仰改變，同時種族歧視也使得美洲原住民文化的地位下降，比不上歐洲文化。

現代基因組學的研究能夠以前所未有的方式重建歷史。非裔美國人目前就利用遺傳學追尋自身的根源，他們來自於非洲的祖先被當成奴隸劫持到美洲，相關的歷史也遭受到竄改。美洲原住民通常表示對自己的遺傳史有很大的興趣，但是部落會議通常帶有敵意，他們通常擔憂美洲原住民歷史的遺傳學研究，只是歐洲人想要「啟迪」原住民的另一個方式而已。在過去，讓他們改信基督教或是接受西方的教育，導致了美洲原住民文化的崩潰。他們也意識到，有些科學家研究美洲原住民，只是為了了解關乎非美洲原住民利益的問題，而不在意美洲原住民的利益。

　　美洲原住民對於遺傳研究的強烈反彈中，最早的來自於亞馬遜地區的卡里提亞納族（Karitiana）。一九九六年，醫生收集了卡里提亞納族的血液樣本，並且答應提供血液的人能夠得到比較好的醫療照護，但後來這個承諾沒有兌現。卡里提亞納族遭受這個讓人氣餒的遭遇，帶頭拒絕提供樣本給研究人類遺傳多樣性的國際型研究「人類基因組多樣性計畫」（Human Genome Diversity Project），並且協助阻止這個計畫取得經費。諷刺的是，在後續的研究中，分析卡里提亞納族得到的 DNA 樣本所得到的成果，對於了解美洲原住民群體之間的親緣關係上，是最為豐碩的。受到許多研究的卡里提亞納族的 DNA 樣本，並不是在一九九六年採集到的那組爭議樣本，而是在一九八七年採集的，當時受採集者已經知道了研究目標，並且表示完全是自願接受採集。[12] 不過卡里提亞納族後來遭受到的剝削經驗，為這個族群的 DNA 研究蒙上了一層陰影。

　　另一個對於美洲原住民研究的激烈反彈來自於哈瓦蘇佩族（Havasupai），他們居住在美國西南方的峽谷地區。一九八九年，亞利桑那大學的研究人員為了要了解該部族第二型糖尿病的高發病率而採集了他們的血液樣本。提供血液者有拿到一份知情同意書，說道樣本會用於「研究行為與醫學疾病的起因」，知情同意書中的其他文字，也讓研究人員有很大的轉圜空間去解釋知情同意的內容。後來研究人員把這些樣本分給其他科學家，用來研究各式各樣的題目，包括了思覺失調症和哈瓦蘇佩族的史前史。哈瓦蘇佩族的代表說，這些樣本的使用目的和族人之前了解並同意的不同，也就是說，就算知情同意書是白紙黑字，都是另一回事，他們很清楚在收集樣本的時候，樣本是應該要用在研究糖尿病之上。後來這個爭論上了法庭才告平息，大學要退還樣本，並且同意付出七十萬美元的補償。[13]

　　對於遺傳研究的敵意甚至寫入了部落的法律中。美國許多原住民部落依照約定，具有一些政治獨立的權力，二〇〇二年，納瓦荷族（Navajo）通過了《遺傳研究禁令》（*Moratorium on Genetic Research*），禁止納瓦荷族部落成員參與遺傳研究，不論是疾病風險研究或是族群歷史研究都不行。納瓦荷國（Navajo Nation）所準備的文件中有這份禁令的綱要，概略說明了大學研究人員在計畫研究的時候所要顧慮的事情。綱要指出：「部落嚴禁人類基因組檢驗。納瓦荷族是由『千變女』（Changing Woman）所創造的，我們知道自己是怎麼來的。」[14]

　　我在二〇一二年注意到了納瓦荷族禁令，當時我正在撰寫一篇關於美洲原住民中遺傳變異的文章，進行到了最後階段了。我收到最愛的論文審查建議，其中要求論文中每位有提供研究樣本的作者，都要再次確認，捐贈樣本者是否知情樣本會用來進行族群歷史研究，並且支持讓自己的樣本納入這項研究中。結果這個研究必須得把三個族群刪除掉，包括了納瓦荷族。這三個族群都位於美國，從中可以看出研究美洲原住民的遺傳學研究者是有多麼的焦慮。我在二〇一三年參加一場美洲原住民遺傳學研究的研討會，多位研究人員從觀眾席中站起來，說道卡里提亞納族、哈瓦蘇佩族和納瓦荷族等讓他們戒慎恐懼到無法進行任何美洲原住民的研究（包括了疾病研究）。

　　這個狀況讓研究美洲原住民遺傳變異的科學家深感挫折。我了解歐洲人與非洲人來到美洲對於美洲原住民所造成的破壞，我和同事的研究分析結果中也處處顯現出這些破壞所造成的效應。不過，分子生物遺傳學是在第二次世界大戰之後才誕生的新領域，我不知道這個領域中有任何結果，曾對歷史中受到壓迫的族群造成重大的傷害。確實有許多證據確鑿的案例中生物材料的使用方式，並沒有按照最初提供者所了解到的，而且這樣的情況不只發生在美洲原住民身上。舉例來說，美國巴的摩爾的非裔美國人海莉耶塔‧拉克斯（Henrietta Lacks）的子宮頸癌細胞，沒有在她本人知情同意與家人的知道的前提下，在她去世之後分到世界各地數以千計的實驗室，現在這些細胞已經成為癌症研究中的必備材料。[15] 但是整體來說，我要指出，當代對於 DNA 變異的研究，不論材料是來自於非裔美國人，或是非洲南部的桑族、猶太人、歐洲的羅馬人、亞洲南部的部落或是種姓群體，以及其他許多群體而言，是能夠帶來好處的，讓我們更了解這些群體中特殊的疾病，並且找到治療的方式，打破成為歧視藉口的種族概念。我認為有些美洲原住民對於科學的懷疑最後的結果總加起來，會對美洲原住民造成莫大的傷害。我在想，自己身為遺傳學家，是否有責任只要尊重那些不希望加入遺傳研究的人的希望就好，或是要帶著尊重而強烈主張這樣的研究有很高的價值。

我們在研究中撤下了納瓦荷族樣本，這個決定令人沮喪，因為這些樣本來自於非常清晰明確的知情同意。這些分享給我們研究人員樣本的，是在一九九三年的「DNA 日」（DNA day）當天親自採集到的。這是那位研究員在納瓦荷族土地中迪內學院（Diné College）所舉辦的節日，把這些樣本交由其他人員進行研究，並沒有造成誤解或是模稜兩可之處。在研討會上，他詢問與會者是否願意提供樣本，直接用於了解族群歷史的各項研究上，特別是「能夠凸顯出世界上所有人彼此間關聯密切並強調人類有共同起源」的研究。願意加入的納瓦荷族族人簽署了文件，表明自己的意願。雖然這些人個人決定要加入研究，但是九年之後，部落會議的禁令強壓過了他們的決定。

我們應該尊重的是捐贈樣本的大學生，或是後來做出禁令的部落會議？在那時，我們為了避免爭議，同意了那位研究人員的要求。

因為他非常擔心，要求我們不要把那些樣本納入研究當中。這個決定讓我很不舒服，我覺得納入那些樣本才是真正尊重樣本捐贈者，他們獻出 DNA，為的是了解自己的歷史。但是我懂不同的文化會有不同的見解。有些美洲原住民的倫理學家和社群領導人逐漸開始認為，如果研究的主題是一個部落，那麼就應該要整個社群都諮詢才可以接受，光是有個人知情同意是不夠的。[16] 這些考量讓一些人類遺傳變異的國際研究計畫，在把一些樣本納入之前，除了取得個人的知情同意之外，還必須得到社群同意。[17] 研究美洲原住民遺傳變異的科學家非常少，現在設計實驗時，幾乎都會諮詢部落權威人士的意見，有的時候還要取得部落確實的同意，雖然這都不是法律上所必須的。

這是遺傳學研究倫理責任的共通問題。當我檢視一個人的基因組，所知道的並不只是這個人的基因組資訊，同時還包括那個人的家人與祖先的資訊。我同時也知道了他所屬社群（相同祖先的後代）的資運。那麼我要責任的對象該有多廣呢？我除了要對研究對象的近親負責，也要對他家族的遠親負責嗎？或是他所屬的族群，或是整個物種？說得極端點，如果每個人都要受到諮詢，那麼人類遺傳學（包括了遺傳醫學）就幾乎不可能有所進展。像我所管理的中型實驗室中，研究人員根本沒有足夠的時間去一一和想要加以研究的部落洽談。

我自己的看法是，我們科學社群必須要居於中間位置；需要有一種方法，不必要得到每個可能的研究團體或部落同意就能夠進行研究。另一方面，北美洲部落社群都有充分的理由表達憂慮，這些憂慮來自於他們在歷史上一直受到剝削。我們科學家應該追求的是在研究美洲原住民族群歷史時，要提出有意義的延伸結果，在寫作任何文字時都要顧慮到原住民的看法。達成這樣協議的細節還需要仔細研究，而且我認為不可能找出讓讓每個人都滿意的解決方案。

但是我們需要盡力突破目前困境，並且取得進展，現在的困境使得許多研究人員因為害怕受到批評，不願意從事美洲原住民遺傳變異的研究。除此之外，如果要取得某些部落代表或是學者所建議的諮詢認同，會耗費大量時間。這個狀況使得對於美洲原住民之間遺傳變異的研究處於冷凍的狀態：這個領域中相關的研究進展最慢，而人們對於研究的敵意卻最深。

遺骸引發的爭議

用古代 DNA 研究族群歷史，不需要如同研究現今人群那樣令人擔憂，不過在一九九〇年，美國國會通過了《美洲原住民族墓葬保護暨返還法》（*Native American Graves Protection and Repatriation Act*, NAGPRA），要求受到美國政府資助的機構，需要和美洲原住民聯絡，並且如果美洲原住民能夠證明在文化或是生物上有所關連，就要把文化產物（包括骨骸）還給他們。這表示要還美洲原住民的遺骸給美洲原住民的部落，而從許多樣本取得古代 DNA 加以分析的機會就消失了。這項法律對於數千年內的考古遺物的影響極大，在這段時間之內，現存的美洲原住民都能夠有力地主張，和那些遺物有文化關聯。而更為古老的遺物，就比較難辦到了，例如一九九六年在華盛頓州美國土地上找到的肯納威克人（Kennewick Man），他生活在約八千五百年前。

肯納威克人的遺骸原本預定要歸還給五個美洲原住民部落，他們宣稱肯納威克人是他們的祖先。但是後來這個遺骸可以供科學研究，因為法院認為並沒有確切的科學證據能夠證明肯納威克人符合《美洲原住民族墓葬保護暨返還法》中所稱的美洲原住民。科學家為了打贏這場官司，反駁部落的觀點，宣稱骨骸形態分析的結果指出，肯納威克人比較接近環太平洋地區的亞洲人和太平洋島民，而不是現今美洲原住民。[18] 不過到了二〇一五年，威勒斯勒夫和同事取得了肯納威克人的 DNA 並且加以研究，發現到從骨骸形態得出的結果是錯誤的。[19] 肯納威克人的確和現在絕大多數的美洲原住民來自共同的先祖族群。

古代 DNA 分析和形態分析兩種不同資料比較時，前者總是更為可信。原因很簡單。骨骼的形態研究只能檢驗一些在個體之間有差異的特徵，得到的所屬族群通常並不能完全確定。相反的，對於數萬個 DNA 位置進行遺傳分析，能夠得到確定的所屬族群。根據肯納威克人這類單一樣本上所具備的形態特徵所推斷出來的祖先特徵，來判定他的祖先是美洲原住民或是環太平洋地區住民，並無法令人信服。但是遺傳資料可以。

古代 DNA 研究結果確實證明了肯納威克人具有美洲原住民血統，但是卻不清楚他是否和華盛頓州原物民之前的親緣關係特別深，這些部族宣稱有肯納威克人遺骸的主權。在發表肯納威克人基因組資料的那篇論文中，用到了科維爾部落（Colville tribe）的 DNA 樣本，那是宣稱有肯納威克人遺骸主權的五個部落之一，並且說資料顯示兩者有直接關聯。不過，在美國本土四十八州中，只有科維爾部落的 DNA 受到了作者的分析。仔細閱讀論文，會發現其中並沒有強調說肯納威克人和科維爾人親緣關係接近的程度，要大於遠在南美洲的美洲原住民。[20] 科學社群也無法得到科維爾人的 DNA 資料進行獨立的分析。雖然刊載這篇論文的期刊要求必須要分享資料，論文才能夠發表，但是我的研究團隊去要求資料時，他們卻不提供。

對遺傳資料一廂情願的解釋，並不局限於肯納威克人。二〇一七年，有個研究的對象是現今加拿大太平洋側島嶼上出的骨骸，有一萬三百年的歷史，宣稱骨骸與在當地當時就居住到現在的美洲原住民有直接的關聯。[21] 但是檢查這篇論文中的分析內容，顯示這個個體和當地原住民的親緣關係，也並沒有比和南美洲的美洲原住民相比來得更為接近。

上面只是兩個例子，說明了古代 DNA 論文開始充滿了毫無根據的宣稱，說那些古代遺骸和現今群體之間有直接的先祖血統關聯。這類問題不只在美洲發生，和原住民一起從事研究工作的科學家，傾向發出這類的宣稱，因為這類宣稱往往受到當地原住民的歡迎，讓科學家更容易得到樣本。在正常的科學研究過程中，會有其他科學家指出，資料本身並沒有充分支持那些所宣稱的結果，但是這個機制也沒有正常發揮。群體的成員直接參與了研究自身歷史的科學研究，會期待有些事情是真的，這個想法會影響研究結果呈現的方式，情況令人擔憂。沒有參與研究的科學家往往還會顧慮到指出問題後所遭受的反彈。

肯納威克人的個案有爭議，最後上法庭解決，使得學術界和美洲原住民部落之間的敵意加深了，結果科學家要研究美洲原住民的族群歷史變得更為困難。從我和對美洲原住民史前史有興趣的考古學家、人類學家和博物館長交流的結果來看，其中有許多人覺得把具備重要科學意義的骨骸歸還，是巨大的損失，他們希望能夠保留這些館藏。不過，他們也知道，許多收藏品是合眾國在剝奪美洲原住民土地時，以不清不楚的方式得手的。[22] 在另一方面，祖先的遺骸受到騷擾，也讓許多美洲原住民產生失落感。許多博物館雇用了「NAGPRA 館員」，以調和這些彼此衝突的利益並且處理法律問題，他們的工作是確認出文化品與遺骸和哪些美洲原住民部落有關，並且連絡這些部落的代表，商談歸還事宜。我所接觸過的 NAGPRA 館員都全力撰寫法律信件，並且展現專業，但是他們也小心翼翼，不要讓自己逾越法律。如同肯納威克人的個案，當缺乏 NAGPRA 所要求的生物學關聯或是文化關聯證據，也要把遺骸交還回去時，讓他們苦惱萬分。

為這個領域帶來新突破的遺傳學家是威勒斯勒夫，不只是因為他參與肯納威克人的研究，而且他也從其他原住民骨骸中取得了 DNA，同時以革新與漂亮的方式，贏得了原住民社群的合作，只不過考古界和博物館界中並不是每個人都滿意。他了解到，原住民社群和遺傳學家之間有共通的利益，因為 DNA 研究能夠讓部落有能力宣稱擁有遺骸的權利。他取得了一位百歲澳洲原住民的頭髮樣本[23]、約有一萬三千年歷史的克拉維斯骨骸 DNA[24]，以及約有八千五百年歷史的肯納威克人骨骸 DNA[25]，並且定出基因組序列，都是採用了這種方式：他得到了 DNA 之後，並沒有依照 NAGPRA 所規定的官方程序，而是直接和原住民聯繫之後取得同意。

雖然考古社群中有許多人擔憂威勒斯勒夫沒有以正式的規矩與部落聯繫，但是他成功了好幾次。在澳洲，他和澳洲原住民接觸，取得了百歲人瑞的頭髮樣本進行研究，並且展現善意，因此他和同事得以繼續從事對於現今澳洲原住民規模更大的研究，結果在二〇一六年發表。[26] 同樣地在美國，他為了研究克拉維斯骨骸與肯納威克骨骸而和原住民團體接觸，協助展現善意，並且鼓勵部落支持其他遺骸的 DNA 分析研究。

這種進展的一個好例子是在美國猶他州靈洞（Spirit Cave）中發現的遺骸。法隆尤派特－休休尼部落（Fallon Paiute-Shoshone）要求把那些有一萬一千年歷史的遺骸還給他們。二〇〇〇年，美國內政部土地管理局（Bureau of Land Management）認為沒有證據證明那些骨骸在生物上或是文化上與該部落有關，因此拒絕返還。部落展開訴訟，使得那些遺骸處於法律未決狀態，只能夠進行用來檢驗遺骸血統研究，好確定是否與法隆尤派特－休休尼部落有生物關聯。二〇一五年十月，威勒斯勒夫發表了關於肯納威克人的論文之後，他得到接觸那些古代 DNA 並且加以分析的機會，大約一年後，他遞交了技術報告給土地管理局，說明遺骸個體所具備的血統，完全來自於與現今美洲原住民有關的古代譜系。土地管理局基於這份報告，把骨骸交還給部落。[27]

　　和我有聯絡的 NAGPRA 館員對於這個決定深感困惑，他指出這個詮釋並不符合 NAGPRA 的法律條文，條文要求有必須證明和法隆尤派特－休休尼部族的關聯要強過和其他群體的關聯，威勒斯勒夫顯然沒有做到這點要求。不過當我和威勒斯勒夫聊到歸還樣本給部落這件事情時，他認為 NAGPRA 的法律條文並沒有那麼重要，社群的標準會改變，法律條文跟不上。科學期刊《自然》（Nature）刊出了一篇關於歸回靈洞遺骸的文章，其中引用了人類學家丹尼斯・歐魯克（Dennis O'Rourke）的話。他說這個案例說明了美洲原住民群體能夠利用遺傳學決定那些遺骸要用於研究和重新埋葬。人類學家金姆・塔貝爾（Kim TallBear）指出，靈洞遺骸這個例子顯示了部落和科學家之間的關係並非只有對立：「部落不喜歡政治界對他們反覆灌輸科學世界觀……但是科學的確能帶來利益。」[28]

　　威勒斯勒夫了解到，古代 DNA 資料能夠當成證據，部落可以用來宣稱博物館中那些歸屬未明的遺物的所屬為何。這是意料之外的機會，讓學者和原住民社群之間關係不良所造成的困境得以化解。

　　美洲原住民和遺傳學家的第二重大領域中，還有未完成的共同目標：利用古代 DNA 估計在一四九二年之前原住民族群的大小，這點可以藉由古代基因組中的遺傳變異來推估。對於美洲原住民來說，這是重要的議題，因為有證據顯示在歐洲人抵達之後，加上他們帶來的各種流行疾病，讓原住民族群縮小為十分之一，使得本來建立的複雜社會分崩離析。歐洲殖民者抵達美洲後，看到的是比較小的族群，這樣就有道德藉口去佔據美洲原住民的土地了。就歐洲殖民者的利益來說，美洲原住民族群大小的估計值是越小越好，最好是宣稱歐洲人抵達美洲之前，當地幾乎沒有文明或是高度發展的人群。[29]

　　我希望基因組革命所帶來的影響有更多人能夠了解。原住民將會漸漸體悟到 DNA 能夠成為聯繫現今美洲原住民和彼此與祖先關聯的工具。美洲原住民倫理學家和社群領導人所表達的關注之事，並無法全部都由基因組革命解決，但是基因組革命能夠減少對立，增進彼此的了解，並且讓未來有更多合作的機會。

最初美洲人的遺傳證據

頭一個用全基因組規模研究美洲原住民族群歷史的研究，於二〇一二年出現：我的研究室發表了五十二個不同族群的資料。這項研究的主要限制是我們無法取得美國本土四十八州中的樣本，因為人們對於以遺傳學研究美洲原住民感到焦慮。但我們取得了美洲其他原住民的樣本，因而對於歷史有新的見解。[30]

我們所研究的個體中，大部分的基因組中有少許部分是來自於最近五百年來的非洲人或是歐洲人祖先，顯示歐洲殖民者抵達美洲後，引起的騷動有多麼巨大。我們對許多沒有混血證據的個體進行分析，但是有些族群，特別是在加拿大的族群，有採樣的所有個體至少都有一些非美洲原住民的血統。我們也想把這些族群納入研究，因此使用一種技術讓我們能夠找出人們基因組中哪些片段來自於歐洲人或是非洲人。這種方法是看看個人的基因組大片段中，是否含有在非洲人與歐洲人中出現頻率高而在美洲原住民中出現頻率低的突變。把那些基因組區域先遮蔽起來，便可回顧五百年來的美洲人混血歷史，以了解在與歐洲人接觸之前，美洲原住民族群關係的結構。

我們用四族群測試兩兩比較了所有得到的美洲原住民樣本，研究歐亞大陸的族群（舉例來說：中國漢族）是否和美洲原住民之間有更多共通的遺傳變異，而不是和其他族群。在五十二個族群中有四十七個，我們找不出他們和亞洲人親緣關係的遠近有所差異。這代表現今絕大部分的美洲原住民，包括在墨西哥以南以及加拿大東部的，全都來自單一個共同譜系（其餘的五個，居住在北極、阿拉斯加與加拿大的太平洋西北岸，有證據顯示他們來自不同譜系）。現今美洲原住民群體之間顯著的外貌差異，來自於從共同祖先族群分開之後演化的果，而非他們來自於歐亞大陸不同的地方。我們稱這個共同祖先族群為「最初美洲人」。

我們假設，這個設想中的「最初美洲人」，是首批散播到冰帽之南的人，他們擴散的路線可能是無冰通道，也可能是海岸線。基因組研究到目前還無法確定這群人的數量，以及期間花了多少代的時間。不論發生了什麼，我們認為當時有個人數有限的先鋒族群，進入了一個沒有人煙的大陸，在所到之處都大量繁衍。

遺傳資料證明了這個假說大致上是正確的。接著我們重複了四族群測試，更清楚看到從北美洲北部到南美洲南部的美洲原住民，絕大部分都是自一棵樹的分支，這點和歐亞大陸族群之間的關係截然相反。美洲大部分族群都由一個主幹分支出來，而且彼此之間後來鮮少混血。分開的程序大致是北南向的，和族群一路往南移動的看法一致。在移動的過程中，有群體脫隊並且在當地定居，而且幾乎就一直在當地生活到現在。在這個模式中，最顯著的例外是一個晚於一萬三千年前的嬰兒遺骸，這個嬰兒和克拉維斯文化有關，在現今蒙大拿靠近加拿大邊界的地區出土。克拉維斯嬰兒的譜系並不屬於現今住在隔壁加拿大群體的譜系，代表之後必定有大規模的族群遷徙。

古代 DNA 確認了在美洲有些地方，當地的族群已經在同一個區域生活了幾千年。根據我們以及拉爾斯·費倫－史密茲（Lars Fehren-Schmitz）對於祕魯原住民的分析，他們至少在當地生活了九千年，與當地的眾多美洲原住民都有密切的親緣關係。我們研究的祕魯古代基因組、彼此之間的親緣關係，和目前居住在祕魯的說蓋丘亞語（Quechua）和艾馬拉語（Aymara）的美洲原住民親緣關係，都要深過其他現今南美洲的族群。我們對於阿根廷南部的美洲原住民個人也進行了類似的研究，時間回溯到八千年前，結果也類似。有相同結果的還包括巴西南部的原住民，時間可以回溯到萬年前。加拿大卑詩省外海島嶼上的美洲原住民也是如此，他們的族群從六千年前開始便延續至今，甚至在有些區域可能還延續了超過萬年。[31] 這些美洲原住民和同區域者的親緣關係的接近程度，要超過和其他地區的美洲原住民。

約瑟夫・格林伯格理論的復興

從遺傳學研究發現到最初美洲人的散播，也有助於解決語言學中的一個爭議。早在十七世紀，就有人注意到美洲原住民語言的超高多樣性，有些歐洲的傳教士認為，這是惡魔想要阻止美洲原住民改信基督教，使得傳教士學了某個族群原住民語言而讓該族群改信基督教後，無法用相同的語言再對另一個族群傳教。語言學家可以分成兩類：「區分者」強調語言之間的差異，「歸併者」看重語言間共同的根源。[32] 萊爾・坎貝爾（Lyle Campbell）是最極端的區分者之一，他把美洲原住民的語言區分為約千種，歸納為約兩百群（有關聯的語言分在同一群），有些語言甚至只侷限在某個特定的河谷中。最極端的歸併者中有約瑟夫・格林伯格（Joseph Greenberg），他說他能夠把美洲原住民的語言歸類為三群，並且可以找出各群之間背後隱藏的關聯。他認為這三群語言反應了當初從亞洲而來的三波大遷徙。

坎貝爾和格林伯格之間對於美洲原住民語言詮釋的衝突，是很出名的。坎貝爾認為格林柏格的三群分類令人反感，在一九八六年寫道，格林柏格的分類「應該要受到壓制」。[33] 事實上，其中兩群並沒有引起爭議。西伯利亞、阿拉斯加、加拿大北部和格陵蘭等地區，許多原住民說的是愛斯基摩－阿留申語系（Eskimo-Aleut）。說納－德內語系（Na-Dene）的美洲原住民部落居住在北美洲北部的太平洋海岸、加拿大北方內陸，以及美國的西南地區。

但是格林柏格的第三個分類「美洲印地安語系」（Amerind），囊括了九成的美洲原住民語言，許多語言學家都無法接受這點。格林柏格推論出美洲印地安語系的方法，是研究各種美洲原住民語言中的數百個文字，之後根據共通的程度以分數標記高低，他發現了共通程度非常高，所以宣稱這些語言有共通的起源。他認為，南下越過冰層的最初美洲人，說的是原始美洲印地安語，發現到用這種方式會把美洲原住民中非納－德內語和非愛斯基摩－阿留申語以外的每種語言，都歸類到美洲印地安語系中，便提出結論：語言資料支持有三波美洲原住民從亞洲散播而來。如果還有另一波，那麼應該會有另一種不同的語言。

對於格林柏格概念的批評日趨激烈。批評者指出，他用來研究語言的詞彙太少，不足以建立共通性。他們也質疑那些詞彙是否真正有共同的來源。由於語言變化的速度非常快，要在數千年之久的語言之間找出共通文字是非常困難的。不過格林柏格宣稱，找出關聯的時間跨度，是那個「數千年」的兩倍。

但格林柏格有些地方是正確的，他對於美洲印第安語系的劃分，幾乎完全吻合由遺傳學研究出的最初美洲人譜系。他經由研究語言所得出的族群親緣關係的群集模式，已經由研究目前資料所得到的遺傳模式所證實了。目前對於美洲原住民語言的分類方式，也反映出在歷史中，絕大部分的族群是從單一個遷徙來的族群所散播而成。只要看到美洲的語言分布地圖，便會輕易發現和歐亞大陸與非洲的性質不同，有幾十個語言群只分布在區域內，而在歐亞大陸和非洲大陸上，說類似語言的人群分布的範圍很廣，例如印歐語系、南島

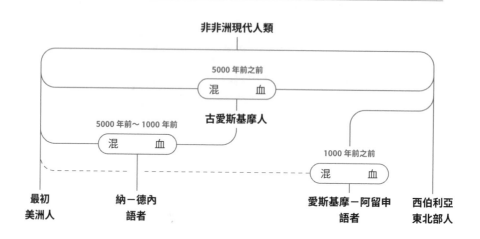

現今所有美洲原住民群體全都帶有高比例的最初美洲人血統

【圖20】
格林伯格根據語言學資料所推論出美洲原住民族群三類群的譜系簡圖。分群方式相應於各自進入美洲的事件，但是格林伯格並不知道三群全都有高比例的最初美洲人血統。在納－德內語者中有九成，在愛斯基摩－阿留申語者中有六成。

語系、漢藏語系，以及班圖語系（Bantu language families），每一種語系的分布，都代表了大規模遷徙與族群取代。最初美洲人擴散的速度似乎非常快，快到這個大陸上各種語言的關係有如耙狀：許多分支是在早期居住在美洲時，從共同來源處平行擴張出去的。[34] 從遺傳學證據和語言學證據可以知道，現今許多美洲原住民族群，是人類剛在這塊大陸上立足生根不久後，就一直居住在原來的地區。代表了在最初的擴張之後，族群取代事件的發生頻率在美洲，遠遠不及在歐亞大陸和非洲。

　　格林伯格的概念大致上受到遺傳資料的支持，不過他也有重大的失誤。雖然愛斯基摩－阿留申語系者和納－德內語系者在遺傳上能夠和其他的美洲原住民區分出來，是因為他們來自於不同的亞洲移民祖先，但是兩者都有大量的最初美洲人血統。我們研究的愛斯基摩－阿留申語者中，混有六成的血統；所研究的納－德內語者帶有九成。[35]格林伯格所推測出的三個語群完全符合那三個古代族群，但是現今美洲所有原住民的血統，最主要來自於最初美洲人。

Y 族群

從遺傳資料得出的另一項發現，則完全出乎意料之外，至少我們遺傳學家沒有料想到。

有些研究人類骨骼的體質人類學家，多年來一直主張有些萬年前的美洲人骨骼，和我們預期中現今美洲原住民的祖先不同。其中最有名的骨骸是露西亞（Luzia），有一萬一千五百年歷史，一九七五年在巴西的拉帕瓦梅拉（Lapa Vermelha）出土。許多人類學家認為她的臉型比較接近澳洲和新幾內亞的原住民，沒有那麼像古代或現今的東亞人或美洲原住民。這個難以理解的狀況，讓有些人認為露西亞所屬的群體，比美洲原住民更早來到這裡。人類學家華爾特·尼佛斯（Walter Neves）從數十具中美洲和南美洲出土的遺骸中，辨認出他所謂「古美洲人」（Paleoamerican）的形態特徵。尼佛斯最常舉出的例子是一組五十五個顱骨，具有萬年以上歷史，他們被拋棄在現今巴西聖湖鎮（Lagoa Santa）史前垃圾堆中。[36]

這些宣稱引起爭議。飲食和環境會改變形態特徵，在人類抵達美洲之後，天擇和族群隨著時間而累積的隨機改變，可能讓這些形態改變得以出現。肯納威克人的骨骼形態接近環太平洋族群，但是從遺傳研究可知，他和其他美洲原住民來自於同一個先祖族群，這個例子是重大的警訊，是活生生的例子，指出了用形態來詮釋族群關係有多麼危險。[37]許多人批評尼佛斯，說他的分析方式在統計學上有缺陷，他挑選了能夠支持他古美洲人概念的遺址納入分析，並

亞馬遜原住民和澳大拉西亞原住民有密切的關係

與族群 Y 的遺傳親和性高低程度

多 ● ● ● ○ 少

0　　　5,000 km

【圖 21】

雖然地理位置相隔遙遠，但是亞馬遜的族群和澳洲與新幾內亞原住民，以及安達曼島人有共通的血統，而且共通的程度要高過和其他的歐亞人相比。這代表了早期進入美洲的人，並不只來自於亞洲東北部的族群。

且刻意排除那些不能符合的資料，這並不是紮實的科學研究方式。

　　不過，斯克倫決定更仔細研究美洲原住民的遺傳資料，看看是否有非最初美洲人血統的蛛絲馬跡。他思考邏輯是這樣的：如果在這片大陸有古代人群被最初美洲人取代了，他們可能有和現今族群的祖先混血，使得在現今人群基因組中具備一些統計訊息。

　　斯克倫進行四族群測試，將我們認為具有純正最初美洲人血統的美洲族群，和其他美洲外的族群都進行配對比較，其中有些族群來自於澳大拉西亞（Australasia），包括了安達曼島人、新幾內亞人和澳洲原住民，以及某些人類學家推測和古美洲人有關的族群。他發現到在巴西亞馬遜地區，有兩個美洲原住民族群和澳大拉西亞人的親緣關係，要比世界上其他族群更為密切。斯克倫加入我的實驗室，擔任博士後研究員之後，發現到亞馬遜周邊地區的美洲原住民和澳大拉西亞人之間的遺傳親和性雖然更微弱，但是應該是真的有。他估計這些族群中那種古代血統所佔的比例在百分之一到六之間，其餘的和最初美洲人的血統相同。[38]

對於這些發現，斯克倫和我一開始是懷疑的，但是統計證據越來越強。我們在其他數個獨立採集樣本而成的資料庫中，發現到同樣的模式。我們還發現，這種模式不可能出自於最近有亞洲族群遷徙過來，亞馬遜原住民雖然以東亞人為基準來說，和澳洲、新幾內亞和安達曼島原住民的親緣關係最為接近，但是並沒有特別和其他哪一個更為密切。遺傳資料也否定了玻里尼西亞人（Polynesian）越過了太平洋，抵達美洲。幾千年前，玻里尼西亞人掌握了跨洋航海技術，因此這個推論本身是合理的，只是我們發現遺傳親和性並沒有與玻里尼西亞人有共通之處。從證據來看，應該是有一個遷徙到美洲的族群，和澳洲、新幾內亞及安達曼島原住民的親緣關係，比和現今西伯利亞人的更深。依據所找到的證據，我們的結論有一個「幽靈」族群，這個族群已經不再以非混血的方式存在了。我們把這個族群稱為 Y 族群，這個 Y 字代表了 ypykuéra，在圖皮語（Tupí）中是「祖先」之意，說這種語言的族群所具有的 Y 族群血統比例是最高的。

在說圖皮語的族群中，我們發現 Y 族群血統占比最高的是蘇魯伊族，本章一開始的起源神話就是來自於該族。目前蘇魯伊族約有一千四百人，住在巴西朗多尼亞州（Rondônia）。[39] 他們遺世獨立，直到一九六〇年代才正式和巴西政府建立關係，因為當時道路建築要穿過他們的領地。從那時起，蘇魯伊族便開始保衛家園，避免森林遭受砍伐、接管咖啡園，同時舉報非法的伐木者和開礦者。他們在美國找到了伸張原住民群體權利的代表，並且宣稱自己保護了能夠吸收二氧化碳的雨林，因此擁有碳信用額（carbon credit）。

我們發現，另一個說圖皮語族語言的族群卡里提亞納族，也有 Y 族群的血統。在這一章的開頭討論過卡里提亞納族，他們是最早積極抗議遺傳學研究的美洲原住民部落之一。起因是在一九九六年，有人取得他們 DNA 的樣本，答應說能夠改進健康照護，但是卻沒有實現。卡里提亞納族的人數大約有三百多人，也居住在朗多尼亞州。我們用來分析的並不是一九九六年那批可恥的樣本，而是在一九八七年取得的，符合沿用至今的倫理標準的知情同意狀況。我希望如果卡里提亞納族人知道了我們的發現，會歡迎這個他們具備獨特血統的結果，這是正面的發現，顯示出加入科學研究可以帶來好處。[40]

我們找到第三個具有高比例 Y 族群血統的族群，是夏凡特族（Xavante），他們說的語言屬於「Ge 群」，與蘇魯伊族和說圖皮語的族群不同。夏凡特族約有一萬八千人，居住在巴西馬托格羅索省（Mato Grosso）的高原上。他們是被迫遷徙到那邊的，因為原來居住的地區，環境受到嚴重的破壞。他們傳統的生活方式一直受到環境開發的威脅。[41]

我們在中美洲或是南美洲安地斯山以西的區域，幾乎都沒有發現到 Y 族群的血統。在美國北方屬於一萬三千年前克拉維斯文化的嬰孩沒有，現今在加拿大說阿岡奎語（Algonquin）的部落也沒有。Y 族群血統的地理分布主要位於亞馬遜地區，這為他們古代起源提供更多的證據。Y 族群血統所在的位置遠離連結亞洲的白令海峽，局限於生活艱難的地區，讓人想到他們原始分布的範圍比較廣，後來有其他群體把他們逼到了角落。其他語言的分布也有類似的模式，例如在非洲南部，說 Tuu、Kx'a 和 Khoe-Kwadi 等語言的科依族（Khoe）和桑族，零星地居住在嚴酷區域中，周圍地區族群說的都是其他種類語言。

其實，我們發現在統計上這個古代譜系占比最高的區域是巴西，也就是露西亞和聖湖鎮的骨骸所在之處。但是這並不能證明我們發現的古代譜系剛好就是尼佛斯等人從骨骸形態所假設出來的「古美洲人」。尼佛斯宣稱，不但古代巴西人具有古美洲人的形態特徵，古代和近代的墨西哥人也有，但是我們沒有在墨西哥人上發現絲毫這種古代血統。除此之外，尼佛斯所說，居住在墨西哥西北部下加利福尼亞半島（Baja California Peninsula）的佩里庫族（Pericúes），以及居住在南美洲南端的翡及安族（Fuegans），具備典型古美洲人骨骼形態特徵，威勒斯勒夫的團隊取得了這兩個美洲原住民的 DNA 樣本，都沒有從中發現到 Y 族群的血統。[42]

那麼，這種遺傳模式的意義何在？我們已經從考古證據知道人類可能在無冰通道打開之前就已經抵達了冰層之南，在蒙特維德與佩斯利洞穴留下了考古遺址。但是人群大幅擴張如克拉維斯人那樣，只發生在無冰通道開啟之後。遺傳資料是一種證據，證明了早期從亞洲移居到美洲的人，至少可以分成兩群，可能是在不同的時間且經由不同的路徑。如果族群 Y 在最初美洲人之前就散播到南美洲了，那麼可能發生在最初人口移居美洲之後，最初美洲人後來散播到所有族群 Y 曾經到過的領域，完全取代了族群 Y，或是如同在亞馬遜地區那樣只取代了一部分。比起其他地方，亞馬遜地區的環境比較難以進入，族群 Y 的血統可能因此殘存下來。亞馬遜或許減緩了最初美洲人進入該區域的速度，讓原來住在當地的人有時間和新移民混血，而不是受到取代。

蘇魯伊族目前具備的澳大拉西亞相關血統只佔了很小的比例，約為非非洲人中尼安德塔人血統所佔的比例，但如果比例小就忽視其重要性就太不明智了，因為族群 Y 對亞馬遜原住民的影響遠大於百分之二。族群 Y 的祖先穿過了廣大的西伯利亞和北美洲，最初美洲人的祖先也居住在那些地方，族群 Y 很可能在拓展到南美洲之前，就已經和具備最初美洲人血統的人大量混血了。若真是如此，一個和南亞人有親緣關係的譜系，可以當作族群 Y 的「染料追蹤劑」（tracer dye）。染料追蹤劑是醫院進行電腦斷層掃描時，注射到病人血管中的重金屬，以便顯示出血管的分布。我們估計蘇魯伊族中帶有百分之二的族群 Y 血統，是基於一項假設：族群 Y 橫越亞洲東北部和美洲時，沒有和交會的群體混血。如果我們提出另一個可能性：族群 Y 在一路上曾和與最初美洲人有親緣關係的族群混血，那麼蘇魯伊族帶有的族群 Y 血統可以高達百分之八十五，同時和澳大拉西亞人之間的親緣關係在統計上依然可以觀察得到。就算是真正的占比只占一小部分，最初美洲人進入的是無人領域的說法也錯得離譜。相反的，我們需要思考的是當初在美洲拓展的族群內部還有許多次族群。族群 Y 的歷史以及抵達美洲的時間，只有得到了含有族群 Y 血統的骨骸，解析其中的古代 DNA 之後才有可能解決。

在最初美洲人之後

我們能夠從遺傳學資料中所發現的，不只是美洲原住民的遠古起源，也包括比較晚近的歷史，以及現今的族群是如何形成的。

一個重要的例子是說納－德內語系語言的族群，他們居住在北美洲的太平洋沿岸、加拿大北部，以及遠在南方的美國亞利桑那州。語言學家之間的絕對共識是，這些語言都來自於數千年前的一個先祖語言，而這些語言能夠散播到北美洲廣大的地區中，遷徙至少是重要原因之一。在二〇〇八年，有了驚人的發展，美國語言學家愛德華·瓦基達（Edward Vajda）發現，納－德內語系和西伯利亞中部的葉尼塞語系（Yeniseian）有密切的關聯。許多族群曾說葉尼塞語系的語言，但是現在日常使用的葉尼塞語系語言只有凱特語（Ket）。[43] 這個結果指出亞洲和美洲之間的距離雖然遙遠，但是說納－德內語系語言的族群是最近才遷居到美洲來的。

　　對於這項結果，遺傳研究添加了什麼新資訊嗎？二○一二年，我們的研究發現，說納－德內語系語言的契帕瓦族（Chipewyan）帶有一種許多其他美洲原住民都不具備的特殊血統，可以當成納－德內語系比較近晚才從亞洲遷徙過來的證據。[44] 我們估計這種血統只占契帕瓦族血統中的十分之一，但是一樣讓人震驚。我們想，是否能夠用契帕瓦族中這種相當不同的血統，當成染料追蹤劑。在納－德內語者（如契帕瓦族）和考古文化遺址中找到的遺骸，以古代DNA 資料，找尋彼此之間古代的親緣關係。

　　二○一○年，威勒斯勒夫和同事發表了一個四千年歷史的基因組的完整資料，DNA 採自於「沙夸克」（Saqqaq）文化中一具冷凍遺骸的頭髮，那是格陵蘭最早的人類文化。[45] 他們的分析結果顯示，這位男性所屬族群所具備的血統是混合的：來自於南方的最初美洲人，以及之後跟隨他們腳步到北極的愛斯基摩－阿留申人，威勒斯勒夫的團隊在二○一四年擴充結論，發表了數個「古愛斯基摩人」（Paleo-Eskimo）的資料。人類學家把在愛斯基摩－阿留申人之前的人稱為古愛斯基摩人。[46] 那些個體大致上有親緣關係，威勒斯勒夫等宣稱那些人是從遙遠的亞洲遷徙而來的，和當地之前與後來的族群都不相同。他們還認為，在一千五百年前愛斯基摩－阿留申語者抵達之後，古愛斯基摩人大多數都滅絕了，沒有留下後代。

　　我們在二○一二年的研究中，檢驗了這個概念：那個沙夸克人屬於古愛斯基摩人，而古愛斯基摩人是來自遠方美洲遷徙者的後代。出乎意料地，我們沒有找到能夠證明這種遠方遷徙的證據。相反的，我們的檢驗所得出的結果是，沙夸克人和說納－德內語系語言的契帕瓦族（Chipewyan），有相同的血統來源，只是兩者間所占的比例不同。我們從遺傳資料得知，現今許多納－德內語系者從這群晚期的亞洲遷徙者得到的血統，只占了一成，因此很容易就能夠了解到威勒斯勒夫團隊採用的集群分析（clustering analysis）錯失了納－德內語者的關聯性。我們認為納－德內語者和沙夸克人，有部分血統來自於那個從亞洲遷徙到美洲的古代群體。

二〇一七年，帕瓦爾·佛雷岡托夫（Pavel Flegontov）、史蒂芬·席菲爾斯和我確認了古愛斯基摩人的譜系並沒有滅絕，而是續存在現今納－德內語者中。[47] 我們檢驗各個美洲原住民和西伯利亞原住民近來才有的共通罕見突變，發現了證據指出，古代沙夸克個體和現今納－德內語者之間有近晚的共同祖先。古愛斯基摩人的譜系在愛斯基摩－阿留申語者抵達之後滅絕，這個假設的錯誤程度，比我在二〇一二年那篇論文所指出的還要嚴重。[48] 現今說愛斯基摩－阿留申語系語言的人，所具備的血統，正確的說來自兩者：和古愛斯基摩人有親緣關係的族群，以及和最初美洲人有親緣關係的族群。換句話說，包括古愛斯基摩人等族群並沒有滅絕，而是以混血的形式留存在納－德內語者以及愛斯基摩－阿留申語者中。

我們在二〇一七年發表的研究，提出了美洲原住民遙遠祖先的全新統整觀點。在這個新觀點中，所有美洲原住民除了族群 Y 之外，只有兩個祖先譜系：最初美洲人，以及約在五千年前把小型石器與弓箭器具帶到美洲的族群，這個族群也是古愛斯基摩人的祖先。[49] 我們能夠從數學模型計算出這一點，是因為我們設計了一個符合資料的模型，在這個模型中，除了具備族群 Y 血統的亞馬遜原住民，所有的美洲原住民都可以描述成古代兩個與亞洲人親緣關係不同族群的混血。這兩個古代族群的混血，產生了三個族群，從亞洲遷徙到美洲，和這三個族群有關連的語言是愛斯基摩－阿留申語、納－德內語，和其他所有語言。

從美洲原住民族群歷史所揭露的第二個遺傳啟示，非常清楚的在楚克奇族（Chukchi）上呈現出來，這個族群生活在西伯利亞東北部，語言和美洲原住民所使用的完全沒有關聯。我的遺傳分析結果顯示，楚克奇族中有四成的最初美洲人血統，因為一些最初美洲人從美洲回到了亞洲。[50] 有些人懷疑，最初美洲人的後代是否能夠從美洲往回擴張，對亞洲的人口造成顯著的影響，他們一直認為從亞洲遷徙到美洲的路徑是單線道，往往會爭論說，楚克奇人和最初美洲人的遺傳親和性所代表的只是楚克奇人是最初美洲人在亞洲的近親。我們從各美洲原住民得到資料而想要釐清其中的道理時，偏見阻礙了我的思路一年多。但是遺傳資料清楚揭露了這種親和性來自於反向遷徙，因為那些純最初美洲人血統的族群中，楚克奇族只和其中某些族群的親緣關係特別接近，要解釋這種現象，只能說最初美洲人在北美洲分下了許多譜系之後，其中有一個從北美洲回到了亞洲。居住在北美洲的愛斯基摩－阿留申語者，和當地美洲原住民混血的情況很普遍（有一半的血統來自美洲原住民），然後帶著美洲原住民的血統，經由北極，成功返回西伯利亞，這樣就可以解釋觀察到的結果了。他們不但影響了楚克奇人，還有當地的愛斯基摩－阿留申語者。最初美洲人的血統回流到亞洲，是很難用考古學研究來確認的，但是遺傳學可以，顯示了遺傳學具有獨特的能力，可以得到令人驚訝的發現。

　　遺傳學研究提供的第三個例子是農耕從墨西哥北方傳到美國西南方的故事。現今居住在這片廣大區域的原住民，所說的語言屬於猶他－阿茲特克語系（Uto-Aztecan）。傳統上，語言學家認為這群語言是從北方往南散播的，根據的是當今猶他－阿茲特克語系中的語言，與這些語言中有共同稱呼的植物，通常都分布於該語系範圍中的北方。不過有些人認為這些語言是從墨西哥跟隨著耕種玉米而往北散播的。許多人認為，語言和人群往往隨著農耕的散播而散播，其中主張最力的是考古學家彼得・貝爾伍德。[51] 研究這些地區在玉米出現之前與之後古代個體的 DNA，並且和現今的住民加以比較，多少能夠部分檢驗這個理論。我們已經從古代 DNA 中找到一些線索。研究古代玉米的結果指出，這種作物是從四千年之前，經由高地（翻過內陸的丘陵地帶）進入美國西南部，之後到了二千年前，來自於低地海岸傳播的玉米品種取代了前者。[52] 這是一個清楚的例子，說明了植物也有遷徙的歷史以及反覆混種。不過馴化作物的遷徙與混種絕對會更為激烈，因為人類會對作物進行人擇（artificial selection）。將來有一天，我們能夠檢驗新的人群隨是否跟隨新的作物一起移動。

我們的夢想當然是能夠更全面的展開研究。當代遺傳學與古代 DNA 研究，能夠讓我們發現美洲原住民文化和人口遷徙之間的關聯，以及語言和科技隨著古代人口移動而散播的過程。許多故事因為歐洲人開發美洲時美洲原住民的族群與文化受到嚴重毀滅而消失了。遺傳研究讓我們有機會重新發現這些消失的故事，並且在促進了解之餘能夠修復傷痕。

CHAPTER 8

東亞人的
基因組起源

南方路徑並未成功

　　東亞地區廣大，包括了中國、日本與東南亞，是人類演化史上的重大區域之一。全世界有三分之一的人居住在那兒，語言多樣性也約占了所有語言的三分之一。當地至少在一萬九千年前就首度發明了陶器。[1] 人類在一萬五千年前從東亞出發，移居到美洲。早在九千年前，東亞就獨立發展出早期的農業。

　　至少在一百七十萬年前，東亞就成為人族的棲息地。在中國，出土了已知最古老的直立人骨骸。[2] 從印尼發掘出的人族骨骸，年代也相近。[3] 從那個時候開始，古代人族就一直出現在東亞生活，他們的骨骼結構和在三十萬年前首度出現在非洲、解剖上具有現代人類相同特徵的那些化石不同。[4] 舉例來說，遺傳證據顯示，五萬年前之後，丹尼索瓦人和現今澳洲與新幾內亞原住民混血。考古學證據與遺骸都顯示，只有一公尺高的「哈比人」大約在相同的時間以前，居住在印尼的弗洛瑞斯島上。[5]

東亞與太平洋地區

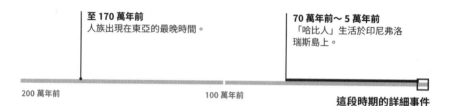

至 170 萬年前
人族出現在東亞的最晚時間。

70 萬年前～ 5 萬年前
「哈比人」生活於印尼弗洛瑞斯島上。

200 萬年前　　　　　　　　　100 萬年前　　　　　　**這段時期的詳細事件**

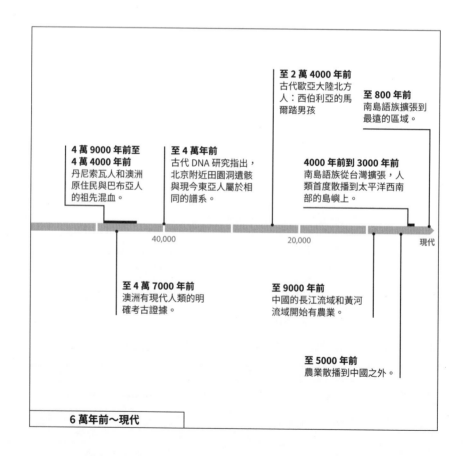

至 2 萬 4000 年前
古代歐亞大陸北方人：西伯利亞的馬爾踏男孩

至 800 年前
南島語族擴張到最遠的區域。

**4 萬 9000 年前至
4 萬 4000 年前**
丹尼索瓦人和澳洲原住民與巴布亞人的祖先混血。

至 4 萬年前
古代 DNA 研究指出，北京附近田園洞遺骸與現今東亞人屬於相同的譜系。

4000 年前到 3000 年前
南島語族從台灣擴張，人類首度散播到太平洋西南部的島嶼上。

40,000　　　　　　　20,000　　　　　　現代

至 4 萬 7000 年前
澳洲有現代人類的明確考古證據。

至 9000 年前
中國的長江流域和黃河流域開始有農業。

至 5000 年前
農業散播到中國之外。

6 萬年前～現代

有個一直都有激烈爭議的題目：在遺傳組成上，東亞的古代人族到底影響了現今居住在東亞的人多少？中國和西方的遺傳學家幾乎都同意，現今在非洲以外的人類，都源自於約五萬年前的人口擴散，這個擴散所到之處，幾乎取代了當地其他人族群體。[6] 但是有些中國的人類學家和考古學家則有不同的意見，他們彙整了在那個時間之前與之後東亞人的骨骼特徵和石器類型之間的相似之處，提出問題：有些當時的人族血脈是否多少延續了下來？[7] 在寫作本書的時候，我們對於東亞族群歷史所知甚少，完全比不上對於歐亞大陸西部地區的認識，因為現在古代DNA資料中，只有百分之五是關於東亞的。這個差異反映出了研究古代DNA的技術來自於歐洲，而由於政府的限制，以及偏好由當地的科學家帶領研究，使得中國和日本的研究人員幾乎不可能把樣本送出國。這也意味著在古代DNA革命的頭幾年，忽略了這些區域。在西方，這個領域的故事大綱是，大約在五萬年前之後，現代人類開始製造出精緻的舊石器時代晚期石器，這時代石器的特徵是細長的石刃，鑲入事先已經處理好的石質芯上。近東是目前已知最早出現舊石器晚期石器的區域，這種技術很快就傳到了歐洲和歐亞大陸北部。由於具備舊石器時代晚期技術的人群很成功，自然會讓人聯想，這種技術也會傳播到東亞地區。但實際上並沒有。

在東方的考古發現到的模式和在西方不同。大約四萬年前，在中國和印度東方的大片土地上，的確有考古證據顯示現代人類的抵達而產生的行為改變，包括使用精細的骨製工具、把貝殼或牙齒串起來作為身體裝飾品，以及目前最古老的洞穴壁畫。[8] 在澳洲，有營火的考古證據，顯然人類最遲在四萬七千年前抵達那兒了，[9] 和現代人類在歐洲留下的最早期考古證據一樣古老。所以我們非常清楚，現代人類抵達東亞和澳洲的時間，大約等同於抵達歐洲的時間。[10]但令人大惑不解的是，最初出現在東亞中部和南部還有澳洲的現代人類，並沒有使用舊石器晚期的石器，他們用的是另外一種技術，有些類似於更早數萬年前在非洲的現代人類所使用的技術。[11]

有鑑於這些發現，考古學家瑪塔·馬拉桑·拉爾（Marta Mirazon Lahr）和羅伯特·佛利（Robert Foley）認為，最先抵達澳洲的人，可能是在舊石器時代晚期技術出現之前，就從非洲與近東出發，展開遷徙之旅了。根據這個「南方路線」假說（Southern Route hypothesis），遷徙者在五萬年前之前就離開非洲，沿著印度洋沿岸前進，他們的後代成為現在澳洲、新幾內亞、菲律賓、馬來西亞和安達曼島的原住民。[12] 人類學家卡特琳娜·哈瓦提（Katerina Harvati）和同事彙整了澳洲原住民和非洲人骨骼中的相似之處，並且認為這些相似之處支持南方路線假說。[13]

南方路線假說指出，現代人類在五萬年前之前就離開了非洲。這不僅僅是個說法，現在每位嚴肅的學者都接受了這個假說。[14] 早期現代人類在五萬年前之前就在非洲之外生活的證據中，包含了在現今以色列斯庫爾與卡夫澤發現的骨骸形態上與現代人類相似的骨骸，分別有十三萬年與十萬年的歷史。[15] 在阿拉伯聯合大公國的傑伯法雅（Jebel Faya）遺址出土的石器，有十三萬年的歷史，和同時期在非洲東北部出土的石器相似，代表了現代人類很早就越過了紅海，抵達阿拉伯半島。[16] 也有尚未明確的遺傳證據指出早期現代人類在非洲之外造成的影響：尼安德塔人基因組中約有百分之幾的血統，可能源自於和現代人類的某個譜系混血。這個譜系在數十萬年前就和現今人類的譜系分開了，有人猜想那個和斯庫爾與卡夫澤族群相關的現代人類族群，可能和尼安德塔人的祖先混血了。[17] 雖然包括我在內的許多遺傳學家，對於更早期現代人類和尼安德塔人發生了混血事件，是否真的可信，抱持觀望的態度，重點在於，現在大家都接受絕大部分的非非洲人來自於五萬年前之後的遷徙，而幾乎所有學者都同意，在五萬年前之前就有現代人類散播到亞洲。南方路線假說所引起的問題不在於這樣的擴散是否真的發生，而是現今的人類中是否留下了長遠的影響。

　　二〇一一年，威勒斯勒夫領導的一項研究結果，似乎支持早期人類擴張的確造成影響並且遺留了下來。[18]他和同事報告說，四族群測試結果指出，歐洲人和東亞人之間共有突變的數量，要超過和澳洲原住民所共有的。澳洲原住民來自於南方路線的話，可以有這樣的結果。他們把南方路線遷徙模型納入基因組資料中，估計作為澳洲原住民祖先的現代人類族群，和現代歐洲人祖先族群分開的時間，要比東亞人祖先和歐洲人祖先分開的時間早了一倍（前者是七萬五千年前到六萬兩千年前，後者是三萬八千年前到兩萬五千年前）。

　　不過那個研究有個問題：分析時並沒有把澳洲原住民中帶有的百分之三到六的古丹尼索瓦人血統算進去。[19]丹尼索瓦人和現代人類的差異很大，澳洲原住民祖先曾和丹尼索瓦人混血，就會使得歐洲人和中國人共有突變的數量高過和澳洲原住民所共有的。事實上這也解釋了他們的發現結果。我的實驗室指出，如果把丹尼索瓦人的混血納入考量，歐洲人和中國人共有的突變數量不會超過和澳洲原住民所共有的，因此中國人和澳洲原住民幾乎是來自同樣的先祖族群，這個族群的祖先在更早之前就和歐洲人的祖先分開了。[20]這個結果顯示在非非洲人的歷史中有一段很短暫的時間，發生了多次大規模的族群分裂事件。最初的事件是分出產生歐亞大陸西部人和歐亞大陸東部人的譜系，最後的事件是從許多歐亞大陸本土東部人的祖先中，分出澳洲原住民祖先譜系。這些族群分裂事件，全都發生在五萬四千年前到四萬九千年前之前，非非洲人的祖先和尼安德塔人混血之後，在丹尼索瓦人和澳洲原住民的祖先混血之前。從遺傳學研究估計，後面這個混血事件要比尼安德塔人與現代人類混血事件距今的時間，晚了約百分之十二，也就是在四萬九千年前到四

在大約五千年內，兩大族群分開了

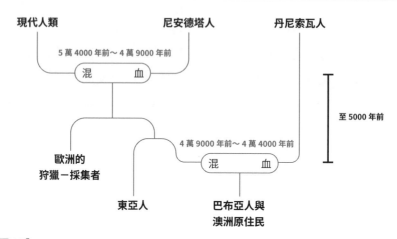

【圖 22】

兩大族群分開於和尼安德塔人混血與和丹尼索瓦人混血的兩個事件之間，這段期間長約五千年。

萬四千年前之間。[21]

現代人類在與尼安德塔人混血和丹尼索瓦人混血之間的短暫時間內，快速連續分出了許多譜系，代表了在歐亞大陸上，現代人類在科技和生活型態允許的狀況下，快速拓展到新的環境中，並且取代了原來居住在當地的群體。這拓展速度之快，很難想像在當地生活已經將近兩百萬年的古代人族曾經頑強抵抗，我們會知道有那些人族存在，也是基於有證據指出現代人類和丹尼索瓦人混血了。就算早期現代人類經由南方路線進入東亞，比較晚的現代人類的移民潮也可能會取代他們，前者在現今人類中就算留下了血統，所佔的比例應該也非常小。[22] 東亞的狀況和歐亞大陸新西部的相同，現代人類離開非洲與近東地區之後，產生的效應如同把黑板擦乾淨，留下了一片空白讓新的人類發展。歐亞大陸原來的舊族群崩潰，新的群體抵達後就迅速棲息下來。沒有任何顯著的遺傳證據指出在現今東亞人中，有這些更早期族群的血統。[23]

　　如果現今東亞和澳洲所有現代人類的血統，和歐亞大陸西部人的血統，都來自同一個群體。那麼東南亞人和澳洲人失去了舊石器時代的這件事情要如何解釋呢？在近東與歐洲，這種技術的散播和現代人類散播可是密切相關的。

　　在考古紀錄中，舊石器時代晚期技術的代表性長刃石器最早出現於五萬年前到四萬六千年前。[24] 從遺傳學的研究得知，生出歐亞大陸西部人和東亞人的譜系，彼此分開的時間可能還要更早，就如同之前說過的，可能在現代人類和尼安德塔人混血（五萬四百年前到四萬九千年前）後馬上就發生了。因此歐亞大陸西部人祖先和東亞人祖先大分裂發生於舊石器時代晚期技術發展之前，這種技術的地理分布只是反映了發明這種技術的族群所分布的範圍。

　　還有另一個證據支持歐亞大陸西部人祖先和東亞人祖先分開事件，發生於舊石器時代晚期技術發展之前。在西伯利亞東部馬爾踏遺址出土的男孩遺骸約有兩萬四千年的歷史，[25] 證明古代歐亞大陸北方人最晚在當時已經出現，這個男孩屬於歐亞大陸西部人祖先的譜系，但是對此遺傳學家一直都很困惑，因為歐亞大陸北方人居住的位置比較靠近東亞。但是如果把舊石器時代晚期石器的分布範圍加進來，就可以發現不但歐亞大陸西部人有這種技術，歐亞大陸北方人和東北亞人也有。從製造石器技術和遺傳血統兩者的分布範圍來看，可以了解到，舊石器時代晚期技術開花結果的時期，早於產生古代歐亞大陸北方人祖先譜系出現之前，但是比東亞人祖先譜系出現的時間晚。

　　不論舊石器時代晚期技術沒有散播到東亞南部的原因是什麼，接下來發生的事情很清楚，在五萬年前之後，那些人取代了如丹尼索瓦人等原來居住在當地的族群，舊石器時代晚期技術對於人類成功散播到歐亞大陸而言，並非必要。有比舊石器時代晚期技術更重要的事物，讓現代人類遍布各處，包括亞洲東部。發明與接受技術，只是表面現象而已。

現代東亞的興起

現代東亞人族群的基因組研究，最早於二〇〇九年發表，資料中有七十五個族群的近兩千個人。[26] 作者關注的是東南亞人群的多樣性要高過東北亞。他們把這種模式當成證據，用來支持現代人類只有一波遷徙到東南亞，然後再往北傳播到中國與更北的區域，所根據的模型是，現今的人類族群的遺傳多樣性，來自於離開非洲的單一族群。這個族群往四面八方拓展，在每一個小型先鋒群體分離出去時，遺傳多樣性也隨之減少了。[27] 但是我們知道這種模型的應用是有侷限的。在歐洲，族群取代事件與混血事件發生了許多次，我們現在從古代 DNA 可以知道，當今歐亞大陸西部人類多樣性的模式，和最初現代人類在這個地區的分布有很大不同。[28] 那個從人群南往北遷徙、一路上遺傳多樣性逐漸減少的模型，完全不符合東亞的現狀。

二〇一五年，王傳超來到我們實驗室，並且帶了一個珍貴的寶物：現今四十個漢族群體中約四百人的全基因組資料。中國 DNA 研究中的取樣很少，因為政府限制生物材料的出口。王傳超和同事在中國進行遺傳學研究工作，然後把資料數位化，帶來這裡。在接下來的一年半中，我們一起分析了這些資料，同時還加入了東亞其他國家的資料，其中有些之前已經發表了，有些是我們實驗室得到的俄羅斯遠東區域的古代 DNA 資料。這讓我們能夠對於東亞目前居民的起源以及過往族群的遺傳歷史，有更深入的了解。[29]

我們利用主成分分析方式，發現到現今居住在亞洲東部的人大部分可以分成三群。

第一群的人主要居住在中國東北方與俄羅斯交界的黑龍江盆地，其中包括了我實驗室得到的古代 DNA 資料，以及其他人從黑龍江流域得到的資料，遺傳上相似的族群在這個地區居住了八千年以上。[30]

第二群位於西藏高原，這是位於喜馬拉雅山之北的廣大地區，大部分的海拔高度超過歐洲最高峰阿爾卑斯山。

第三群的核心區域是東南亞，最具代表性的是中國大陸外海中海南島與台灣的原住民。

我們利用四族群檢驗法去評估，這三群的代表族群和美洲原住民、安達曼島民和新幾內亞人的親緣關係，後面三個族群在上次冰期之後，幾乎都和大陸上的東亞人祖先隔絕了，他們的東亞人親緣血統能夠看成那個時期的古代 DNA。

我們分析結果所支持的族群歷史模型是，東亞大陸居民的現代人類血統絕大部分來自於兩個譜系的混血，這兩個譜系很久之前就分開了，東亞族群具備的這兩個譜系血統比例各有不同。這兩個譜系的成員都往四面八方擴散，彼此混血，也和其他接觸到的族群混血，改變了東亞居民的風貌。

長江與黃河的幽靈族群

中國是世界上幾個獨立出現農耕的地區之一。考古證據指出大約在九千年前，中國北方的農耕者，開始在黃河附近由風吹來的黃土所堆積而成的平原上，栽種小米和其他農作物。在此同時，比較南方的長江流域中，有另一群農耕者開始栽培其他農作物，包括稻米。[31] 長江流域的農耕經由兩條路徑擴展：一條經由陸路，約在五千年前抵達越南和泰國。另一條走海路，約在同時間抵達台灣。在印度和亞洲中部，中國的農耕首度和從近東擴張而來的農耕碰撞在一起。語言的分布模式也指出了人群可能的移動方向。現在東亞大陸上至少有十一種主要的語系：漢藏語系、壯侗語系（Tai-Kadai）、南島語系、南亞語系（Austroasiatic）、苗瑤語系（Hmong-Mien）、日本語系（Japonic）、印歐語系、蒙古語系（Mongolic）、突厥語系（Turkic）、通古斯語系（Tungusic）以及韓語系（Koreanic）。貝爾伍德認為，前六種語系的範圍對應了東亞農耕者移動時，同步散播自己語言最後遍及的區域。[32]

　　從遺傳學上來看是怎樣？由於中國限制骨骸樣本出口，目前關於東亞組群古早歷史的遺傳資訊，遠遠不及歐亞大陸西部族群，甚至連美洲原住民都比不上。不過王傳超知道，我們可以好好利用手上這些少少的古代 DNA 資料，以及現今人群分布的模式。

　　我們發現在東南亞和台灣，有許多族群的血統大部分或全部都來自於一個同源的先祖族群。由於這些族群生活的區域和稻米耕種從長江流域擴展出來的區域重疊的比例非常高，會讓人設想他們的祖先是發展出稻米栽培的那群人。我們並沒有從長江流域得到最早農耕者的古代 DNA，但我猜想他們會符合這個重建出來的「長江幽靈族群」。我們認為現今東南亞人的血統絕大部分都是從這個族群而來的。

　　但是我們發現中國漢人（世界上最大群體，人數超過十二億）並不純粹是長江幽靈族群的後代。漢人的血統中有很大部分來自於另一個差異很大的東亞人譜系，在北方漢人中這種譜系血統占比最高，這個結果和二〇〇九年的研究結果相符：漢人從北到南血統呈現梯度差異。[33] 這個模式可以從漢人祖先的歷史中推測出來：漢人從北方往四周擴散，往南時和當地人混血。[34]

　　其他的血統有哪些？漢人在公元前二〇二年統一中國。根據歷史資料，漢人來自於華夏部落，他們起源於中國北方的黃河流域，那是中國兩個農業起源的區域之一，當地的農耕技術大約在三千六百年前傳到了西藏高原東部。[35] 由於漢人和西藏人說的都是漢藏語系語言，我們想知道他們是否都具有某種獨特類型的血統。

王傳超建立了古代東亞族群歷史模型，發現漢人和西藏人某種血統的占比很高，這個血統已經沒有以非混血的形式存在了，而且不包括在從許多東南亞族群所具備的血統中。我們根據考古學、語言學和遺傳學的證據，把這個族群稱為「黃河幽靈族群」，並且假設這個族群在漢藏語系擴散時，於中國北方發展出了農業。一旦得到了古代 DNA，就可以展開僅靠現今族群資料無法進行的分析，而更了解東亞人族群的歷史。許多次的遷徙和混血，讓遠古的歷史變得模糊難辨。

東亞周邊的大規模混血

在數千年前，中國平原地區的核心農業族群（長江幽靈族群和黃河幽靈族群）形成之後，便往四面八方擴散，和所交會的當地群體混血。

西藏高原的人群的血統中，三分之二來自於形成漢族的黃河幽靈族群，便可以證明這個種擴散。黃河幽靈族群可能首度把農耕帶到這個區域。西藏高原人另外三分之一的血統來自於東亞人的早期分支，他們可能是西藏當地的狩獵－採集者。[36]

另一個例子是日本人。數千年來，日本列島上主要的居民是狩獵－採集者，但是在約兩千三百年前，來自於亞洲本土的農耕開始在日本群島上實行，從考古得到的文化證據顯示這個情況和同時期朝鮮半島的文化很類似。遺傳資料已經確實了，農耕是經由移民散播到日本的。齋藤成也與同事建立了模型，其中的日本人是兩個完全起源自東亞但是不同的族群混血產生的後代，一個和現今朝鮮人有親緣關係，另一個和目前只生活在日本北方島嶼的愛奴族（Ainu）

東亞人遺傳形成的過程

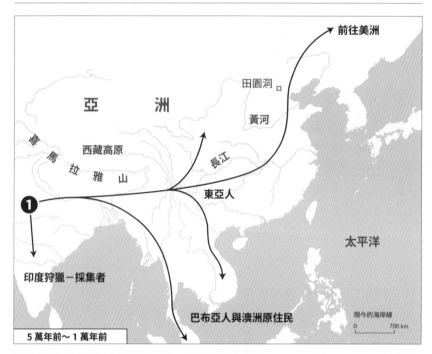

【圖23】

在五萬到一萬年前之間，狩獵－採集者群體分裂，有的往東北到美洲，有的往東南到澳洲。到了九千年前，兩群非常不同的族群開始擴張，一個族群活動中心在北方的黃河流域，另一個在長江流域，兩者都各自發展出農業，到了五千年前就已經往所有方向擴散。在中國，這兩個族群的碰撞，造成目前漢族的南北方血統有梯度差異。

有親緣關係，他們的 DNA 類似於尚未有武器的狩獵－採集者。[37] 齋藤成也等人估計，現今日本人有八成的血統來自於農耕者，兩成來自狩獵－採集者。我們和齋藤成也根據日本人中農業血統的 DNA 片段長度來估計，混血的平均時期約在一千六百年前。[38] 這遠比農耕者初次抵達日本的時間要晚，代表了農耕者抵達之後，和當地狩獵－採集者之間的社會區隔可能花了數百年才消弭。這段時間也等同於日本的「古墳時期」，那時日本諸島統合在單一統治下，或許代表了目前日本人口同質化的開始。

古代 DNA 也揭露了東南亞本土人類的古老歷史。二〇一七年，我的實驗室萃取出越南曼北（Man Bac）遺址中出土，將近四千年前的古代遺骸 DNA，這些人的骨骼類似於長江流域的農耕者與現代東亞人，旁邊一起安葬的個體骨骼比較接近之前居住在當地的狩獵－採集者。[39] 我實驗室的馬克·利普森發現，我們所分析到的所有古代越南人，都是歐亞大陸東部人某個早期分出的譜系和長江幽靈族群的混血。我們分析的曼北農耕者中，有些人的長江幽靈族群血統占比比較高。曼北農耕者主要群體中這兩個譜系血統的比例，也出現於現今一些與外界隔離的南亞語系者中。這些發現正符合南亞語系是隨著中國南方稻米栽種者散播，而且與當地狩獵－採集者混血的理論。[40] 就算到了今日，在柬埔寨和越南的南亞語系者依然具有少量但足夠明顯的狩獵－採集者血統。

族群擴散的遺傳影響力也使得南亞語系語言曾經擴散到比目前這些語言流行區域還要遠的地方。在另一項研究中，利普森發現到，雖然印尼西部的居民主要說南島語系，但是有很大比例的血統來自於某個族群，這個族群和亞洲大陸本土的南亞語系者來自於相同的譜系。[41] 利普森的發現代表了南亞語系者或許先抵達了印尼西部，後來血統差異很大的南島語系者才抵達。語言學家亞歷山大·阿德拉（Alexander Adelaar）和羅傑·布蘭奇（Roger Blench）注意到，在婆羅洲上所說的南島語系語言中，有一些詞彙借用自南亞語系語言，利普森的發現能夠解釋這個現象。[42] 另一方面，同樣的發現也能夠解釋成南島語系的農耕者在前進大陸時繞了路，和當地的南島語系族群混血，之後才進一步散播到印尼西部。

　　東亞本土農耕族群移動到周邊地區的例子中，最令人印象深刻的是南島語族的散播。現在南島語系者散播到太平洋中數百個的島嶼上。結合了考古學、語言學和遺傳學資料來看，約在五千年前，東亞本土的農耕技術傳到台灣，台灣是已知南島語系中最古老分支的所在地。四千年前，在台灣的農耕者往南散播到菲律賓，進一步往南散播到新幾內亞中的大島和新幾內亞之東的小島。[43] 他們從台灣散播出去時，可能發明了具有舷外浮桿（outrigger）的獨木舟，也就是船的一側遠遠伸出木條，能夠幫助船隻在顛簸的水面上維持穩定，好在遼闊的海面上航行。三千三百年前之後，在新幾內亞東部的古代人，製造了拉匹達（Lapita）形式的陶器，這類陶器不久就散播到太平洋，很快就抵達在新幾內亞三千公里外的萬那杜（Vanuatu）。南島語族只花了幾百年，就散播到玻里尼西亞西部諸島，包括東加（Tonga）和薩摩亞（Samoa），之後停了很長一段時間，到了一千兩百年前，才散播到紐西蘭和夏威夷，最後在八百年前抵達復活節島，自此之後太平洋上適宜居住的島嶼全都有人居住了。南島語族往西方遷徙的過程一樣令人驚嘆，至少在一千三百年前就抵達了在菲律賓西方九千公里之遠、位於非洲外海的馬達加斯加，因此幾乎所有印尼人和馬達加斯加人都說南島語系語言。[44]

　　我實驗室的利普森找出了一種「遺傳追蹤染劑」，以研究南島語族的擴張，這一類血統幾乎所有現今說南島語系語言的民族都有。他發現，近乎全部說這群語言的人，都有部分血統來自於某個族群，這個族群和台灣原住民的親緣關係之接近，是東亞本土中其他任何族群都比不上的。這個結果支持了南島語族從台灣擴張出去的理論。[45]

　　雖然遺傳學、語言學和考古學的見解相同，強力支持南島語族的擴張過程。但是在拉匹達文化散布時期，最早在太平洋西南方遙遠島嶼上居住的人是台灣農耕者的未混血後代，這點讓有些遺傳學家有些猶豫是否要認同。[46] 在巴布新幾內亞上已經有人類居住了超過四萬年，那些移民者在穿過這個地區時，怎麼可能沒有和當地居民混血？而且在巴布新幾內亞以東所有太平洋上的島民，所具備的巴布亞人（Papuan）血統，最低有百分之二十五，最高有百分之九十，與前面的說法不相符。也和目前流行假設不一致。[47] 那個假設是：古代拉匹達文化形成時，是原始祖先為中國中部的農耕者（經由台灣來）的後代，到這裡和新幾內亞人密切交流的時期。

　　二〇一六年，古代 DNA 研究再次來襲，反駁了在遺傳學研究出來之前流行的觀點。在南太平洋地區，熱帶氣候使得古代 DNA 難以保存。但是之前提到過，品哈希和同事發展出的技術能夠從 DNA 密度高的岩骨中取得 DNA，這個位於頭顱內耳中的骨骼，有的時候所保存的 DNA 量往往是其他部位骨骼的百倍以上，研究局勢因而改變。[48] 我們一開始難以研究太平洋地區的樣本，但是後來嘗試從岩骨中取樣，就時來運轉了。[49]

　　我們從太平洋萬那杜島和東加島上拉匹達文化遺址中出土的古代遺骸中，成功取得了 DNA 樣本，那些人約在三千年前到兩千五百年前生活在島嶼上。我們發現他們的巴布亞人血統非但不顯著，而且是幾乎少到沒有。[50] 這代表有比較晚的來自於新幾內亞大規模的遷徙到太平洋上遙遠的島嶼，最早要到兩千四百年前之後才開始，因為我們分析的萬那杜島樣本中，從那時以及到之後的，全部至少有九成的巴布亞人血統。[51] 為何後來的遷徙潮會幾乎完全取代了當初拉匹達文化者的後代，但是保留了他們所說的語言？這依然是個謎。但是遺傳資料指出事情就是如此。這是只有遺傳學研究才能夠

大洋洲的數次遷徙潮

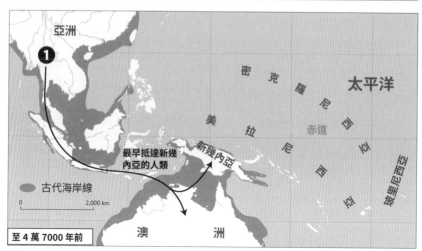

【圖 24】

古代 DNA 指出，最早抵達太平洋西南諸島的人類，並不具備現今在當地很普遍的巴布亞人血統，後者在五萬年前之後抵達新幾內亞（上圖）。抵達太平洋西南諸島的遷徙者幾乎完全為東亞人血統（中圖），後來的幾波遷徙帶來了原始的巴布亞人血統（下圖）。

發現的結果，確定指出了大規模的人口移動發生。差異很大的民族之間彼此互動的證據，使得現在輪到要由考古學來解釋這些遷徙的本質和效應。

太平洋西南部的古代 DNA 一直帶來意想不到的發現。我們和克勞賽的實驗室各自分析了萬那杜上巴布亞人的血統，發現到這個血統比較接近俾斯麥島（Bismarck Islands）上現今的居民，而和所羅門島（Solomon Islands）現今的群體比較遠，不過俾斯麥島比較接近新幾內亞，在往萬那杜的航海線上會經過所羅門島。[52] 我們也發現，在遙遠的玻里尼西亞諸島上的巴布亞人血統來源，和萬那杜島上的巴布亞血統來源不同，這代表了朝太平洋的大遷徙發生過不是一次，不是兩次，而是至少有三次，第一次是帶有東亞人血統和拉匹達文化的群體，後來兩次的遷徙者帶有不同的巴布亞人血統。人類擴散到廣大太平洋的故事並不單純。

我們能夠期盼重現這些遷徙的細節嗎？這種期盼自有理由。藉由研究古代 DNA，我們對於現今太平諸島上族群的形成過程越來越清楚，島嶼上的族群歷史不像大陸族群的那麼複雜，因為島嶼往往與外界隔絕，使得重建過程比較簡單。經由對現代與古代族群進行全基因組研究，我們很快就會對於這個廣大地區中的人群移動有更精確的了解。

但是我們目前對於東亞大陸上的族群歷史了解有限而且模糊。農業在當地出現之後的數千年，石器時代、黃銅時代（Copper Age）、青銅時代和鐵器時代的群體接連興起與沒落，產生了複雜的族群結構，到兩千年前以後，漢族極度擴張，在所到之處不斷混血，使得複雜的程度又提升了一兩層。這意味想要經由現今人群的變異模式來重建東亞族群的過往歷史，需要極度小心。

不過當我撰寫這一章的內容時，古代 DNA 革命正值巔峰，很快將衝擊東亞地區。中國正在建立具備頂尖技術的古代 DNA 實驗室，並且把心力集中在研究近幾十年來所收集到的骨骸上。對於這些骨骸與其他骨骸的 DNA 研究，能夠讓我們重建東亞本土每個古代文化民族之間的關係，以及那些民族與現今人們的關係。對於東亞先祖族群之間密切的交互關係，以及在上次冰河時期後的人群移動，很快地就會像歐洲地區那樣清楚了。

CHAPTER 9 讓非洲重新納入人類歷史故事中

對於人類起源地非洲的新見解

　　了解到非洲是人類歷史的核心這件事情，反而讓注意力沒有放在非洲最近五萬年的史前史。對於非洲歷史的密集研究，焦點總放在五萬年前，因為大家都認為在石器時代的中期和晚期發生在非洲的變化，以及舊石器時代中期到舊石器時代晚期發生在非洲，連接歐亞大陸區域中的轉變，都非常重要。那些重要的進步改變了現代人類的行為，可以見諸於考古證據。但是在這個時期之後的非洲，學者就興趣缺缺了。我演講的時候，常不經意冒出口的話是「我們離開非洲了」，一副人類故事的主軸必須得在歐亞大陸上發生的感覺。這種錯誤印象是：一旦非洲出現非非洲人的祖先族群，關於非洲的故事就結束了，在這片大陸上的人類就像是沉寂的歷史遺物，從主要舞台上退場，在最近的五萬年來似乎都沒有改變。

　　我們對於最近五萬年來歐亞大陸上的歷史有很豐富的資料，對於同一段時期的非洲歷史，所知則少得可憐，兩者之間的差異非常

非洲的遷徙事件

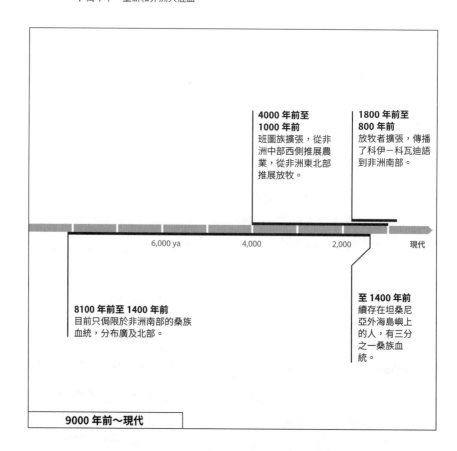

30 萬年前到 25 萬年前
舊石器時代中期轉變

7 萬年前到 5 萬年前
舊石器時代晚期轉變

**77 萬年前到 55 萬
年前**
從遺傳估計尼安德
塔人族群與現代人
類族群分開的時間

33 萬年前至 30 萬年前
具有現代人類結構特徵的最
古老化石（出土於摩洛哥的
耶貝伊羅）

80 萬年前

這段時期的詳細事件

至 70 萬年前
古代非洲人譜系可能在這時的幾
萬年中，重新和非洲人混血。

**4000 年前至
1000 年前**
班圖族擴張，從非
洲中部西側推展農
業，從非洲東北部
推展放牧。

**1800 年前至
800 年前**
放牧者擴張，傳播
了科伊－科瓦迪語
到非洲南部。

6,000 ya   4,000   2,000   現代

8100 年前至 1400 年前
目前只侷限於非洲南部的桑族
血統，分布廣及北部。

至 1400 年前
續存在坦桑尼
亞外海島嶼上
的人，有三分
之一桑族血
統。

9000 年前～現代

大。關於歐洲，幾乎所有相關的研究都完成了，考古學家整理出各個文化交替轉變的細節：從尼安德塔人到前奧瑞納文化的現代人類、到奧瑞納文化、格拉維特文化、石器時代中期文化的人，然後是石器時代的農耕者，接下來的紅銅時代、青銅時代與鐵器時代。古代DNA研究革命中絕大部分的骨骸樣本來自於歐亞大陸，其中又以歐洲居多，更進一步讓歐洲史前歷史與非洲史前歷史的了解差異擴大。

所有對於非洲歷史的研究，目前只是搔到表面之下而已，卻也能顯示出「遺留」在非洲的人群持續改變的幅度，與那些遷徙出去的後代一樣多。我們對於現代人類在非洲的故事所知不多，主要原因是缺乏研究。非洲幾萬年來的人類歷史，是人類物種故事的一部分。注意到非洲是人類這個物種起源的地方，看起來似乎強調了非洲的重要性，但矛盾之處是對於非洲的研究有負面影響。我們的注意力便沒有放在後來留在非洲的族群是如何演變成現在的模樣。有了古代DNA和現代DNA，我們能夠扭轉這種現象。

古老的混血事件打造了現代人類

二〇一二年，沙拉・提希科夫（Sarah Tishkoff）和同事研究了現今非洲人基因組中的古代混血狀況，這些非洲人沒有諸如尼安德塔人或是丹尼索瓦人等其他古代人基因組片段，他們一直用於研究歐亞大陸上古代人類和現代人類的混血事件。[1]

提希科夫和同事定序了非洲一些多樣性最高族群的基因組，分析所得到的資料，找尋能夠代表古代人類混血的模式：與其他絕大多數的基因組比較，不同之處在於密度很高的長DNA片段。這些片段可能來自於一個之前和現代人類差異很大的族群，該族群最近才和現代人類混血。[2] 他們用這個方法研究現代非非洲人，發現這樣的DNA片段幾乎都是來自於尼安德塔人的基因組。提希科夫和同事也發現到，祖先沒有和尼安德塔人混血過的現今非洲人中，也有一些差異很大的長 DNA 片段，很可能是和神祕的非洲古老人類混血所得到的，那些古代人類屬於幽靈族群，基因組序列還沒有定序出來。

傑佛瑞‧華爾（Jeffrey Wall）和麥克‧漢默（Michael Hammer）利用相同類型的遺傳特徵，去了解這個古代族群和現今非洲人之間的親緣關係。[3] 他們估計，這個古代族群和現代非洲人在七十萬年前分開了，約在三萬五千年前混血，某些非洲現代族群中這個血統占了百分之二。不過看待這個資料和估計比例時要注意，因為人類突變發生的速度無法確定，另外華爾和漢默分析的資料量也有限。

現代人類和非洲撒哈拉以南的古代人類曾經混血的可能性令人興奮。在非洲西部出土、只有一萬一千年歷史的人類遺骸，具有古代人類的特徵，這項骨骼證據也支持了古代人類和現代人類在非常近期都還共同生活於非洲。[4] 因此，現代人類在非洲擴張的時候，很有可能和古代人類混血了，就如同現代人類在歐亞大陸擴張時一樣。

如果古代人類血統占比一如華爾和漢默分析的結果，是百分之二，那麼產生的生物效應可能就很輕微，如同尼安德塔人和丹尼索瓦人對現今非非洲人遺傳組成的影響。不過在更久遠之前，非洲撒哈拉以南地區發生了大規模混血的可能性並沒有排除。現代人類在非洲撒哈拉以南的族群發生了大規模混血，最好的證據是突變的頻率。一個突變產生之後，在下一代只有一個個體帶有這個突變的機率是非常低的。在後來的世代中，突變出現的機率會隨機上下起伏，取決於帶有這個突變的個體產生了多少後代。大部分的突變出現的頻率不會變得非常高，因為在某些時候，帶有這個突變的少數個體，剛好都沒有把突變傳給自己的孩子，使得這個突變出現的機率下降到零，該突變就此消失了。

族群中持續出現罕見新突變的現象，讓我們可以推想，在族群中，各種罕見突變因為總量多而比較常見，共通的突變因為總量少反而比較罕見。在族群中,會預期突變頻率的變化其實符合反比定律(inverse law):發生頻率是百分之十的突變,其數量是發生頻率為百分之二十的突變數量的雙倍,發生頻率為百分之二十的突變,數量又是發生頻率為百分之四十的突變數量的雙倍。

我的同事派特森檢測了這種想法是否正確,他研究了奈及利亞的約魯巴族(Yoruba)中許多人所帶有的某些突變,那些突變也出現在尼安德塔人的基因組中。[5]派特森集中研究尼安德塔人所具備的突變,這點很聰明,他知道這樣發現的突變幾乎也常會出現在人類和尼安德塔人共同祖先的族群中,以及這個族群的後代。從數學來看,反比定律的作用會使得這類突變不會變得普遍。結果我們可以預期,符合以上標準的突變,出現頻率應該是從高到低都有。

但是實際結果中的模式並非如此。派特森檢查現今約魯巴人的序列時,發現到有些突變的頻率特別高,有些突變的頻率特別低,各個突變的頻率並不是均勻分布的。突變頻率的分布呈現英文字母U字型,那是在古代發生的混血才會出現的模式。兩個族群分開之後,每個族群中的突變頻率會隨機升降,因此,突變在其中一個族群中的出現頻率會在零到百分之百之間,但總的來說在另一個族群中機率並不會相同。在某個族群中頻率超高但是在另一個族群中沒有這樣高的突變,會當成變化遺傳類型(variable genetic types),進入混血族群中,讓混血族群中出現一些極端突變密度的高峰。第一個高峰對應於第一個族群中頻率高到極端的突變,並且和一開始混血時這個族群所佔的百分比有關。第二個高峰對應於第二個族群中的突變,和一開始混血時族群所佔的剩餘百分比有關。帕特森發現到的模式就是這樣,他指出,這個模式能夠解釋約魯巴族是由兩個差異很大的族群混血而來,那兩個族群混血時所佔的比例約略相等。

派特森檢測他所觀察到的模式,是否符合模型:只有約魯巴人是這個混血族群的後代,但是其他的非非洲人不是,結果和事實牴觸。相反的，非非洲人以及與非非洲人譜系相距最遠的非洲狩獵－採集者桑族，似乎都是同一個混血族群的後代。所以，派特森一開始研究的是非洲西部人，但是觀察到的混血事件卻不只影響當地族群，還擴及到了現今人類的血統，這代表那次混血事件發生的時間，接近於三十萬年前之後，現代人類結構特徵首次出現在骨骸紀錄上時。[6]

李恆和理查·德賓在二〇一一年發表的研究內容，是用單一個人的基因組重建了人類族群大小的歷史（見第一部）。派特森的研究回應了這個結果。[7] 在前面那個研究中，把一個人基因組中來自於父親的序列和來自於母親的序列加以比較，發現到如果在族群大小不變的情況下，重建出來的共同祖先時代是在四十萬年前到十五萬年前，基因組中的位置就會比預期中的少。[8] 這個結果的解釋方式之一，是在那段期間中，所有現代人類的祖先族群非常大。代表現今任何兩個基因組，有某個共同祖先的機率很低（因為每一代可能成為祖先的個體很多）。但是還有另一個可能性：古代人類族群可能由數個差異很大的群體所組成，而不是一個很大而且可以自由混血的群體，因此現今人們的祖先譜系從那個時候開始就是來自於隔離的分立族群。在派特森對於突變頻率的研究中所強調的混血事件，反映出後者這種模式。重建出來的時間，對應到非洲有骨骸證據顯示出古代人類形式與現代人類形式共存的時段。舉例來說，最近在南非一座洞穴中發現的納萊蒂人（Homo naledi），身體結構和現代人類接近，但是腦部比現代人類小，他們生活在三十四萬年前到二十三萬年前。[9]

還有第三條線索指出和古代人類曾經混血。目前一個普遍接受的觀點是，非洲南部的狩獵－採集者桑族，主要是從某個譜系分支出來的，之後，那個譜系分支出所有成為現今現代人類祖先的各個譜系。[10] 如果真是如此，桑族和所有非非洲南部人類所共有的突變比例應該都是相同的。但是我實驗室中的斯克倫研究指出，桑族和居住在非洲東部與中部的狩獵－採集者之間共有的突變，要多於和非洲西部族群（例如奈及利亞的約魯巴人）。[11] 可能的原因是，非洲西部的族群所具有的某個早期分出來族群的血統，要多過其他非非洲人族群。可能現今所有的人類，都是兩個親緣關係甚遠的祖先群體混血產生的後代，所有的族群都遺傳到來自於這兩個群體的DNA，其中非洲西部人含有的比例最高。

這些結果指出，那個發生在非洲的大規模混血事件，可能的時間在五萬年前之前，在那之後現代人類的行為特徵就突然大量顯現於考古紀錄中了。混血的程度不小（沒像非非洲人只有將近百分之二的尼安德塔人血統，或是華爾與漢默發現非洲人具有古代幽靈血統），兩方比例接近一比一，因此不太清楚哪個族群應該要認為是古代人類、哪個族群該認為是現代人類。可能兩個都不是古代，也都不是現代。可能那次混血事件本身打造出了現代人類，讓兩個參與混血的族群所具備的生物特徵產生新的組合，有利於這個新形成的族群。

受到農業掩蓋的非洲歷史

現代人類的祖先族群在非洲出現之後、五萬年前起現今非非洲人的祖先從非洲與近東散播開來之後，發生於非洲的事情，要如何才能夠知道呢？這方面我們有很多資料可以用，因為非洲人的基因組序列所具備的多樣性通常比非非洲人高出了三分之一。在非洲，人類多樣性超高的狀況，不只發生在族群之中，也發生在族群之間。非洲的族群中，有些兩個彼此比對之後，彼此不再有交流的時間，是非洲大陸以外任何兩個族群相比較結果的四倍長，代表了某些族群之間（例如非洲南部的狩獵－採集者桑族，和非洲西部的約魯巴

現代人類可能的古老譜系（新版本）

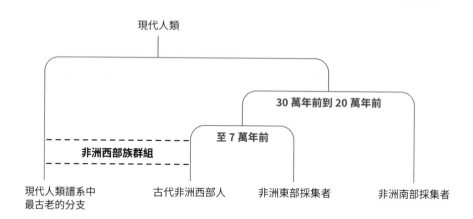

現代人類

30 萬年前到 20 萬年前

至 7 萬年前

非洲西部族群組

現代人類譜系中
最古老的分支　　　　　　古代非洲西部人　　　非洲東部採集者　　　　非洲南部採集者

【圖 25】

現代人類各個最古老譜系之間關係的形成毫不單純。在基因組研究建立的模型中，非洲最古老的現代人類群體分裂所產生的一個譜系，在非洲西部所佔的比例最高，這個分裂發生的時間必定是在三十萬年前到二十萬年前之前，之後非洲東部與非洲南部的採集者分開了。五萬年前之後，現代人類在所經歷的晚石器時代和舊石器時代晚期轉變中開始擴展，可能連結了所有在非洲的族群。

族），能區分兩者基因組的突變最小密度，都還要遠大過非洲之外任何兩個基因組之間比較的結果。[12]

　　但是要從現今的非洲族群了解久遠以前的歷史，非常困難。雖然許多古代的變異依然留存到現今的人群中，但是全都混在一起了。最近的一次混合發生在數千年前，來自於至少四次的大擴張，主要是由農業者所驅動的，[13] 全都伴隨著語言群的擴散。這些族群的擴張，給非洲過往的歷史蒙上了一層紗，移動的族群遠離起源地數千公里，取代了原本廣泛分布的族群，或是和那些族群混血。這樣來看，研究非洲的族群和研究歐亞大陸的族群的狀況一樣，後者也在最近幾千年發生了重大的變化。

　　對於非洲影響最大的農業者擴散，和說班圖語支的人們有密切的關聯。[14] 考古學家的研究指出，大約在四千年前，一個位於非洲中部靠西、現今奈及利亞和喀麥隆交界區域的新文化擴散。這個文化的人住在森林邊緣，朝莽原開拓，培育出一些產量非常高的農作物，能夠讓人口的密度增加。[15] 大約在兩千五百年前，他們已經擴散遠到非洲東部的維多利亞湖（Lake Victoria），並且掌握了製造鐵器的技術。[16] 到了一千七百年前，他們抵達非洲南部。[17] 這次擴張的結果是現今非洲東部、中部和南部絕大部分的人都說班圖語。這種語言在現今喀麥隆的多樣性最高，代表了原始的班圖語起源於當地，同時約在四千年前後隨著文化而散播出去。[18] 班圖語支屬於更大的尼日－剛果語系（Niger-Kordofanian family），非洲西部大部分的語言都從這個語系衍伸出來。[19] 這可以解釋奈及利亞和辛巴威兩國在地理上的距離要遠過德國和義大利，但是兩國人群突變頻率模式相近的程度，高過德國人和義大利人的。

　　非常精細的遺傳研究方式，能夠找出某兩個個體之間過去數千年來所共有的親戚，以用來了解班圖人擴張的路徑。在東非說班圖語的人，基因變異和在非洲中部雨林靠南方的馬拉威（Malawi）區域比較近，和喀麥隆的人比較不同。[20] 這代表了一開始班圖人的擴張，主要是往南，後來才從南方擴張到非洲東部。這個移動路徑和之前在沒有遺傳資料前提下提出的理論牴觸，那個似是而非的理論認為直接從喀麥隆往東移動。

　　另一個造成深遠影響的農業者移動，是尼羅－撒哈拉語系（Nilo-Saharan）的散播：從馬利（Mali）到坦桑尼亞（Tanzania）。許多尼羅－撒哈拉語者以牧牛維生。目前一般的觀點是，約過去五千年來，撒哈拉沙漠擴大，農耕和放牧擴散到乾燥的薩赫爾（Sahel）地區，尼羅－撒哈拉語也隨之擴散。尼羅－撒哈拉語系中一個重要的分支是尼羅特語（Nilotic language），說這類語言的人絕大多數是畜牧者，居住在尼羅河流域和東非，包括了馬賽族

非洲主要的語言類群

- ▨ 亞非語
- ▨ 尼羅－撒哈拉語
- ▨ 尼日－剛果語
- ▨ Tuu 語、Kx'a 語和科伊－科瓦迪語
- ▨ 南島語

— ➤ 遺傳資料並不支持的
　　班圖語擴張路徑

0　　1,000 km

赤道

班圖語的擴張

【圖 26】
過去四千年來，班圖人的擴張，使得現今非洲東部和南部人的主要血統來自非洲西部人。

（Maasai）和丁卡族（Dinka）。遺傳資料清楚指出，說尼羅特語的畜牧者在邊境區域和農耕者遭遇時，社會地位並不會總是比較低。舉例來說，肯亞西部的盧歐族（Luo group，美國前總統歐巴馬父親所屬的民族）主要從事農耕，說的是尼羅特語。我實驗室之前有一位來自肯亞盧歐族的研究人員喬治·阿姚多（George Ayodo）發現，盧歐族的突變頻率比較類似於主要說班圖語的人，可能代表了過去在非洲東部，說班圖語的人從地位比較高的鄰居那兒學習說尼羅－撒哈拉語。[21]

　　非洲語言中，起源最不清楚的是亞非語系的語言。該語系的語言目前在衣索比亞的多樣性最高，這個現象也被當成非洲東北部是最初說亞非語言者家鄉的證據。[22] 但是亞非語系中有個分支，是流行於中東地區的阿拉伯語和希伯來語，以及古代的阿卡德語

（Akkadian）。因此有人以亞非語系分布的範圍為根據，假設亞非語系的擴散，和中東農業的擴散有關，至少與這個語系中的某些分支有關。[23] 約在七千年前，中東農業擴散時，把起源於中東的作物大麥與小麥傳到非洲東北部。[24] 新的見解來自於古代 DNA 的研究，證明了古代近東與北非之間的人口遷徙，使得語言、文化和農作物也隨之散播。二〇一六年和二〇一七年，我的實驗室發表了兩篇論文，指出東非許多人群（包括沒有說亞非語系的人）之間有一個共同特徵：他們的血統中有一定分量，和萬年前居住在近東地區的農耕者有親緣關係。[25] 我們的研究也發現到有紮實的證據指出，有第二波歐亞大陸西部人相關血統的混血，這是和伊朗人有親緣關係的農耕者，他們應該是在青銅時代從近東傳播來的，這個血統廣泛分布在現今居住在索馬利亞（Somalia）和奈及利亞兩國說亞非語系中的庫希特語（Cushitic）的族群中。因此從遺傳資料來看，在亞非語系擴散和變得多元的時期，至少有兩大波從北往南的族群移動，但是卻沒有證據指出從南往北的遷徙（在中世紀之前的古代近東人與埃及人，幾乎都沒有任何撒哈拉以南非洲人相關的血統）。[26] 基因不會決定人類所說的語言，光從基因資料也無法決定語言散播的方式，也不是支持哪個理論的絕對證據，證明亞非語系的起源地會是非洲撒哈拉以南地區、北非、阿拉伯，還是近東。但毫無疑問，遺傳學資料支持了一些亞非語系中的語言是來自於中東農業者的事實，這些發現也引發了另一個問題：那些從北往南的遷徙者所說的語言是什麼？

　　非洲第四次農耕者大擴張涉及到非洲南部的科伊－科瓦迪語（Khoe-Kwadi language）。這種語言和非洲南部狩獵－採集者所說的另外兩種語言 Kx'a 和 Tuu 有關，都具備「啴嘴音」（click sound）。從語言中和畜牧相關的共同詞彙來看，科伊－科瓦迪語可能是放牧者從非洲東部帶來的，他們在一千八百年前之後抵達非洲南部，可能從當地族群中採用了哂嘴音。[27] 遺傳資料支持這個假說：現今說科伊－科瓦迪語的族群，遺傳組成中有很大一部分來自於東非人。二〇一二年，我實驗室的約瑟夫·皮克雷爾研究指出，科伊－科瓦迪語者所具備的衣索比亞血統，要遠高過 Kx'a 語者和 Tuu 語者，這應該就是來自北方遷徙者所造成的影響。[28] 從一些說科伊－科瓦迪語的族群裡東非血統 DNA 片段的長度來判斷，混血發生於一千八百年前到九百年前之間，對方是一個放牧幽靈族群，符合之前所說：當時有放牧者來，稍後才和當地族群完全混血。皮克雷爾在那些和非洲東部人相同的 DNA 區域之中，還發現有更小的片段與近東人的相同，而不像是來自其他任何族群。從這些小片段的長度來研判，平均混入的時間約在三千年前，那是具有歐亞大陸西部人血統，和伊索比亞中許多具有撒哈拉以南血統的群體混血的平均年代，[29] 因此這項發現更進一步支持了非洲東部人來源的假說。

　　古代 DNA 研究證明了這個假說。二〇一七年，斯克倫分析了一具出土於非洲東部赤道地區坦桑尼亞的女嬰骨骸，這具骨骸有三千一百年的歷史，也分析了南非開普省西部的一具有一千兩百年歷史的骨骸，和這兩具骨骸一起埋葬的人工製品和動物骨骼，指出了他們都屬於放牧族群。[30] 坦桑尼亞女嬰屬於皮克雷爾和我之前所推測的放牧幽靈族群：主要血統來自於非洲東部一群狩獵－採集者，其餘的血統來自於和古代歐亞大陸西方人有關的族群。這個族群把牛隻放牧從近東和非洲北部，散播到撒哈拉以南地區。我們從非洲南部放牧者遺骸中找到的古代 DNA 證據，也支持這個看法，那個個體三分之一的血統來自於坦桑尼亞女嬰所屬的遊牧族群，其餘的血統來自於當地，和現今的狩獵－採集桑族有關。這個一千兩百年前發生於非洲南部的混血，很類似於現今科伊－科瓦迪語者的混血，他們之中有許多依然以放牧維生。凡此種種，代表了早期科伊－科瓦迪語、放牧，以及這類型的非洲東部血統，都是經由人群的移動散播到非洲南部。

　　非洲目前人類生物多樣性和文化多樣性，呈現出極為複雜的風貌，主要是由最近數千年來農業的擴張所塑造的。對於想要了解這個風貌形成過程的人來說，也容易偏離焦點。研究非洲遺傳學、考古學和語言學的人，總是一再落入陷阱，讚頌非洲現今的多樣性，通常用一張含有非洲大陸上各種不同面孔的幻燈片來表示，我們也經常用這樣的照片來代表非洲。為了了解非洲過往的歷史，我們很容易就想要能夠把這種多樣性牢牢記在腦中，同時要一口氣解釋所有的多樣性。但是現今非洲人口結構，絕大多數是由最近數千年來的農業拓展所打造出來的，集中描述非洲令人迷惑的多樣性，反而不利於了解人類在非洲的完整樣貌。就如同只注意非洲是現代人類共同起源之處，反而不利於了解非洲。我們需要停止描述表面的現象，掀起那層紗布，因此我們需要古代 DNA。

重建非洲採集者的歷史

　　在農業者擴張之前，住在非洲的是那些人？是誰如此強烈了改變的這座大陸的人口組成？從現今人口的差異狀況來回答這些問題是非常困難的。在本書的引言中，我提到了卡瓦利－斯福札在一九六〇年代所打的賭：完全依靠現今人群的遺傳變異狀況，就可以重建出人類族群的遙遠歷史。[31] 不過他賭輸了，因為古代 DNA 顯示出有許多次的遷徙，也有許多消失的族群，其中絕大部分就算是利用了先進統計方法，分析留在現今人群 DNA 中的蛛絲馬跡，也都難以重建出細節的古代人類事件。

　　本書的讀者也知道，能夠突破這個僵局的方式，就是分析古代 DNA 的全基因組。古代 DNA 的資料還可以就遺傳與文化上與周遭地區隔離的群體資料一起分析，那些群體包括了非洲中部地區的匹格米族、非洲南端的狩獵－採集者桑族，還有坦桑尼亞的哈扎族（Hadza），他們語言中有哂嘴音，和周遭群體所使用的班圖語大相逕庭，就連遺傳血統方面也是。他們其中有些所具備的遺傳譜系和周遭的族群差異很大。我們能夠比較這些古代樣本的資料，找出僅僅依靠分析現今族群 DNA 所找不出的古老事件。

　　非洲的氣候炎熱，使 DNA 分解的化學反應速度加快，之前在非洲大部分的地區都難以找到保存良好的古代 DNA。不過到了二〇一五年，古代 DNA 革命風潮終於抵達非洲，因為 DNA 萃取技術的效率大幅提高，同時也知道了哪些骨頭含有的 DNA 最多。

　　非洲的第一個古代全基因組資料，來自於衣索比亞一座高地洞穴中發現的遺骸，有四千五百年的歷史。[32] 現今在衣索比亞，有複雜的喀斯特體系，影響了許多生活在當地的人，系統中複雜的規則，也阻止了不同傳統群體之間的通婚。[33] 阿里族（Ari）中分為三類人：耕種者（Cultivator）、打鐵者（Blacksmith）和製陶者（Potter），彼此社會地位不同，遺傳也不同，也和阿里族外之人不同。[34] 阿里族和四千五百年前高地個體有獨特的遺傳親和性，顯然那時候這個地區就有很強的社會藩籬，從四千五百年前以來就阻止了基因的交流與同源化。這是我所知最強的部族內婚狀況，甚至比印度的內婚制度還要古老，目前確定的印度內婚制度歷史也只有兩三千年而已。[35]

　　古代 DNA 持續帶來驚奇。二〇一七年，我實驗室的斯克倫分析了十六個來自非洲的個體：來自南非的採集者與畜牧者，他們生活在兩千一百年前到一千兩百年前之間；非洲南部馬拉威的採集者，他們生活在八千一百年前到兩千五百年前之間。還有來自於坦桑尼亞與肯亞的採集者、農耕者與畜牧者，他們生活在三千一百年前到四百年前之間。[36] 相較於歐亞大陸所發現的最古老古代 DNA，這些非洲 DNA 算距離現今很近的，且能夠讓我們了解改變非洲人口地理分布的農業者抵達之前的非洲人口結構。

從分析古代 DNA 得到的一個大驚奇是，有證據指出，在非洲撒哈拉以南地區的東岸，曾由一個幽靈族群所佔據，這個族群在後來農業者擴張時幾乎被取代，[37] 我們稱這個族群為「東非採集者」（East African Forager）。我們資料庫中，衣索比亞和肯亞的兩個古代的狩獵－採集者基因組，全都是這個族群的後代，除此之外，現今在坦桑尼亞的哈扎族血統也全都來自於這個族群，該族目前不滿千人。我們也發現，比起其他撒哈拉南部的族群，東非採集者和非非洲人的親緣關係要更為接近。與非非洲人接近的親緣關係，代表了東非採集者的祖先可能是經歷了石器時代中期到石器時代晚期轉變過程的族群。在五萬年前之後，推動了人類在非洲的擴散，以及從非洲擴散出去。因此，之後演變成東非採集者的那個族群，在人類的歷史中位居關鍵地位。

東非採集者並不是血統單純的族群，從我們的資料庫找出的證據指出，至少有三個不同的東非採集者群體，第一個是古代衣索比亞人和古代肯亞人，第二個群體是尚吉巴群島（Zanzibar Archipelago）和馬拉威古代採集者的主要血統來源之一。第三個群體的後代是現今的哈扎族。[38] 由於資料還不足，我們無法確定這三個群體彼此分開的時間，但是由於該族群地理分布範圍廣大，而且分布範圍中有人類活動留下來的遺物，因此這些群體有些在數萬年前就已經分開的現象也不會讓人驚訝。非洲更早之前就有這樣採集族群分開的先例。二〇一二年，我的實驗室和其他實驗室發現，我所認為的「南非採集者」（South African Forager）這個族群中，含有兩個差異很大的譜系，兩個譜系分開的時間最晚在兩萬年前。[39] 南非採集者和東非採集者的血緣差異程度，和現今人類族群差異程度相同。以人類棲息地來說，東非物產豐富的程度至少比得上非洲南部，因此東非的採集者分開的時間和南非一樣早，也無須驚訝。

班圖人擴散前的東非人口結構

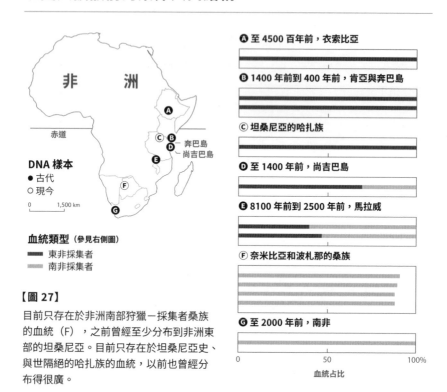

DNA 樣本
● 古代
○ 現今

血統類型（參見右側圖）
▬ 東非採集者
▬ 南非採集者

【圖 27】
目前只存在於非洲南部狩獵－採集者桑族的血統（F），之前曾經至少分布到非洲東部的坦桑尼亞。目前只存在於坦桑尼亞史、與世隔絕的哈扎族的血統，以前也曾經分布得很廣。

🅐 至 4500 百年前，衣索比亞

🅑 1400 年前到 400 年前，肯亞與奔巴島

🅒 坦桑尼亞的哈扎族

🅓 至 1400 年前，尚吉巴島

🅔 8100 年前到 2500 年前，馬拉威

🅕 奈米比亞和波札那的桑族

🅖 至 2000 年前，南非

血統占比

我們研究的第二個意外發現，是我們的古代非洲採集者樣本中，有些同時具有南非採集者和東非採集者的血統。現在南非採集者的譜系基本上完全只出現在非洲最南端，目前當地族群所使用的語言中有啯嘴音的，幾乎都帶有南非採集者的血統。現今桑族採集者的血統，以及我們從南非得到的古代採集者基因組血統，也幾乎全部都來自南非採集者。但是古代樣本指出，「南非採集者」這個詞可能會讓人誤解這個群體的祖先族群起源的地區。坦桑尼亞外海的尚吉巴島（Zanzibar）和奔巴島（Pemba）大約在一萬年前因為海平面上升，和非洲大陸分開，當時一個東非採集者族群在島上的子孫

可能與大陸隔開了。[40] 從這兩座島上得到的兩個約一千四百年前個體，有三分之一南非採集者血統、三分之二東非採集者血統。[41] 在非洲南部中央馬拉威三個不同考古遺址得到的七個樣本，年代分布於八千一百年前到兩千五百年前之間，都屬於一個同源族群，含有三分之二南非採集者相關血統，其餘血統來自於東非採集者。因此在過去，南非採集者血統在非洲大陸分布的範圍很廣，難以得知這個古老族群的起源地。

　　古代 DNA 讓我們了解到，在農耕技術抵達之前，現代非洲的歷史中有各族群的分開與混合。非洲的面積之廣大、地貌之豐富、人類起源之古老，讓非洲的人類歷史在各層面都會很複雜，也更為久遠。古代 DNA 革命目前剛開始在非洲展開而已，之後 DNA 革命將會席捲非洲，我們能夠從更多區域得到更多不同年代的遺骸，從中得到的資料將會改變我們對於非洲古老歷史的看法，並且能夠有更清晰的樣貌。

了解非洲故事之後的下一步

　　非洲人類族群結構的複雜性中，最讓人震驚的是在這座大陸上發生的天擇模式。具有非洲西部人血統的民族，現今出現鐮狀細胞疾病（sickle cell disease）機率特別高，這是因為一個突變改變了血液蛋白質血紅素的結構，這個分子的重要功能是運輸氧氣到身體各部位。由於天擇壓力，這個突變在非洲數個地區的頻率大幅提升。如非洲極西部（例如塞內加爾）、中非西部（例如奈及利亞），以及非洲中部（因為這個突變隨著班圖人的散播，傳到了非洲東部和南部）。在那些族群中，這個突變發生的頻率能夠如此之高，在於如果一個人從雙親之一遺傳到這個突變，便能夠對抗傳染性疾病瘧疾。瘧疾非常可怕，這種保護能力讓那些族群中兩成的人帶有一個這樣的突變。從演化的角度來說，族群所付出的代價是大約有百分之一的人帶有兩個突變，而產生了鐮狀細胞疾病。如果沒有治療，在童年便會死亡。驚人的是，這種突變在非洲三個地區各自獨立出現，因為三者的突變序列並不相同。天真的想法，會認為這樣的突變對於攜帶者的利益很大，就算和周圍的族群混血比例非常小，一旦出現了，也應該會當上天擇的順風車，散播到非洲那些瘧疾流行的廣大地區。[42] 類似的模式也見於讓成年人能夠消化牛乳的乳糖酶（lactase）基因。讓乳糖酶持續製造出來的遺傳機制，雖然都是發生在乳糖酶的基因中，但是在非洲北部人與西非富拉尼人（Fulani）所具有的突變，和蘇丹與肯亞的馬賽人所具備的突變，就完全不同（不過這些突變都出現在同一個基因上）。[43]

一如彼得‧拉爾夫（Peter Ralph）和葛拉漢‧庫普的研究指出，在非洲，鐮狀細胞突變和能夠讓成年人消化牛乳的突變在數個地方各自出現，代表這些突變很重要，但也顯示這些族群的遷徙速度非常緩慢。就算是在非洲撒哈拉以南的地區，這些相隔沒有幾千公里的區域。因此演化有利突變散播的方式裡，最有效的是乾脆產生新的突變，而不是從其他族群引入。[44] 數千年來，非洲這些地區中之前人群遷徙速度緩慢，導致了拉爾夫和庫普描述的非洲人口結構的「密鋪」（tessellation）模式。密鋪是一個數學詞彙，用來說明磚塊在平面上的排列，而在這裡的意思是具備遺傳同源性的區域之間有明顯分隔的界線。會出現這種密鋪狀況，在於各區域中自己產生有利突變的過程，抵銷了和周邊群體交流基因交流而造成同源化的過程。相同鐮刀細胞突變或是乳糖酶突變流行區域的大小，反映出了非洲數千年來這些族群和周圍族群基因交流的速率。

我們對於非洲人類族群歷史的了解還處於初步階段，但是已經很清楚那會是個複雜的歷史，以及了解了在很久之前有東非採集者和南非採集者這樣主要譜系的劃分，稍後的混合，以及近晚由農業傳播造成的多次混血。如果能夠得到更多非洲的古代 DNA 樣本，我們將可以更了解最近幾萬年中非洲人類的變化，重建更完整的族群結構。

我們可以確定的是，非洲和其他有古代 DNA 出土的區域一樣，證明了用演化樹模型解釋現今的人類族群是錯誤的，這個模型認為只要分支出去就不會改變，而且分支不會再匯合。事實是族群分離與混合的狀況會一再發生。我們還能夠確定，非洲和其他有古代 DNA 出土的地區一樣，會證明許多流行的推測是錯誤的。這種複雜性對社會的影響，以及對於我們需要反思人類本質的影響，是本書第三部的主題。

PART
— THREE —

基因組
革命

CHAPTER 10 ｜ 關於不平等的基因組學

大混血

　　哥倫布在一四九二年抵達美洲之後，美洲就馬上成為族群混合的大熔爐。歐洲殖民者與他們帶來的非洲奴隸，以及美洲原住民等，各自的祖先隔離了數萬年，但是現在這些族群相遇並且混血，產生的新族群共有數億人。

　　「麥士蒂索」（el Mestizo）馬丁・科爾特斯（Martín Cortés）是最早屬於這種族群的人之一。他的父親埃爾南・科爾特斯（Hernán Cortés）★在一五一九年展開軍事行動，帶領五百名士兵，擊敗了支配墨西哥的阿茲提克帝國，四年後生下了馬丁。馬丁的母親瑪琳切（La Malinche）是一場戰鬥後當地人送給西班牙的二十名女奴之一，

★ 編注：埃爾南・科爾特斯（西班牙語：Hernán Cortés；1485 年－ 1547 年 12 月 2 日）是殖民時代活躍在中南美洲的西班牙殖民者（Conquistador，意為「征服者」），以摧毀阿茲特克古文明、並在墨西哥建立西班牙殖民地而聞名，埃爾南・科爾特斯和同時代的西班牙殖民者開啟了西班牙美洲殖民時代的第一階段。

她最先擔任翻譯，後來成為埃爾南·科爾特斯的情婦。西班牙人很快就發明一個詞用來形容具備歐洲人和美洲原住民血統的人：麥士蒂索人（Mestizo），這個詞源自於西班牙文中的 mestizaje，在英文中的意思是「混種者」：不同「種族」的混血兒。西班牙人和葡萄牙人為了維持社會階級，發明了一種喀斯特體系，歐洲血統的人（特別是在歐洲出生的人）在階級中位於最高層，連一點歐洲血統都沒有的人位於最底層。但人的混血是無法避免的，這個系統最後崩潰了。在幾個世紀中，歐洲血統的人成為極端的少數或是完全沒有，具有歐洲血統的人才能夠得到的權力的狀況也不再存在。到了十九世紀末、二十世紀初，獨立運動興起，在中美洲和南美洲，混血血統成為引以為傲的事情，在墨西哥成為了國家認同。[1]

一四九二年之後，非洲人遷徙到美洲的規模，類似於遷徙到歐洲。總的來說，大約有一千兩百萬名受到奴役的非洲人被迫踏上旅途，塞在擁擠的船艙上，最後遭到拍賣。[2]西班牙、葡萄牙、法國、英國和美國的奴隸販子，因為滿足了殖民者的勞力需求而發了大財。非洲奴隸在秘魯與墨西哥的銀礦場中工作，栽種甘蔗、菸草和棉花等農作物。比起美洲原住民，非洲人比較不容易受到舊世界地區疾病的影響，而且更容易剝削，因為他們遠離故鄉，而且分散在語言不通的族群中。奴隸的文化背景立足點受到剝奪，幾乎沒有能力組織反抗行動。絕大部分的奴隸販賣到南美洲和加勒比地區，往往工作到死。有百分之五到十賣到後來成為美國的地區。一五二六年，葡萄牙的奴隸販子留下了最早的販賣紀錄，之後販賣到新世界的奴隸大幅增加，高峰期每年有七萬五千人，直到禁止把奴隸跨大西洋運到美洲為止。英國在一八〇七年頒布這項禁令，美國是在一八〇八年，巴西是在一八五〇年。

現在美洲有數億人具有非洲血統，巴西、加勒比地區和美國最多。歐洲人、美洲人與非洲撒哈拉以南住民這三種差異很大的族群，從五百年前便一直混血至今。就算在美國，歐洲人血統占大多數，非裔美國人和拉丁裔依然佔了族群的三分之一。這些混血族群中幾乎每個人的基因組中都有很長的片段，來自於不到二十代之前生活在各自大陸的祖先。少部分的歐洲裔美國人的基因組中，也有很長的非洲人或美洲原住民 DNA 片段，那些人成功的把自己的遺傳組成「傳給」占多數的白人。[3]

皮爾斯・安東尼（Piers Anthony）一九七三年出版的科幻小說《分秒必爭》（*Race Against Time*）中，設想了一個未來：歐洲殖民主義推行到極致，把所有族群都混合在一起，到了二三〇〇年，幾乎所有的人類都屬於「標準」族群。[4] 在那一年，只剩下六個「未混血」人類：一對「純種高加索人」、一對「純種非洲人」，和一對「純種中國人」。這些純種人類是在人類動物園中由養父母扶育長大，將來將會和具有相似血統的殘存者配對，以維持人類的多樣性。標準族群認為，這種多樣性是重要的生物資源，處於消失邊緣，難以取代。這部小說的前提是在一四九二年之後數百年，人類這個物種進入了特殊的時代，跨洋旅行的能力使得分開的群體能夠彼此相遇而且混血，這些人群的祖先數萬年來都沒有能互相接觸。

但是這個前提是錯誤的。基因組革命指出，人類以前就有大規模的流動，我們現在並沒有處於歷史中的特殊時刻。差異很大的群體之間混血，類似歐洲人、非洲人和美洲原住民這些差異很大的族群混同在一起的事件，在歷史中重複發生。許多大規模的混血事件是某個族群中具有社會權力的男性，和另一個族群中的女性交配。

美國國父們

在一七八七年美國制憲會議之後不久，將會成為美國第三任總統的湯瑪士・傑佛遜（Thomas Jefferson）和他的奴隸莎麗・海明斯

（Sally Hemings）發生性關係。傑佛遜在維吉尼亞州有一大片農園，農園中四成的人是奴隸。[5] 莎麗·海明斯是非裔美國人，她的祖輩中有三位歐洲人，母親是非洲裔的奴隸，依照維吉尼亞州的法律，奴隸身分傳自母親，因此她屬於奴隸。她和傑佛遜生下了六個孩子。[6]

傑佛遜與海明斯之間的關係一直引起爭議，因為有些人認為傑佛遜是美國最偉大的啟蒙思想家，也是美國獨立宣言的作者，應該不會擁有一個非婚生的家庭。不過一九九八年一項遺傳研究發表了，指出莎麗·海明斯最年幼兒子伊斯頓·海明斯·傑佛遜（Eston Hemings Jefferson）的男性後代中的 Y 染色體，與傑佛遜叔伯輩後代的 Y 染色體吻合。[7] 這個發現理論上也可以解釋成傑佛遜的男性親戚才是真正的父親，而不是傑佛遜本人。不過並沒有歷史證據支持這個可能性，而莎麗·海明斯另一個兒子麥迪遜·海明斯（Madison Hemings）在十九世紀留下了許多關於傑佛遜與海明斯之間的關係的記述，傑佛遜基金會因此在二〇〇〇年指出，這個關係非常有可能是實際的。[8]

根據麥迪遜·海明斯的記述，他的母親本來有機會得到自由，因為她是在法國時和傑佛遜在一起，而在法國畜養奴隸是不合法的。她同意以奴隸的身分和傑佛遜一起回到美國，條件是她的孩子都會得到自由。莎麗·海明斯小傑佛遜三十歲，在法國她和傑佛遜發生關係時，大約是在十四到十六歲時，她要依賴傑佛遜才能過日子。她是傑佛遜妻子瑪莎·藍道夫（Martha Randolph）的同父異母妹妹。瑪莎在數年前死於難產，她的父親和莎麗·海明斯的母親私通。[9]

歷史學家一直在研究在美國這樣的家族有多普遍。混血血統的後代通常沒有記錄下來，如果有，各州紀錄分類的方式並不相同。遺傳學研究可以加以釐清。雖然美國還沒有人利用 DNA 分析非裔美國人的譜系，以標定出這些混血社群出現的時間，但是現今對於非裔美國人族群的研究已經能夠讓我們有比較深入的了解了。

二〇〇一年，馬克・史瑞佛（Mark Shriver）分析了在現今歐洲人與非洲西部人之間出現頻率差異極大的突變，用來研究南卡羅萊納的非裔美國人族群。他和同事利用這些結果去估計其中有多少比例的人，數十代前的祖先住在歐洲。[10] 發現占比最高的數字為百分之十八，這群人住在該州內陸的哥倫比亞市中，但是這個比例數字是美國其他城市中最低的。他們估計出在南卡羅萊納沿岸地區，例如進口奴隸的港口查爾斯頓（Charleston）中，有百分之十二的非裔美國人有歐洲血統。他們認為這反映出大筆奴隸輸入而使得當地非洲的血統占比高。他們也計算出歐洲血統占比最低的地方是海洋列島（Sea Islands），只有百分之四，代表了在當地的奴隸與外隔絕的歷史，這種隔絕更可以從只有當地的非裔美國人還在說古拉語（Gullah）看得出來，古拉語的文法來自於非洲語言。比較非裔美國人和歐洲人之間突變頻率差異很大的 Y 染色體和粒線體 DNA，也指出這些族群中的歐洲血統絕大多數來自男性，這種種族混合時社會不平等的現象，主要來自於混血的兩方分別是男性主人與女性奴隸。[11]

南卡萊納州的模式是整個美國的縮影。個人血統檢驗公司 23andMe 的卡塔琳娜・布里克（Katarzyna Bryc）和我一起分析了該公司中五千筆來自自稱是非裔美國人的資料，發現到在基因組中絕大多數的區域，歐洲血統是百分之二十七，但是在 X 染色體上這個比例只有百分之二十三。[12] 比較 X 染色體和其他染色體上的血統比例，讓我們能夠知道在族群混合時男性和女性的行為差異。全世界中 X 染色體中，有三分之二位於女性體內，其他種類的染色體只有一半在女性體內，因此女性的歷史對於 X 染色體的影響比較大。布里克計算了在 X 染色體和體染色體兩者之間歐洲血統的差異（受到男性歐洲祖先和女性祖先比例的影響），得出了非裔美國人裡歐洲男性祖先與女性祖先的比例為百分之三十八比百分之十。這個數字的意義是，在現今非裔美國人中，來自歐洲裔美國男性的遺傳組成分量是歐洲裔美國女性的四倍。我和社會學家奧蘭多‧帕特森（Orlando Patterson）討論這些發現，他指出在奴隸時代，非裔美國人中非洲血統來自於男性的比例，一定要比現在高得多，這種過半的現象稱為「性別偏差」（sex bias）。美國在二十世紀中期發生了公民運動，文化改變使得性別偏差反轉，越來越多黑人男性與白人女性結婚。如果我們能夠把百年歷史的非裔美國人骨骸 DNA 取出，應該會見到更為明顯的性別偏差。

這類遺傳模式指出，傑佛遜與海明斯的情況也出現在其他數不清的伴侶上。我們會知道這個故事，在於時間接近現代，又是屬於知名人物。我們有充分的理由相信，這種性別偏差持續出現在人類種族的歷史中。基因組革命讓我們能夠追溯沒有文字記錄時期的性別偏差，從這裡開始了解久遠之前這種不平等是如何改變了人類。

基因組中的不平等跡象

人類兩性身體構造之間的巨大差異，代表了一個男性所能夠產下的後代，要遠多於一個女性。女性要懷胎十月，之後往往還要花多年扶養，才能夠再生下一胎。[13] 男性這一方，投資在生殖與撫養下一代的時間都少得多。當社會因素發揮影響之後，這種生物差異更為放大，在許多社會中，男性被認為花可以比較少的時間與孩子相處。從生育下一代的數量來看，有權力的男性的後代絕對要比有權力的女性多，我們也可以從遺傳資料中看到這一點。

男性留下後代數量的差異非常大，代表研究基因組中，過去男性後代數量差異的特徵，就能從遺傳得知整個社會中社會地位不平等的程度，而不只是男性和女性不平等而已。在男性後代數量差異中，有一個超乎尋常的例子：建立龐大帝國的成吉思汗，他的帝國東起中國，西到裏海。一二二七年他薨逝之後，後繼者（包括他的兒子和孫子）更進一步的把蒙古帝國擴張得更大，東方推到韓國，西方推到歐洲中部，往南推到西藏。蒙古人有計畫的在各地設立了驛馬站，好讓命令可以在東西長達八千公里的帝國中迅速傳遞。完整的蒙古帝國很短命，舉例來說，他們在中國建立的元朝於一三六八年結束，不過他們得到的權力使得他們對於歐亞大陸的遺傳族組成有很大的影響。[14]

二○○三年，克里斯多福・泰勒－史密斯（Christopher Tyler-Smith）指出，蒙古帝國時期，相當少數的男性對於現今生活在歐亞大陸東部的數十億人有巨大的影響。[15]他對於 Y 染色體的研究結果是，有一個生活在蒙古帝國時期的男性，在曾屬於蒙古帝國的區域中，留下了數百萬名男性直系後代。這個結論的證據是在曾屬於蒙古帝國的區域中，百分之八的男性都有一種特殊的 Y 染色體序列，或是只差幾個突變就一樣的序列。泰勒－史密斯稱這種現象為「星團」（Star Cluster），代表一個祖先留下了許多後代，並且由 Y 染色體上累積的突變來計算，傳下這個譜系的人大約活在一千三百年前到七百年前，成吉思汗剛好就活在這個時段中，那個大量散播的 Y 染色體可能就是來自他。

不只在亞洲有「星團」，遺傳學家丹尼爾・布萊德利（Daniel Bradley）和同事找到一種 Y 染色體類型，目前存在於兩到三百萬人身上，這個染色體來自於約一千一百年前的某個祖先。[16]在以「歐唐奈爾」（O'Donnell）為姓的人中，這種染色體特別常見，他們來自於中世紀愛爾蘭一個最具權力的王室，是「奈爾的後代」，這裡的奈爾是「九人質之王奈爾」（Niall of the Nine Hostages），他是中古時代初期愛爾蘭的傳奇軍閥。如果奈爾真有其人，那麼他所處的時間，符合這種 Y 染色體祖先的條件。

「星團」能夠激發想像，因為雖然是用猜的，但可以附會到歷史人物上。更重要的是分析星團讓我們了解到許久之前社會結構的轉變，這是用其他方式難以得到的資訊。在這方面光是分析 Y 染色體和粒線體 DNA 分析就可以得到許多資料，而不用整個基因組資料。舉例來說，歷史學家長久以來都在爭論，某個人如果留下了不成比例的後代數量，對於人類歷史影響會有多大。星團分析提供了客觀的資訊，讓我們知道在歷史中不同的時間點上，權力極端不平等的重要性。

托馬斯・奇維希德（Toomas Kivisild）與馬克・史東金（Mark Stoneking）各自帶領的研究，都比較了對於 Y 染色體序列和粒線體 DNA 星團分析的結果，並且得到一個令人驚奇的結果。[17] 兩個人計算一對序列中 DNA 字母的差異數量，由於突變的累積速度是固定的，他們的研究可以估計出不同的兩人組合之間，純父系譜系（Y 染色體）的共同祖先和純母系譜系（粒線體 DNA）的共同祖先各自存在的時代。

在關於粒線體 DNA 的研究中發現，現今族群中幾乎所有的兩人配對，在萬年內純母系譜系相同的機率非常低，世界許多地區是在那個年代之後才出現了農業。如果那段期間中族群都很大，可以預期會出現這樣的結果。但是在關於 Y 染色體的研究中，發現的模式卻截然不同。在東亞人、歐洲人、中東人和北非人，那些科學家都發現許多「星團」，這些共同的男性祖先生活大約在五千年前。[18]

五千年前在歐亞大陸，正好發生了考古學家安德魯・謝拉特（Andrew Sherratt）所說的「次級農產品革命」（Secondary Products Revolution）：人類發現到牲畜除了能作為肉品來源之外，還有其他用途，例如拉車、耕地、產生乳汁與織品（例如羊毛）。[19] 莫約也是從青銅時代開始，拜馴化馬匹與發明輪子及具備輪子的交通工具之賜，人類移動的能力增加，同時能夠累積大量財富。同時累積的還有銅和錫等比較稀有的金屬，這些金屬是青銅的材料，可以運到數百或甚至數千公里外。Y 染色體模式指出，就是在這段時間，人類之間的不平等狀況增加了，遺傳狀況道出了當時一個群體中，權力集中到一小部分人的程度是前所未有的，可能是新的經濟體制促成了這種狀況。在那個時期中，具有權力的男性對所處族群的影響力非常巨大，遠遠超過之前的時代，讓有自己 DNA 的後代數量超過成吉思汗留下的。

結合古代 DNA 和考古學研究，我們正在開始了解到這種不平等可能具備的意義。五千年前，剛好是顏那亞人在黑海與裏海的北方興起的時間。在第二部中討論過他們藉由馬匹和車子，首度能夠使用廣闊草原地帶上的資源。[20]遺傳資料指出，顏那亞人和他們的後代非常成功，幾乎取代了在其西方的歐洲北部農耕者，以及在其東方的中亞狩獵－採集者。[21]

考古學家金布塔絲認為，顏那亞社會中性別不平等和社會階級分明的現象是前所未有的。顏那亞人留下了巨大的墳丘，中心部位中，男性的骨骸佔了約八成，這些骨骸上通常具有暴力傷害的痕跡，同時有其他可怕的金屬短劍和斧頭陪葬。[22]金布塔絲認為，顏那亞人抵達歐洲，預示了兩性之間權力關係的轉變。這個時期剛好是金布塔絲所說的「舊歐洲」沒落時期。舊歐洲的社會比較少暴力活動的證據留下，社會中女性處於核心地位，到處都有小型女神雕像留下。在她重構出的歷史中，「舊歐洲」被以男性為中心的社會所取代。相關證據並不只來自於考古證據，那些可能經由顏那亞人所散播的印歐文化，例如希臘文化、北歐文化和印度文化中，神話都是以男性為中心。[23]

對於文字歷史時代之前人類文化的詳細描述，都需要謹慎看待。不過古代 DNA 資料的確證明了顏那亞人的社會中，權力集中在少數菁英階級的男性。顏那亞人的 Y 染色體類型就只有幾種，代表了少數男性成功散播了自己的基因。相較之下，顏那亞人的粒線體 DNA

粒線體 DNA 的歷史

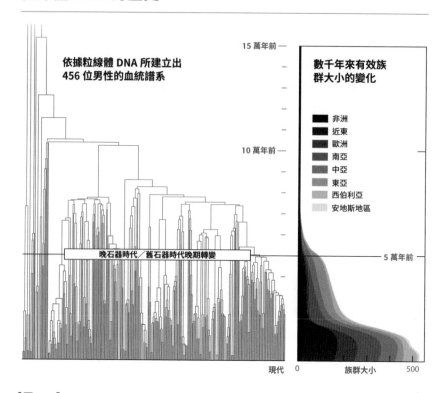

依據粒線體 DNA 所建立出
456 位男性的血統譜系

15 萬年前—

10 萬年前—

晚石器時代／舊石器時代晚期轉變

5 萬年前—

現代

數千年來有效族
群大小的變化

■ 非洲
■ 近東
■ 歐洲
■ 南亞
■ 中亞
■ 東亞
■ 西伯利亞
■ 安地斯地區

族群大小
0　　　　　　500

【圖 28a】
在最近五萬年中，人類族群大幅擴張。我們可以利用粒線體 DNA 重建親緣關係圖。這段
期間中，個體間有共同祖先的現象很少，反映出整個族群很大。

序列就更為多樣。[24] 顏那亞人的後代或是他們的近親，把自己的 Y
染色體散播到歐洲和印度，這種擴張對人口造成了重大的影響。在
歐洲與印度，這些 Y 染色類型在青銅時代之前並不存在，但是現在
卻是這兩個區域中主要的類型。[25]

　　現今在歐洲西部 [26] 和印度 [27] 的人口中，來自草原的 Y 染色體
類型所佔的比例要比草原基因組其他部分所佔的比例高出許多，從
這點就可以看出來，顏那亞人的擴張並非全然都是友善的。草原男

Y 染色體的歷史

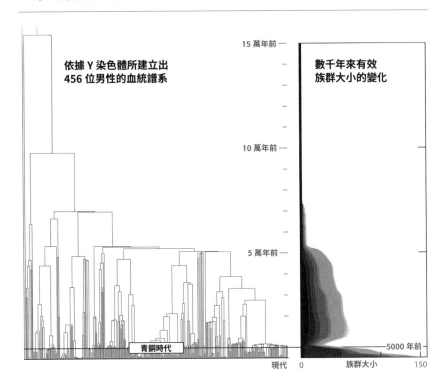

依據 Y 染色體所建立出
456 位男性的血統譜系

15 萬年前

10 萬年前

5 萬年前

青銅時代

現代

數千年來有效
族群大小的變化

5000 年前

0　　　族群大小　　　150

【圖 28b】

從 Y 染色體來看，許多人的共同祖先生活於五千年前，這剛好是青銅時代開始的時期。青銅時代是鮮明階級分層社會首次出現的時代，有些男性成功的累積財富，並且留下了極為大量的後代。

性血統所佔的比例高，代表了顏那亞人的男性後代在政治上或經濟上比較成功，在與當地男性競爭伴侶的時候占優勢。我所知最令人驚訝的例子來自於歐洲西南端的伊貝亞半島，在四千五百年前到四千年前青銅時代一開始的階段，來自於顏那亞的血統抵達了那裡。布萊德利的實驗室和我的實驗室各自從那個時期的遺骸中取出古代DNA[28]，發現在草原血統抵達時，伊比利亞族群中有百分之三十受到取代，但是 Y 染色體受到取代的幅度更高：在我們的資料中，在具有顏那亞人血統的男性，有九成帶有來自草原的 Y 染色體類型，這種染色體之前未曾在伊比利亞出現過。顯然草原族群在擴張的時候，階級高低非常分明，而且權力分配極度不平衡。

對於「星團」的研究主要靠分析 Y 染色體和粒線體 DNA，那麼分析全基因組會有幫助嗎？用全基因組資料可以重建出最近一萬年中絕大多數農業群體的祖先族群大小，發現到在這段期間族群增大了，看不出 Y 染色體所指出在青銅時代出現了瓶頸效應[29]。那是只彙整 Y 染色體資料和粒線體 DNA 資料所看不出來的。其實我們很清楚，用 Y 染色體是看不出來某些遺傳類型是否能夠更成功的傳到後代。理論上，我們可以用天擇來解釋，說有些 Y 染色體類型能夠讓攜帶者具有某些生物優勢，例如生育能力提高。但事實上全世界在同個時期有數個地方同時都出現了這種遺傳模式，那個時段剛好是社會階級明顯的社會興起時期，用天擇利益來解釋多個地區各自出現了有利於生物繁衍的突變，實在太勉強。我認為比較有可能的解釋是在這段時期，某一個男性開始累積的權力大到不只能夠和大量女性交配，而且能夠把自己在社會上的優勢傳給下一代，確保自己的男性後代在生育上也那麼成功。代代相傳之下，使得這些男性的 Y 染色體在族群中的頻率增加，留下的遺傳痕跡充分表示出過往社會的狀況。

在這段時期，個別女性累積權力也有可能比以往更多。但是由於生物特性的限制，即使是集權力於一身的女性也不可能有超多的後代，因此社會不平等在男性血脈中更容易看出來。

族群混合時的性別不對等

族群融合可以有許多方式，舉例來說，入侵、遷徙到彼此原來居住的地區、人口擴張到同一片區域，也可以經由貿易或文化交流。

族群可以以平等的方式混合，比如兩個資源相同的族群和平地遷入同一個地區。但大部分的狀況下，彼此的關係是不對等，這點可以從某一群體的男性與另一個群體的女性混血所顯示出來，就如同非裔美國人的歷史，以及顏那亞人的歷史。在基因組的不同部位，紀錄了男性歷史和女性歷史的差異，讓我們能夠研究混血的狀況，藉此得到許久之前文化交流的線索。

　　遺傳資料中有些性別不對等的證據非常古老。一個例子是成為非非洲人祖先的古老族群。分析非非洲人的遺傳組成，都會發現這個族群在五萬年前之前某個時候經歷過了瓶頸效應，也就是說一小群人產生了現今許多後代。二〇〇九年，我和實驗室的博士後研究員艾隆・凱南（Alon Keinan）比較了 X 染色體（性染色體中比較大的那一個）和基因組其他部位上遺傳變異的差異。我們驚訝地發現，非非洲人 X 染色體上的遺傳變異數量，要少過從基因組其他部位的變異多寡所推測的數量，後者是以非非洲人祖先的古老族群中男女人數相同為前提所計算出來的。這種模式太極端了，無法用非非洲人祖先的古老族群中男性遠多於女性這種簡單劇本就可以解釋。但是我們發現另一個劇本可以解釋：在這個非非洲人祖先族群剛從原來族群脫離出來的時候，有來自其他群體的男性遺傳組成加入了。由於男性其他染色體都是有一對只有一個的 X 染色體，如果持續有男性移入這個群體，就可能使得 X 染色體的多樣性降低（也就是在族群中的遺傳變異比較少），少於基因組其他部位，產生了我們看到的模式。[30]

　　這個假設很有可能符合真實情況，因為我們知道非洲中部狩獵－採集者匹克米人族群和周遭說班圖語的農耕族群之間的互動過程。數千年前，班圖人首度從中非西部擴張出去，對於所接觸到的雨林狩獵－採集原住民造成了深遠的影響，這點可以從現今不說班圖語的匹克米人全都帶有一定比例的班圖人血統中看得出來。就算在今日，皮克米社群中，班圖男性和皮克米女性婚配生子的現象也非常普遍。[31] 班圖相關基因流入皮克米群的狀況，類似於我和凱南為非非洲人祖先族群所設想的劇本內容。那種人群互動的模式讓我們看到的遺傳結果，便是在皮克米人的基因組中 X 染色體的多樣性顯然要低於基因組其他部位。[32] 非非洲人的祖先可能也發生過類似的事情，使得比起基因組中其他部位，X 染色體的多樣性比較低。

現在人類混血時性別不對等的證據越來越多。在非裔美國人的混血族群中，歐洲血統裡面以男性居多的情況很明顯，但是在南美洲族群和中美洲族群中更是超乎尋常，代表了發生許多類似埃爾南·科爾特斯及瑪琳切的故事。安德烈·魯茲－林納雷斯（Andrés Ruiz-Linares）和同事發現，在哥倫比亞的安蒂奧基亞省（Antioquia）中，有百分之九十四的 Y 染色體源起於歐洲，百分之九十的粒線體 DNA 序列源起於美洲原住民，這個區域在十六世紀到十九世紀時幾乎與世隔絕。[33] 懸殊比例代表了社會篩選淘汰了美洲原住民男性。因為幾乎所有男性血統都來自於歐洲，幾乎所有女性血統來自於美洲原住民。看到這個狀況，可能有人會天真的以為現在的安蒂奧基亞人整個基因組中，有一半的血統來自於歐洲，另一半來自於美洲原住民，事實上並非如此，安蒂奧基亞人中有八成的血統來自於歐洲。[34] 對於這個現象的解釋是，代代都有許多男性移民來到安蒂奧基亞。第一批歐洲男性來到並且和當地美洲原住民女性混血，之後又有歐洲男性移民。在重複的歐洲男性移民潮之後，歐洲血統在基因組中所佔的比例一直增加，但是粒線體 DNA 除外，因為粒線體 DNA 只能由女性傳給下一代。

族群混血時顯著的性別不均等，也發生於四千年前到兩千年前現今印度族群成形的時期。[35] 就如同在第二部中所說明的，印度傳統上社會地位比較高的內婚群體，所具有的歐亞大陸西部人血統往往多於傳統上社會地位比較低的群體，[36] 這反映出強烈的性別不均等，因為這些群體中的粒線體 DNA 主要來自當地，與歐亞大陸西部人相近的 Y 染色體類型則占大多數。[37] 這種模式的歷史意義可能是，具有歐亞大陸西部人血統的男性在喀斯特體系中的地位比較高，有的時候會和地位比較低的女性婚配。當時社會極度不平等的族群，形成了現在印度的遺傳結構。

DNA 能夠推翻其他領域的預測，還有其他例子讓人知道意外的性別不對等混血。現今幾乎每個太平洋島嶼上的族群都有一些來自於東亞大陸住民的血統。如同在第二部中所說明的，這個血統源起於那些祖先來自於台灣的人，他們發明了長途航海的技術，並且利用這種技術把自己的同胞、語言和基因散播出去。不過每個太平洋島嶼上的族群幾乎也都有巴布亞人的血統，後者和新幾內亞島上的狩獵－採及原住民有親緣關係。在擴張族群中男性往往和當地的女性交配的這種趨勢之下，研究太平洋地區混血族群中的粒線體 DNA 和 Y 染色體結果相當出乎意料：當地人的東亞起源 DNA 並不是來自於男性祖先，而是女性祖先。[38]

這種模式的解釋方式之一，是早期太平洋島嶼的社會中，財產是經由母系傳遞，在島嶼之間航行往往是男性。[39] 另一個過程可能也是原因。如同在第二部所說的，我的實驗室研究指出，第一批在太平洋外海中航行的人幾乎沒有巴布亞人相關的血統。[40] 我們也指出，後來從西往東的移民潮，讓巴布亞人血統和東亞大陸人血統混合，並且解釋了在太平洋島嶼上無所不在的巴布亞人血統。如果比起當地的族群，這些晚來族群中的男性社會地位更高，那麼結果就是主要具有巴布亞人血統的新來男性，會和島嶼上本來以東亞血統為主的女性混血。

太平洋島嶼居民的例子指出了一個重點：性別不對等事件，遺傳分析的結果不一定會完全支持人類學的預測。現在基因組革命來臨，其力量足以推翻長久以來屹立不搖的理論。研究人類過往事跡時，我們應該拋棄掉預期會有哪些結果的心態。要了解人類本身到底是什麼，需要具備謙虛的態度與開放的心胸，並且要有在紮實的資料出現時改變原本想法的心理準備。

不平等的未來遺傳學研究

目前我們利用遺傳學資料研究人類歷史中性別不對等，還處於非常初步的階段，這方面許多最有趣的發現，都只是基於基因組中的兩個區域：Y 染色體和粒線體 DNA，只能反映了人類譜系中的一小部分。研究人類族群性別不對等的變化，只依靠基因組中的這些區域，了不起只能了解到最近一萬年中發生的事件，對於更早之前的事件就沒有用了。因為在更久遠之前，世界上的每個人類都只是一小批男性與女性的後代，他們的數量太少，難以用統計學精確計算出性別不對等的狀況。

未來對於混血時的性別不對等的研究，將會利用到整個基因組的資料。全基因組研究能夠比較數千個各自記錄在 X 染色體中的家譜，以及數萬個在基因組其他部位中所記錄的家譜。把 X 染色體上的遺傳變異和基因組其他部位的遺傳變異加以比較，理論上應該可以讓統計結果更為精確，只不過實際上這方面的一些研究結果出來後，估計值的精確程度卻讓人失望，可能是因為天擇在 X 染色體上的作用要比在其他染色體來得強，使得詮釋結果的困難程度增加了。由於有許多重大的混血事件，像是歐洲草原遊牧民族和農耕者的混血，或是史前時代現代人類與尼安德塔人及丹尼索瓦人的混血，很有可能是在性別不對等的狀況下發生的，要經由把 X 染色體各片段的血統與基因組其他部位的血統加以比對，是艱鉅的挑戰。[41] 目前研究 X 染色體而精確估計性別不對等時面臨的問題，主要都是技術問題，也就是目前我們擁有的統計技術有其限制。之後發展出來的新技術，將可以把 X 染色體與基因組其他部位比對結果的所有內涵都發掘出來。我希望這些新方法，再加上混血時期的人們留下的古代 DNA 這種直接資料，可以讓我們從基因組學出發，對人類遠古時不平等的本質有更深入的了解。

從基因組證據指出的古代不平等狀況，不論是男性與女性之間的不平等，以及民族之間同性別但是權力的不平等，都讓我們徹悟到這種不平等確確實實續存到了今日。對此，一個可能有的反應是「不平等是人類本質的一部分」，我們只能接受。但是我認為從中得到的教訓剛好是相反的。持續奮力對抗心中的惡魔，對抗由生物本質發展出來的社會習慣與行為習慣，是人類這個物種才能展現的高貴行為之一，是人類許多成功與成就的關鍵。古代不平等的證據應該能夠激勵我們以更文明的方式去應對這些不平等的狀況，讓我們表現得比以前更好。

CHAPTER 11 | 種族與身分的基因組學

對於生物性差異的恐懼

　　二〇〇三年，我一開始在學術界工作的時候，把研究生涯壓在某個想法上：在美洲，非洲西部人和歐洲人的混血歷史，有可能讓我找出非裔美國人和歐裔美國人在某些疾病罹患率上出現差異的原因，例如前者罹患攝護腺癌的風險是後者的一・七倍。[1] 這樣的差異不可能用族群之間飲食和環境不同來解釋，比較可能是遺傳因素造成的影響。

　　非裔美國人中有八成的血統來自於在十六世紀到十九世紀從非洲抓來到北美洲的奴隸。在一個龐大的非裔美國人群體中，基因組任何一個位置中所帶有非洲血統應該都接近平均值（這裡非洲血統的定義是約五百年前的祖先中為非洲西部人的血統）。如果非洲西部人罹患攝護腺癌的比例要高於歐洲人，那麼罹患攝護腺癌的非裔美國人相比之下，應該繼承到更多那些造成疾病的遺傳變異，如此我們可以藉此找到引起疾病的基因。

　　為了進行研究，我建立了分子生物學實驗室，找出非洲西部人和歐洲人之間出現頻率不同的突變。我的同事和我發展了研究方式，利用從這些突變得到的資訊，確認出人們基因組中哪些 DNA 片段來自於非洲西部人祖先或是歐洲人祖先。[2] 為了證明這些想法實際上能夠發揮作用，我們把那些方式用於探究其他人類特徵，包括攝護腺癌、子宮肌瘤、晚期腎臟病、多發性硬化症、白血球減少症，以及第二型糖尿病。

　　二〇〇六年，我的同事和我用這些方法研究一千五百九十七位罹患了攝護腺癌的非裔美國人男性，發現到他們的基因組中有一個區域帶有非洲血統的比例比基因組其他區域的平均，高出了百分之二·八。這麼大百分比的增加，出自巧合的機率是百萬分之一。[3] 我們更仔細的研究，發現到這個區域中至少含有七個獨立的攝護腺癌風險因子，在非洲西部人出現的普遍程度要高過歐洲人。[4] 這些發現完全能夠解釋非裔美國人罹患攝護腺癌的比例高過歐裔美國人。我們的結論是，非裔美國人基因組中如果那段區域全來自於歐洲人，那麼罹患攝護腺癌的風險應該就會和一般歐裔美國人相同。[5]

　　二〇〇八年，在一場討論美國各民族族群之間疾病差異的會議上，我發表了這些結果。在演講的過程中，我努力傳遞這項研究令人振奮之處，以及用這種方式可以找到其他疾病風險因子的信念。但是聽眾中有一位人類學家憤怒地質疑我，她認為研究「非洲西部人」和「歐洲人」的 DNA 片段，是為了要了解這兩群人的生物性差異，我是在宣揚種族主義，有幾位聽眾也贊同她的見解。在其他的會議中，我也得到了類似的反應。一位法律倫理學家聽了我另一場類似主題的演講，認為我應該要把非裔美國人的後代描述為「A 群」和「B 群」。但是我回答說，如果遮掩這項研究背後的歷史模式，才是不誠實。我所研究的資料中，每項特徵都顯示出這個模型深具意義且確實地估計在基因組中，有些 DNA 片段來自於至少二十代之前居住於非洲西部或是歐洲的祖先，那時由殖民主義和奴隸貿易所產生的混血尚未發生。此外這項研究也清楚的指出，我們使用的研究方式找到了不同族群之間造成疾病罹患率差異的風險因子，能夠引領出有利於健康的發現。

提出那些疑問的人並不是極端分子，他們透露出了一項主流觀念：探究人類各族群之間的生物性差異是會造成危險的工作。一九四二年，人類學家艾胥利・蒙塔谷（Ashley Montagu）出版了《人類最危險的迷思：種族的謬誤》（*Man's Most Dangerous Myth: The Fallacy of Race*），書中指出種族只是社會觀念，在生物學上不具備實際意義，從那時候起，這本書就設定了人類學家和許多生物學家討論該議題的基調。[6] 一個經常的經典例子是對於「黑人」並沒有一致的定義。在美國，如果具有撒哈拉以南血統，通常會稱為「黑人」，縱使只有一小部分該血統而且膚色相當淺。在英國，「黑人」指具有撒哈拉以南血統同時膚色深的人。在巴西的定義又不同了，有完整非洲血統的人才叫做「黑人」。如果「黑人」有許多不同的定義，那麼「種族」怎麼可能有生物意義？

一九七二年開始，遺傳學論述開始被納入這項主張：人類學家認為在人類族群之間並沒有重大的生物性差異。那年理查・呂文廷（Richard Lewontin）發表了一項研究人類血液蛋白質類型變化的研究論文。[7] 他把研究的群體分為七個「種族」：歐亞大陸西部人、非洲人、東亞人、南亞人、美洲原住民、大洋洲人，以及澳洲原住民，發現到這些蛋白質中百分之八十五的變異發生在族群之中，只有百分之十五的變異發生在族群之間，因此他結論道：「種族和族群彼此之間其實非常相似，到目前的研究，人類之間最大的差異來自於個體之間的差異。人類種族區分並不具備社會價值，會破壞社會和人類之間的關係。從遺傳學或是分類學的觀點來看，區分種族並沒有實際意義，沒有理由讓這個概念續存下去。」

　　就這樣，人類學家和遺傳學家聯手打造出共識：人類族群之間的差異沒有大到足以支持「生物性種族」這個概念。呂文廷的研究結果很清楚：就大多數特徵變化程度涵蓋到了每個人類族群之中，而且普遍的程度大到不可能找某一生物性特徵，足以把人類分成兩個群體，那種某些人從直覺所相信的「生物性種族」的群體。

　　許多人類學家和生物學家所達成的這共識，似乎在沒有質疑的聲音之下，轉變成為教條：人類族群之間生物性差異如此微小，實際上可以忽略。有更甚者的是，由於這個議題如此讓人憂慮，以至於應該要盡可能避免研究族群之間的生物性差異。接下來的事態也就不意外了，有些人類學家和社會學家認為，對於跨族群的遺傳學研究，即使是發自善意，也會引發問題。他們擔心這類關於差異性的研究工作，會用來實證種族概念，而他們認為種族概念是不足以採信的。他們認為這方面的研究將會變成生物性差異的偽科學論述，以往這些論述曾用來當成奴隸交易、優生學運動（把殘障視為生物缺陷而要殘障者絕育）、納粹殺六百萬猶太人的藉口。

　　這種擔憂非常深切，政治科學家賈桂琳‧史蒂文斯（Jacqueline Stevens）甚至認為應該要禁止研究跨族群生物性差異，連用電子郵件討論都不行，而且美國「應該要立法禁止公立組織職員和接受政府經費的人……以任何形式發表相關的研究（包括在內部檔案或是引用的其他文獻），宣稱種族、民族、國籍或是其他任何方式所區分的族群之間的差異來自於遺傳，不論是觀察到或是設想到的結論，除非統計上能夠呈現出群體之間有明顯的差異，而且描述這些差異顯然有利於大眾健康，否則不能發表，同時還要有常務委員會來審查並且主管相關的發表內容。」[8]

血統的語言

　　但不論你是否喜歡，基因組革命都停不下來。基因組革命所帶來的發現，讓過去半個世紀以來建立的教條無法繼續維持下去，因為基因組革命的確發現到證據，指出不同的族群之間有顯著的差異。

　　基因組學革命和人類學教條首度正面大規模交鋒是在二〇〇二年，馬克・費爾德曼（Marc Feldman）和同事，研究人類基因組中足夠多的區域（共三百七十七具有不同變化的位置）。藉由這些區域的差異，可以把來自世界各地的樣本分群，而這種分群的結果非常接近於美國的種族分類：「非洲人」、「歐洲人」、「東亞人」、「大洋洲人」和「美國原住民」。[9] 費爾德曼的結論大致上和呂文廷的一樣，指出了群體中個體間變異要比群體之間的變異來得更多，但是呂文廷只研究了個別的突變，費爾德曼是由各種突變的組合方式來分群。

　　科學家很快就有所反應，其中一位是史萬特・帕波，八年後他帶領的團隊定序了古代尼安德塔人和丹尼索瓦人的基因組序列。一九九七年，馬克斯・普朗克演化人類學研究所在萊比錫成立。德國本來在這個領域中居於領導地位，後來該國人類學家幫助納粹建立種族理論，在第二次世界大戰之後就幾乎退出了這個領域。該所成立代表了德國重返這個領域的努力，帕波是創所所長。

　　身為德國重建人類學權威大國的研究所所長，帕波認真的負擔起道德責任，並且思考人類族群結構是否真的如同人類學家法蘭克・利文斯敦（Frank Livingston）所說的「沒有種族，只有族群組而已。」在這個觀點中，人類的遺傳變異會隨著地理分布而有梯度變化，代表了各族群會和周邊的族群混血。[10] 為了探究這樣可能性，帕波研究了費爾德曼所發現的各分群之間是否有明顯的區隔，因為受到分析的族群並不是以隨機的方式於世界各地採集來的。要了解非隨機取樣對於結果的影響，可以想想看美國的情況。美國的人口多樣性非常高，但是諸如非裔美國人、歐裔美國然後東亞人之間的遺傳不連續性的情況非常明顯，遠超過這些移民族當年出發的地方，因為美國所吸引的移民只來自於全世界中的某些地方。舉例來說，在美國，非洲血統幾乎都來自於非洲西部一些群體[11]，大部分的歐洲血統來自於歐洲西北部，絕大多數的亞洲血統來自於亞洲東北部。帕波指出，這樣的非隨機取樣或許能夠解釋費爾德曼和同事觀察到的一些現象。不過後續研究證明了非隨機取樣並不會對於結果造成多大的影響，因為後來的取樣特別注意地理的平均分布，重複分析的結果，也得到人類族群明顯分群的現象。[12]

另一次騷動起於二〇〇三年由尼爾・黎希（Neil Risch）團隊發表的論文。他們認為就醫學研究來說，種族分類是有用的，因為種族分類不只能夠用來修正社會經濟與文化造成的差異，同時其中的遺傳差異對於診斷與治療疾病而言也很重要。[13]黎希的信念來自於鐮狀細胞疾病這類例子，在美國，非裔美國人罹患此病的機會遠遠高過其他族群。他認為醫生在診斷的時候，如果病人是非裔美國人，應該要想到是鐮刀細胞疾病的可能性會比較高。

二〇〇五年，美國食品及藥物管理局支持這種想法，該局核准了 BiDil 可以用於治療非裔美國人的心臟衰竭，因為資料證明這種由兩種成分組合而成的藥物，對於非裔美國人的療效要好過對歐裔美國人。但是在反對的陣營中，大衛・戈德斯坦認為美國的種族分類方式往往無法確實反映出生物特性，因此長期來看不具備什麼用途。[14]他和同事指出，以美國人口普查分類來預測會對藥物有不良反應的遺傳變異頻率，結果並不準確。他承認在現今知識不足的情況下，可以利用種族和民族分類，但是預測未來將會直接檢測個人所具備的遺傳突變，就完全不需要以種族作為判定個人化醫療方式的基礎。

在這樣爭論四起的時刻，我的研究出現了。我的研究著重的是方法：能夠確定的不只是族群的祖先，還包括了基因組中各個片段的祖先。人類學家杜安娜‧福爾維利（Duana Fullwiley）寫道，像我這樣的遺傳學家，發展出了她所謂的「混血科技」，並且使用了「血統」這些字眼，代表了倒退回到傳統生物性種族概念的發展趨勢。[15] 她指出在美國，我們所用的「血統」這類詞彙，相當接近於傳統上的種族分類。她的看法是，族群遺傳學社群發明了一些婉轉的詞彙，用來討論曾經屬於禁忌的議題。有些在政治立場另一個極端的人，也相信我們使用了婉轉的詞彙。二○一○年，我參加了一場冷泉港實驗室的會議，記者尼可拉斯‧韋德（Nicholas Wade）對於族群遺傳學家社群使用的「血統」詞彙非常憤怒，說道：「講白了，就是『種族』！」

但是「血統」並不是婉轉的說法，也不是「種族」的同義字。相反的，會使用這個詞，是因為科學終於發展到有工具能夠檢測出「血統」。我們急需要精確的語言以討論到人與人之間的遺傳差異，才會使用「血統」這個詞。現在已經無可否認，各族群之間與許多特徵相關的平均遺傳差異並沒有小到微不足道，種族相關詞彙非常負面，又有沉重的歷史包袱，不能使用。如果我們持續使用，將無法從當前的爭議中脫離，可是爭議又陷入了泥沼，反對的兩個立足點都不穩固。一個是相信天生的差異只不過是偏執盲從的想法，幾乎沒有事實根據。另一個則是認為族群之間的生物性差異太小，從社會政策來看，可以忽略不顧。現在應該要脫離這種讓人麻木的錯誤二分法，仔細釐清研究基因組所帶來的發現。

真實的生物性差異

有些人擔心，遺傳學研究發現到族群之間確有差異，會被誤用為讓種族主義合理的藉口，這點我深有同感。但是我就是擔心這樣的同感，使得人們拒絕承認族群之間許多特徵上有顯著的生物性差異，而讓自己所處的立場並不穩固，在科學面前會崩逝瓦解。最近幾十年來，絕大多數的族群遺傳學家都盡力避免違背教條，我們往往會刻意混淆，撰寫數學論述時跟隨呂文廷的精神：族群中個體之間的平均差異，是族群間平均差異的六倍。我們指出，造成族群之間顯著差異特徵（例如膚色）的突變並不常見，檢視整個基因組，族群間突變頻率的典型差異顯然比較少。[16] 但是小心翼翼的用字遣詞，刻意掩蓋了不同族群之間平均來說在生物特徵上確實有顯著的差異。

　　要了解遺傳學家為何不再和人類學家手牽手，不再認為人類族群之間的差異小到微不足道，只要看看「基因組部落格主」（genome blogger）就可以知道。在基因組革命開始之後，人們便在網際網路上熱烈討論關於人類變異的論文，有些基因組部落格主後來精通於分析網路上公開的基因組資料。相較於絕大多數的學術界人員，基因組部落格主的政治態度往往偏向右派，拉茲布·可汗（Razib Khan）[17] 與迪奈可斯·彭迪可斯（Dienekes Pontikos）[18] 發表了各族群特徵的平均差異，其中包括了身體外貌和運動能力。部落格「歐洲基因」（The Eurogenes）中，「哪個古代民族散播了印歐語系語言」這樣激起反應的標題，往往會有上千個留言灌爆。[19] 這個非常敏感的議題在第二部分中討論了，那些印歐語系者的擴張過程，被當成建立國家神話的基礎 [20]，有的時候受到濫用，如同納粹德國時期的狀況。基因組部落格主的信念，有部分來自於在討論各族群之間生物性差異時，學術界人士並沒有保持科學家追求真實的精神。[21] 基因組部落格主很樂於指出一項矛盾：學術人士基於政治正確所傳遞的訊息，說族群之間的特徵無法區別，但是在他們發表的論文中得出的科學結果卻不是這樣的。

　　我們知道的實際差異有哪些？我們無法否認，各族群之間有顯著的平均遺傳差異，不只有膚色，還包括了體型、消化澱粉與乳糖的效率、在高海拔地區呼吸的難易程度，以及某些疾病的罹患率。這些還只是我們剛發現的差異而已。我預料，不知道更多的人類族群之間的差異，是因為能夠找出這些差異的適當統計資源還沒有投入。人類大部分的特徵，一如呂文廷所說，在族群內的差異要大過族群之外。這代表在任何的族群中，如身高等絕大部分的特徵，都有位於高低兩個極端的個體存在，例如很高與很矮的人。但是這並沒有排除各族群之間在特徵上有細微的平均差異存在。

　　幾乎每次回爭論，傳統教條都沒能站穩腳跟。二〇一六年，我參加了一場約瑟夫‧葛拉夫（Joseph L. Graves）在哈佛大學皮博迪考古與民族學博物館（Peabody Museum of Archaeology and Ethnography）的演講，主題是種族與遺傳學。在演講中，葛拉夫舉出五個能夠大幅影響皮膚色素沉積作用的突變，在不同族群中這五個突變出現的頻率差異很大。他把這個五個突變和腦中上萬個會在腦中活動的基因比較。他指出，會在腦中活躍的基因和那五個和色素沉積的基因不同，會在許多部位活動。有些突變會推動認知和行為出現某個面向的特徵，但是另一些突變會推動的是別的面向，各種作用相加就平均掉了。但他的論點其實並不可行，因為在實際的狀況下，如果天擇對兩個分開的族群施以不同的壓力，有許多突變所影響的特徵，會如同那些受到少數突變影響的特徵，讓兩個族群之間產生平均差異。事實上，已知有由許多突變所影響的特徵（可能如同行為和認知），如同膚色這種由幾個突變所影響的特徵，也受到天擇篩選。[22] 目前最佳的例子是身高。身高是由基因組中數千個有變異的位置所決定的，二〇一二年，喬爾‧赫斯霍恩（Joel Hirschhorn）領導的分析研究指出，天擇對於那些位置的篩選結果，使得歐洲南部人的身高平均來說比歐洲北部人矮。[23] 身高並不是唯一的例子，強納森‧普瑞查德（Jonathan Pritchard）所帶領的研究指出，至少從兩千年前，天擇就作用在英國人許多特徵的遺傳變異之上，結果包括嬰兒頭部平均來說比較大，女性臀部也是（可能是為了要在生產時配合嬰兒頭部的增大）。[24]

人們很容易會想，遺傳影響體型是一回事，但是影響認知和行為特徵又是另一回事。不過這種界線已經打破了。如果你加入了某個疾病的遺傳研究，得填寫表格，註明自己的身高、體重和受教育時間長度。丹尼爾・班傑明（Daniel Benjamin）和同事彙整了四十萬名有歐洲血統者的受教育資料，那些人提供自己的基因組資料，以供研究各種遺傳疾病。班傑明等人找到了七十四個在受教育時間長的人中更為常見的遺傳變異，那些變異在受教育時間短的人中比較少見。這樣研究已經去除了受到研究族群中各種會造成影響的差異，結果很紮實。[25]這些科學家還指出，雖然平均來說，社會影響力在這方面要大過遺傳，但是從遺傳去推測受教育時間長短的準確度不容忽視。他們指出針對受到研究的歐洲血統族群，設計一個遺傳預測方式，計算出其中完成十二年教育的概率為百分之九十六，而最低的則為百分之三十七。[26]

那些遺傳變異怎麼影響到教育程度？馬上浮現的猜想是它們會直接影響學業能力，但這可能是錯的。一項包含了十萬多名冰島人的研究指出，那些遺傳變異也會讓女性生第一個小孩的年紀增加，而且造成影響的程度要遠大於對於受教育時間的影響。那些變異可能是以間接的方式發揮作用，讓人們比較晚有小孩，使得小孩必較容易接受完整的教育。[27]這個結果指出了，在我們發現控制行為的生物性差異時，這些差異發揮功用的方式往往和我們無知的猜想不同。

各族群間影響教育程度的突變在出現頻率上的平均差異，還沒有找出來。但是在冰島，從遺傳上預期年長者整體上受教育的時間要長過年輕人，這點讓我們警覺。[28]領導這項冰島研究的奧古斯丁・

江（Augustine Kong）指出，這項結果代表了在上個世紀，天擇作用不利於預期受到有更多教育的人身上，就像是篩選出比較年輕就有孩子的狀況。由於在單一族群中，影響受教育時間的遺傳成因顯然於一個世紀內因為受到了天擇壓力而產生明顯的改變，那麼這個特徵在各族群之間出現差異也是極有可能之事。

影響歐洲血統教育程度的遺傳變異，是否會對於非歐洲血統者的行為發生影響，或是對結構不同的社會系統發生影響？這些沒有人知道。不過，如果那些突變對於某一個族群的行為會發生影響，很可能對於其他族群也發生影響，縱使這些族群的社會狀況有所差異。在遺傳所影響的行為特徵中，教育程度可能只是冰山一角。其他人也和班傑明一樣，發現了能夠預測行為特徵的遺傳因素[29]，其中一項研究調查了七萬多人，發現到在二十多個基因中的突變適合用來預測在智力測驗中的表現。[30]

族群之間生物性差異大到足以讓人的能力或是體質產生差異。想要反對這種可能性的人，最自然的想法是證明縱使有差異存在，也會非常小。這種說法是，不同人類族群之間平均遺傳差異所決定的特徵，就算會影響認知與行為，但是族群彼此分開的時間太短，使得族群之間的量化出來的差異可能很微小，讓人會想到呂文廷的說法：族群之間的遺傳差異程度，小於族群中個體之間的遺傳差異程度。但是那個論點本身也站不住腳。兩個族群從祖先族群分開之後的時間，對於某些非非洲人族群來說，平均可以長達五萬年，對於撒哈拉南部的某些族群來說，更長達了二十萬年以上，以人類演化的時間規模來說，不能說是微不足道。如果對於身高和嬰兒頭部大小的篩選可以在幾千年就發生，[31]那麼就不應該賭說類似的平均差異不會影響到認知或是行為特徵。就算我們還不知道會是有哪些差異，在科學上與社會上都要做好準備，以便在找出差異後能夠應對，而不是把頭埋在沙地中，假裝找不到那些差異。保持沉默。對同事和公眾說族群之間顯著差異不可能存在，是我們科學家無法繼續採用的策略，而且這種策略其實是有害的。如果我們身為科學家刻意避免設立理性討論人類差異的框架，那麼留下的空白之處將會填滿偽科學，這種結果遠不如讓人們公開談論任何內容來得好。

基因組革命帶來的見解

傳統社會對於種族分類的方式，是否與具備生物學意義的分類內容相符？對於這個問題，基因組學革命已經提出了新的見解，最早研究這個議題的族群遺傳學家和人類學家當時並沒有得到那麼多資料。因此，基因組學研究得到的資料，能夠讓我們掙脫束縛目前了無新意的討論框架，在智識上有所進展。

就算到了二〇一二年，在分析人類遺傳資料時，引用那些一成不變的分類架構，諸如「高加索人」、「非洲西部人」、「美洲原住民」、「澳洲原住民」等，似乎還合情合理，因為那些群體好像分開了數萬年之後都沒有在混血。二〇〇二年，費爾德曼領導的研究得到的分群結果，就相當符合於傳統的分類，這種模型似乎可以好好描述世界上許多地方的族群變異（當然有些例外）。[32] 費爾德曼和同事在另一篇論文中提出了一個模型，說明這種人類族群結構產生的方式。他們認為現代人類約在五萬年前從非洲和近東地區擴散出來，一路留下後代族群，這些族群又分出其他的後代族群，現在各地區的居民都是當時現代人類首度抵達之後的直系後代。[33] 這種「連續奠基者」（serial founder）模型，要比十七世紀到二十世紀的種族生物理論學家所想像的精細得多，不過前後兩者的理論有共通之處：皆預期人類族群一旦出現了，幾乎彼此不會混血。

但是古代 DNA 研究讓連續奠基者模型站不住腳。時至今日，我們知道現今族群結構並無法反映出數千年前的族群結構。[34] 相反的，目前全世界的族群是由原本差異很大的族群混血而成，那些族群已經不以未混血的形式存在了，舉例來說，古代歐亞北方人是現今歐洲人和美洲原住民的重要祖先[35]，除此之外，在近東的許多族群彼此之間差異的程度相當於目前歐洲人和東亞人的差異程度。[36] 大部分現今的族群，並不僅是萬年前當地居民的後代。

　　有些人認為自己知道，人類族群之間真正的差異應該會對應到各種族群刻板印象。而人類族群結構的本質與之前設想的不同，這點對他們來說應該是項警訊。之前我們對於早期人類起源有錯誤的印象，所以古代 DNA 革命才能帶來那麼多的驚奇。這樣看來，對於生物性差異的直覺看法，也不應該相信才是。對於認知與行為特徵，我們目前還沒有足夠多的樣本去進行讓人信服的研究，但是現在有可用的技術，不論我們喜不喜歡，不論是在那些地方進行，高品質的研究一旦展開，所發現的遺傳關聯將無可否認。我們需要面對這些研究結果，並且以負責任的方式加以回應，可以確定有些讓人驚訝的結果。

　　但很不幸，現在有一群新的作者和學者認為不只有平均差異存在，而且他們還從傳統種族的刻板印象分類去猜測有哪些差異。

　　對於「人類族群之間刻板差異具有遺傳基礎」這種論點，近來提倡最力的人，是《紐約時報》的記者韋德，他在二〇一四年出版了《麻煩的遺傳：基因、種族和人類歷史》（*A Troublesome Inheritance: Genes, Race and Human History*）[37]，韋德在書中持續呈現的主題是學術界傾向團結一致，強化教條，有一群反抗者說出真相時就會群起而攻之。（韋德報導過學術造假，把人類基因組計畫描述成一個亂花稅金的巨大計畫，並且攻擊和全基因組研究有關聯的計畫，那些計畫的目的是找出用於評估疾病風險的普遍遺傳變異）。《麻煩的遺傳》這本書中持續出現這個主題，指出人類學家和遺傳學家組成了政治正確聯盟，聯手遮掩事實：人類族群之間有明顯的差異，而這些差異能夠對應到傳統印象中的各個種族。書中有些論述的確有道理，他正確地指出科學社群試圖強化偏離真實教條所造成的問題。不過他做為反對方所提出來的「真實」是，不但有顯著差異，而且那些顯著差異符合傳統的種族刻板印象，這個說法就沒有根據了。韋德振振有詞的描述完全來自猜想的內容，所有內容都引用同一批權威人士，講同樣的話，因此如果有天真的讀者，接受了書中那些論證完整的內容，也會接受其他的內容。還有更糟糕的事情。韋德之前的文章提到反抗者說的事實，來自於有創造力與成就的學者，但是這次在書中他沒有指出遺傳學界中有哪位認真的學者支持他的猜想。[38] 他頌揚那些反對錯誤教條的人，但誤認為那些人提出的其他理論應該就是正確的。

韋德用大量篇幅講述推測內容的一個例子，是他有一整章都在談二〇〇六年由葛雷葛利・科克蘭（Gregory Cochran）、強森・哈帝（Jason Hardy）和亨利・哈本丁（Henry Harpending）所發表的一篇文章，該篇文章指出德系猶太人的智商平均來說比較高（與全世界的平均智商高出一個標準差），得到諾貝爾獎的人不成比例的高（高出世界平均的百倍），可能來自於千年來猶太族群從事放債的天擇結果，這個行業需要書寫能力和計算能力。[39] 他們也指出，泰薩二氏症和高歇氏症（Gaucher disease）這兩種由突變造成、影響腦細胞脂肪儲藏的疾病，在德系猶太人中罹患率特別高，便假設這些突變是會影響智力，所以在天擇壓力之下出現的頻率比較高（他們的論點是，一個人帶有兩個突變會造成疾病，但是只帶一個突變可能會帶來好處）。這個說法和證據矛盾，因為會有那些疾病是隨機出現的噩運。中世紀德系猶太人族群經歷了瓶頸，只有少部分人成為現在龐大族群的祖先，那些少部分人中剛好有些帶有突變[40]，但是韋德卻強調這方面的研究基礎應該是正確的。對於族群間行為差異的起因，哈本丁也有過沒有證據就猜測的紀錄。二〇〇九年，在

「保護西方文明」（Preserving Western Civilization）這場會議中，他發表演說，強調具有撒哈拉以南血統的人在不需要工作的時候，傾向不工作，他說：「我在非洲從來沒有看到哪個人有興趣嗜好。」因為他認為某些歐亞大陸人經歷過需要努力工作的天擇，但是撒哈拉以南的非洲人沒有。[41]

韋德也特別指出，經濟學家葛瑞里‧克拉克（Gregory Clark）在《告別施捨》（A Farewell to Alms）提到，英國會首先出現工業革命，是因為在工業革命前五個世紀中，富裕者的出生率要比非富裕者高。克拉克認為，高出生率讓族群中充滿推動資本主義浪潮的特性，例如個人主義、耐心，以及長時間工作的意願。[42] 克拉克承認自己無法區別是基因傳遞到下一代還是文化傳遞到下一代，但是韋德卻把克拉克的論點當成遺傳可能發揮影響力的證據。

我花了一些篇幅討論韋德書中的錯誤，是因為我覺得非得好好解釋才行。雖然許多學術界人員的確盡力維護錯誤的正統教條，並不代表每個非正統的「異端」就是正確的，但韋德就是這樣。他寫道：「每個文明社會都發展出適當的制度，用於適應環境並且維持續存，但是這些制度往往深受文化傳統的影響，建立在受到遺傳影響的人類行為之上。當一個文明社會發展出一組截然不同的制度，而且這些制度能夠代代相傳許久，所代表的跡象是在影響人類社會行為的基因中有一組特殊的變異。」[43] 韋德這段文字的言下之意，便是指出種族主義中關於族群差異的流行觀念的確有幾分道理。

韋德不是唯一相信自己知道族群間差異真相的人。二〇一〇年，在一場名為「DNA、遺傳學與人類歷史」的會議中，我首次見到了韋德。在會議某時，我聽到背後傳來聲音，一回頭，居然看到了詹姆斯‧華生，那位在一九五三年發現 DNA 結構的科學家。在這次會議前幾年，他才卸下了冷泉港實驗室主任的職務。一個世紀之前，該實驗室是美國優生學運動的中心，收集了許多人的特徵紀錄，作為篩選培育之用，並且還展開遊說活動，希望許多州能夠立法讓許多被認為有缺陷的人絕育，以便對抗人類基因庫的衰退崩壞。矛盾的是，華生是被迫辭去主任職位，因為更之前他在英國《星期日泰晤士報》的訪問中，說道自己「打從心底對於非洲的前景不抱期待」，除此之外，還補充說：「我們的社會政策建立在他們的智能和我們的相同上，但是所有的測驗指出那並不符合實際的狀況。」[44]（沒有支持這種說法的遺傳證據）。我在冷泉港實驗室見到華生時，他靠過來對我和坐在我旁邊的遺傳學家貝特‧夏比羅說悄悄話：「你們應該研究一下，你們猶太人為什麼會比其他人聰明得多。」接著他說猶太人和印度婆羅門的成就比較高，是因為數千年來天擇篩選讓他們要成為學者，所以在遺傳上有優勢。他繼續小聲地說，從自己的經驗來看，印度人是微賤的，就像是他們在英國殖民統治時期那樣，他認為這種特徵是種姓制度中的天擇作用所造成的。他還說到來自於東亞的學生往往墨守成規，是因為古代中國社會篩選墨守成規的人。

華生喜歡挑戰既有觀念這件事相當有名。他的任性喧鬧或許是他成為成功科學家的重要特質之一，但是開會時他已經八十二歲，智識不再嚴謹，剩下的只有想把直覺印象一吐為快，而這些印象並沒有經過讓他研究出 DNA 結構的那種科學檢驗。

寫到這裡，想到華生、韋德和他們一脈相承的人就在我的背後，讓人不寒而慄。科學一而再、再而三的告訴我們，信賴某人的直覺，或是盲目跟隨某人的偏見，完全相信那些人知道所謂的真理，會是多麼危險。從認為太陽繞著地球運轉、人類譜系在數千萬年便與其他巨猿分開，到現今的人類的族群結構是在五萬年前就形成的（事實上我們知道主要是在最近五千年的族群混血所造成的）。從這些和其他錯誤的觀念，我們應該學到要小心注意，不要相信自己的直覺或從周遭人得知的刻板推測。如果說有什麼可以確信，那便是不論我們認為自己察覺到的差異是什麼，從而做出的推測幾乎都是錯誤的。華生、韋德和哈本丁的言論之所以會有種族主義色彩，在於他們觀察到學術社群拒絕承認差異有可能存在的可能性，便從自己的觀察直接跳到缺乏科學證據的發言。[45] 他們知道有那些差異，也知道那些差異符合長久以來流行的刻板印象，但那樣的信念往往是錯誤的。

我們現在確實並不清楚，族群之間由遺傳所造成的差異，其本質或趨勢到底會是如何。有一個例子是過度強調頂尖短跑選手的非洲西部人血統。一九八〇年以來，奧林匹克運動會中男子百米賽跑的決賽選手，包括來自於歐洲與美洲的，全部都有非洲西部人的血統。[46] 最常用來解釋非洲西部人血統者在短跑表現上鶴立雞群的遺傳假說，是這種能力來自於天擇。速度超出平均一點點，看來似乎不多，但是在極端傑出的能力表現上，差那麼一點點就差很多。以短跑能力來說，非洲西部人只要比平均高〇‧八個標準差，強度幅度就會增加百倍，超過百分之九十九‧九九九九九九九的歐洲人。但還有另一種解釋同樣差異幅度的方式：具有非洲西部血統的人群，短跑能力差異的程度更大而已，也就是說短跑能力更強和更弱的人，所佔的比例都更高。[47] 在平均值相同的狀況下，具有非洲西部血統的人，能力值分布得更廣，因此強度增加百倍，超過百分之九十九‧九九九九九九九的歐洲人，其實只是因為非洲西部人的遺傳多樣性高過歐洲人百分之三十三而已。[48] 不論這個理論是否解釋了非洲西部人主宰短跑領域的原因，其他許多生物性特徵（包括各種認知能力）方面，預計會有更高比例的撒哈拉以南非洲人，具備由遺傳造成的極強能力。

那麼，在未來的日子中，我們應該如何準備這種可能性：遺傳研究將會證明行為或認知特性受到遺傳變異的影響，各族群之間平均來說這些特性會有所差異，這些差異來自於族群中平均結果的不同，以及族群中變異的程度比較大。就算我們現在還不知道會有哪些差異，也需要想出新的思維方式以便接納這些差異，而非完全否認這些差異的存在，等到發現到這些差異時才發現手上沒有任何對策。

有鑑於基因組革命的發現，有人可能會說，「人類有重複混血的歷史，那麼族群差異就沒有意義了。」用這樣的想法打造出新的舒適圈，過著和以前一樣不變的生活。但是這種說法只是在堅持錯誤的見解罷了。如果我們隨便挑現今活著的兩個人，會發現他們的血統來自於許多族群譜系，這些族群彼此分隔的時間已經很久了，他們之間有顯著平均生物差異的機會很大。發現到族群間有顯著差異是不可避免之事，正確的對待方式，是了解到這些差異的存在並不應該影響我們的行為。身為社會的一份子，我們應該要承諾每個人之間總是會有差異，但是都保有相同的權利。如果我們嚮往在一個族群中，不論其中的個體之間有多麼大的差異，我們都能夠尊重每一個人，那麼應該不用太費力就能夠把這種尊重用於族群間顯著的平均差異，因為這種差異要比族群中個體差異要小得多。

除了必須平等尊重每一個人，記得人類的特徵有很大的多樣性，也同樣重要。那些多樣性除了認知和行為特徵之外，還包括了運動能力、手作能力，以及社交能力與同理心，其中絕大部分在個人之間的差異之大，使得在任何族群中，不論個人原來出身的族群為何，所具備的某項特徵可以超越眾人，就算那個「任何族群」因為遺傳和文化的影響而有不同的平均值。對於絕大多數的特徵來說，努力和適當的環境足以使得天資差的人在進行某些任務時表現得比天資好的人更佳。人類的特徵具有許多面向，個人之間有很大的差異，努力和教育能夠確實彌補遺傳天賦的不足。因此，唯一合理的心態是頌揚每個人和每個族群都具體呈現了人類非凡的才能，以及不論所具備的遺傳傾向的平均組合結果，都賦予每個人各種通往成功的機會。

對於這項挑戰，我自然的反應是想從男性和女性之間的生物差異，學習解決之道。性別之間的差異極大，實際上遠遠大於任何族群間差異。男性和女性之間的不同是由大量遺傳物質所造成，男性有 Y 染色體而女性沒有，女性有第二個 X 染色體而男性沒有。絕大多數的人都接受男性和女性之間有很大的生物性差異，這些差異使得男性與女性平均來說身高和體型不同，氣質與行為也不同，只不過還需要研究哪些特別的差異會受到社會預期和養育方式所影響、影響的程度有多大。（例如現在許多職務和專業工作由大量女性擔當，但是一個世紀以前那些職務與專業中幾乎沒有女性。）現在我們鼓勵兩性體認到有這些生物性差異，並且不論性別，都賦予每個人相同的自由與機會。女性和男性之間平均來說一直有不對等的地方，因此完成這些期待的顯然是一項挑戰。但是打造一個接納甚至擁抱這些真實存在的差異是很重要的，在此同時，我們要努力往更好的方向發展。

最後，種族主義真正的冒犯之處，在於判斷個人時的根據，是該人所屬群體的錯誤刻板印象，而忽略了用這種刻板印象去判斷個人時幾乎就產生誤解。「你是黑人，節奏感一定很好」，或「你是猶太人，一定很聰明」這樣的說法，毫無疑問會造成嚴重的傷害。每個人都有自己獨特的強項和弱點，也應該要得到與之相符的對待。假設你是田徑隊教練，有個年輕人走過來想要跑百米。這種競賽總是過度強調非洲西部血統者有多麼擅長，好似遺傳可能是重要因素。但身為一個好教練，種族並無關緊要。測是這位年輕人百米速度的方式很簡單：讓他站上跑道並且拿出碼表計時。其他絕大部分的情況也應當如此。

身分認同的新基礎

對於重新了解人類差異和身分認同（知道自己在所處環境中的地位），基因組革命帶來的效應更強，而不是推動往往是錯誤的舊信仰。

想要了解基因組革命破壞老舊的身分刻板印象、打造新身分基礎的力量，可以想想看，這場革命中發現到人類過去持續重複混血，用來建立民族國家的生物理論幾乎都被摧毀殆盡。在納粹的意識形態中，德國的根源是印歐語系語言的「純種」阿利安人，可以經由人工製品追溯到繩紋器文化。但是後來這種意識形態粉碎了，因為我們發現到使用這類人工製品的人，是來自於俄羅斯草原的大批移民，德國民族主義者根本鄙視那個地區。[49] 在印度教民族主義（Hindutva）的意識形態中，來自南亞以外的移民對於印度文化並無重大貢獻，其實不然，因為現今印度人約有一半的血統來自於最近五千年中，從伊朗和歐亞草原出發的多次移民。[50] 同樣的，盧安達和蒲隆地發生了種族屠殺，兩國的圖西族（Tutsis）認為自己的祖先是來自於非洲西部的農耕者，而胡圖族（Hutus）不是，這種完全沒有道理的觀點納入了種族屠殺的藉口。[51] 我們現在知道，現今幾乎每個群體都是近幾千年到幾萬年來族群重複混血的產物。混血是人類的本質，沒有所謂「純種」的族群。

非科學界人士已經了解到基因組革命對於塑造新論述的潛力有多大，非裔美國人已經站在這波運動的最前方。在奴隸交易時代，非洲人遠離根源，被迫離開自己所屬的文化，在幾代之後就失去了祖先的宗教、語言和傳統。一九七六，艾利斯‧哈利（Alex Haley）的小說《根》（Roots），描述了奴隸康大（Kunta Kinte）一生的旅程，以及他後代子孫的故事，藉此說明黑人失去了根源。[52] 哈佛大學文學教授亨利‧路易斯‧蓋茨利用遺傳研究的能力，重建非裔美國人失去的根源。在他主持的電視節目《美國人的面容》（*Faces of Americans*）與後來的《找尋根源》（*Finding Your Roots*）中，宣稱大提琴家馬友友能夠追溯到十三世紀時在中國的祖先，但是蓋茨身為非裔美國人，從來不知道那會是什麼感覺。但是他指出，就算是在族譜紀錄有限的狀況下，遺傳學能夠為非裔美國人提供許多資料和見解。[53]

　　新興產業「個人血統檢測」（personal ancestry testing），利用了基因組革命的潛力，成為了這項新論述的基礎，並且能夠比較受檢測消費者的基因組。蓋茨製作的電視節目所圍繞的主題是追溯名人來賓的族譜和DNA，以文學的方式訴說名人的故事，好讓觀眾了解基因資料的力量能夠揭露自己從來都不知道的家族歷史。舉例來說，節目中發現了兩位來賓數百年前本來是一家。他們也利用遺傳檢驗找出人們祖先所居住在哪座大陸，甚至包括了大陸中哪個地區。

　　美國的白人以前強迫剝奪了那些人的根源，我身為其中一份子，覺得每個人（特別是非裔美國人和美洲原住民）有權利使用遺傳資料，填補自己族譜中的空白之處。有些人認為個人血統檢測結果具有科學權威性，但重點是我們得牢牢記住，許多檢測結果很容易就遭到錯誤的詮釋，同時鮮少附上科學家對於未確定發現的警告說明。

　　有些最明顯的例子來自於為非裔美國人提供遺傳檢測結果的產業，其中有家公司叫做「非洲血統」（African Ancestry）。這家公司提供給消費者的檢測結果，是消費者的Y染色體或是粒線體DNA類型，在非洲哪些部落或是國家中最為普遍。這樣的結果很容易遭到過度詮釋，因為在整個非洲，各型Y染色體或是粒線體DNA出現的頻率太相近，無法用來得到可信的測定結果。舉例來說，假設有個Y染色體類型在豪薩族（Hausa）的頻率比較高[54]，而在周遭的約魯巴族、曼德族（Mende）、富拉尼族和班尼族（Beni）稍低，「非洲血統」所寄出的檢驗報告中，可能會說這個非裔美國男性所具備的 Y 染色體類型在豪薩族中最普遍，但是很有可能他真正的祖先並非豪薩族，因為非洲西部有很多部族，算下來每個部族在非裔美國人血統的占比連普通程度都沒有。[55] 不過接受過檢測的人，往往會有種知道自己根源的印象。族群遺傳學家瑞克·基特爾斯（Rick Kittles）是「非洲血統」的創立者之一，他描述這種感覺：「我的母系可以回溯到奈及利亞北部，是豪薩族居住的土地。之後我去了奈及利亞，和當地人交談，學習豪薩族的文化與傳統，這讓我感覺知道自己的身分。」[56] 理論上，全基因組血統檢測比起只檢測 Y 染色體和粒線體 DNA 更精確，但是在目前，就算是全基因組檢則也還沒有好到能夠提供足夠精確的資訊，讓非裔美國人知道自己的祖先居住在非洲何處，原因之一是現今非洲西部族群的資料還不夠完備。還需要更多研究才能夠讓這類的檢驗結果更可靠。

對於非裔美國人來說，另一個讓人沮喪的事情，可能是在非洲奴隸抵達北美洲之後，經歷的文化動盪太過激烈，以至於到了現在，非裔美國人祖先是從非洲何處而來，彼此之間的差異非常少。來自於非洲大陸某個區域的非洲人被賣到別處，和其他人混血，結果就是在幾代之後，第一代奴隸中巨大的文化多樣性以及血統的差異，就被混淆到無法辨認。我和布里克在二〇一二年的未發表研究結果中，非洲血統幾乎完全同源化的現象很明顯。她分析了來自於芝加哥、紐約、舊金山、密西西比州、北卡羅萊納，以及南卡羅萊納海洋列島的一萬五千名非裔美國人的全基因組資料，看看是否有某非裔美國人族群在親緣關係上更為接近某些特定的非洲西部人。因為美國的奴隸來自於不同的地方，[57] 如果彼此有差異是很合理的。紐澳良是四大奴隸進口港之一，主要是法國的奴隸販子來這個港口。在巴爾的摩、沙凡那（Savannah）和查理斯敦（Charleston）活動的主要是英國人，他們從非洲不同的地方俘虜奴隸。但是我們發現非裔美國人中的非洲西部人血統混合得太均勻，在美國本土族群中無法找出他們非洲祖先族群之間具有差異。只有南卡羅萊納海洋列島上的族群，我們找到證據顯示他們和非洲某個特定地區有關：獅子山（Sierra Leone），來自於當地的語言具備了非洲獨特的文法，目前海洋列島上的古拉人依然使用這些文法。我們需要研究第一代非洲奴隸的 DNA，才能真正的追尋他們在非洲的根源。[58]

有的時候，提供個人血統檢驗的公司所造成的問題不限於非裔美國人。更常出現且更容易犯下的錯誤，是這些公司為了賺錢，提供給人們感覺上有意義的發現。就算是最嚴以律己的公司也有這種問題。二〇一一年到二〇一五年之間，遺傳檢驗公司 23andMe 提供客人測試尼安德塔人血統的服務，因為有研究指出了非非洲人有百分之二的尼安德塔人血統 [59]，這項服務讓客人和這項發現連結起來。不過從檢測得出的計算結果很不正確，因為在絕大部分的族群中，尼安德塔人的血統變化程度只有百分之一的數十分之一，但是檢驗報告的變化程度卻都有百分之幾。[60] 有幾個人興奮的告訴我說他們的 23andMe 報告中，發現在自己具有的尼安德塔人血統是全世界人中的前百分之幾，但是因為這個檢驗本來就不正確，所以在 23andMe 的檢驗中，尼安德塔人血統比例高於平均的狀況，會比一半還多出一點點。我告訴 23andMe 團隊的成員這個狀況，並且還在二〇一四年的一篇科學論文中提到那些問題。[61] 後來 23andMe 改變了報告形式，不再有那些陳述。但是公司還是繼續讓客戶知道自己有多少突變是來自於尼安德塔人血統的。[62] 那個「多少」的範圍其實可以讓客戶知道自己遺傳到的尼安德塔人 DNA 比例高於所屬族群平均比例多少，也並不是什麼好的證據。

個人血統檢測公司的報告內容並非全都不正確，許多人從這樣的檢測中得到滿意的資訊，特別是在追蹤族譜時缺乏書面資料的狀況，一個例子是被收養者找尋到自己的親生父母，另一個例子是找尋其他的親人。

　　不過從我的觀點來看，從不覺得這種方式讓人滿意。我在準備寫這本書的時候，也想過是不是要把我的 DNA 送到個人檢測公司，或是在我自己的實驗室中研究一番，許多報導個人血統檢測這個領域的記者就幹過這樣的事。但老實說，我完全沒有興趣。我屬於德系猶太人，關於這個群體的研究已經太多了。我確信自己的基因組會很像那個族群中的人。我比較希望把資源用在其他研究不足群體的基因組上。我也擔心研究自己的基因組時會犯下思維謬誤。我發自內心地懷疑那些對於自己家族或文化太有興趣的科學家。他們真的想太多了。我的實驗室中有來自世界各地的研究人員，我鼓勵他們選擇和自己所屬族群無關的研究計畫，不過並不一定都能成功說服。對我來說，以基因組研究為工具，讓個人連結到家族和部落，進一步連結到整個世界，是眼光狹隘又無法帶來滿足的做法。

　　基因組革命所帶給我們的是更重要的事情，讓我們知道自己的本質，了解現今人類的多樣性非常高，而且過去的人類也是。對我而言，了解自身與世界之間的關係，是重要的問題，同時讓我一生都對地理學、歷史學和生物學感興趣。矛盾的是，像我這樣沒有宗教信仰的人來說，《聖經》中的一個例子，讓我了解到基因組革命或許能夠幫助我們解決「存在」這個問題。

　　每年逾越節，猶太人會圍坐在桌邊，回憶出埃及紀的故事。對猶太人來說，逾越節是重要節日，會讓他們記得自己在世界中的位置，並且激勵自己從中得到教訓，知道自己該做的事。那個故事非常成功，數千年來猶太人居住在外國土地上，身為少數分子，依然能夠維持自己的身分，就是最好的證明。

　　逾越節的故事一開始是從古代以色列人的長老傳下來的，從第一代的亞伯拉罕與薩拉，第二代的以薩與利百加，到了第三代是雅各、利亞、拉結、辟拉、悉帕。第四代是十二個男孩（以色列十二的部族的祖先）以及一個女孩底拿。對於現在龐大的族群來說，他們存在的年代太過久遠，難以和現代人之間有什麼聯繫。經由這個文學故事讓那個古老家族和龐大後代產生聯繫的是雅各的兒子約瑟，他被哥哥賣到埃及當奴隸，之後爬到權力很大的位置。後來發生了飢荒，約瑟的家人雖然之前對約瑟不好，但依然搬到埃及，依附約瑟。過了四百年，這個家族擴張得很大，有如小國，光是從軍年齡的男子就超過了六十萬人，女性與兒童加起來的數量更多。在摩西的帶領之下，他們掙脫壓迫的籠牢，流浪了幾十年，設計出自己的法條，最後回到祖先的應許之地。

　　猶太人知道這個故事後，會從心底知道在自己所處的千萬人族群中，彼此為什麼有所聯繫，也對歷史有聯繫。這個故事讓猶太人認為那些都信奉猶太教的人是自己的親屬，就算是不了解真正的親屬關係，也會以同樣的敬意與認真來對待，因此能夠跳脫思考的陷阱，在看待世界時，不會只站在那個自己出生長大的小家庭的角度。

　　就我而言，人類族群之間的重重連結，讓我們具有現在這樣的基因組，也是類似的故事，在人類物種個體數量高達數十億的前提下，幫助我們了解自己在世界的位置。過去幾年來基因組革命，讓我們知道混血是人類歷史的主軸，所有人類之間彼此之間都有連結，而且在未來將持續連結下去。就算我不是《聖經》中所寫遠祖的後代子孫，這個連結的故事也讓我覺得自己是猶太人。我並不是美洲原住民，也不是第一批來自歐洲或非洲移居者的後代，但我覺得我是美國人。我說英語，我的祖先百年前並不說這種語言。我接受歐洲啟蒙時代以來的理性傳統，這不是從我的祖先那兒繼承而來。我是美國人、說英語、有理性傳統，縱使那些都不是由我的祖先所發明，縱使我和美國原住民、英國人和歐洲人也都沒有密切的遺傳關聯。因為特別的祖先根本不是重點。基因組革命讓我們知道了共通的歷史，如果我們能夠多加注意，還能夠進一步免於邪惡的種族主義和國族主義，同時了解到人人都有相同的權利，繼承人類的遺產。

CHAPTER

12

古代 DNA 的
未來

考古學中的第二次科學革命

　　考古學的第一次科學革命始於一九四九年，當時化學家威拉德・利比（Willard Libby）有了一項發現，改變了考古田野調查，並且讓他在十一年後得到諾貝爾獎。[1] 他指出，測量出古代有機物殘跡中含有十四個核子（質子與中子）與有十三分之十二個核子的碳元素比例，就可能計算出這些碳原子是在多久以前進入食物鏈的。在地球上，絕大部分的放射性碳十四是宇宙射線撞擊到大氣而產生的，這種同位素佔所有碳元素的兆分之一。光合作用時，植物會吸收空氣中的碳，作為製造糖類的原料。從這一步開始，碳十四就納入了組成生命的分子中。生物死亡後，體內的碳十四有一半會在五千七百三十年衰變為氮十四，這代表在古代生物殘留物中有十四個核子的碳元素是以已知速率在減少。科學家估計出碳攝取進入生物體內的時間，最遠可以到五萬年前，更遠的年代因為碳十四佔比太低而無法推算出來。

　　放射性碳定年改變了考古學，讓考古學家不需要再推敲層層殘骸堆疊的時間，可以直接推算出遺物的年代。這個發現對於考古學界影響重大。藍夫在《文明之前：放射性碳元素革命和史前歐洲》（*Before Civilization: The Radiocarbon Revolution and Prehistoric Europe*）這本書中指出，放射性碳定年法讓我們知道人類的史前史要比之前所想得還要久遠，也說明了放射性碳革命翻轉了歐洲史前的種種發明主要來自於近東地區的看法。[2] 農耕與書寫的確源自近東，但是金屬加工和打造出巨石陣這樣大型建築的技術並非從埃及或希臘傳來。這些發現和確定其他許多古代遺物的正確年代，在各地吹起來正確認識本地文化的風潮。

　　放射性碳定年已經滲透到考古學的每個角落。證據之一是現在有超過百個放射性碳定年實驗室，為考古學家提供定年服務。另一個證據是放射性碳定是認真考古學家的基本技巧，他們在念研究所的時代就要學習如何好好地詮釋放射性碳定年資料。放射性碳定年甚至改變了考古學家設定的時間紀年方式。古代中國人從皇帝登基起紀年，羅馬人由傳說中城市建立的年代起紀年，猶太人以《聖經》天地創造的時間起紀年。現在幾乎每個人使用的紀年起點是從推測耶穌誕生的那一年，之前是「公元前」，之後是「公元」。考古學使用的紀年是「距今」（Before Present, BP），起點年定義為公元一九五〇年，用於放射性碳衰變推出的年份。前一年，利比發明了放射性碳定年法。

　　放射性碳革命改變了考古學所屬的領域。在一九六〇年代之前，考古學屬於社會科學的分支，但是現在由於有紮實的證據能夠支持各種結論，因此和其他科學領域同樣牢靠。[3] 考古學家還採用了其他許多科學技術，包括了確認古代植物殘骸的種類，以及研究除碳以外其他元素同位素的比例，這可以用於決定人類或是動物所吃食物的種類，以及活著的時候是否遷徙過。現在考古學家能夠運用的科學新工具很多,讓他們以前輩不可能具備的方式分析採掘地點,得到的結果也更為可靠。

我們很容易把古代DNA想成是在放射性碳革命之後,另一個考古學家能夠使用的科技,但是這樣說還是低估了古代DNA。在古代DNA之前,考古學家基於古代遺骸上的改變,以及人造物品的類型,推斷族群的移動。但是那類資料很難好好詮釋。現在能夠定出古代人類完整的基因組序列,讓我們有可能了解每個人之間親緣關係的細節。

評估一個革命性技術,可以用它所帶來的驚人發現速度有多快來看。從這點,古代DNA的革命程度要超過之前所有用於研究歷史的技術,包括放射性碳定年。比較恰當的類比是在十七世紀發明的光學顯微鏡,讓人們能夠看見微生物與細胞,那是之前未曾想像得到的世界。如果新的儀器讓我們看到之前未曾看過的新世界,其中所有的景象對我們來說都會是驚奇。現在的古代DNA研究就是如此。考古紀錄中的變化來自於人群的移動還是文化的交流,古代DNA能夠提供明確的答案,一次又一次帶來了無人預料到的發現。

人類的古代DNA地圖

到目前為止,古代DNA革命主要是以歐洲為核心。在二〇一七年底,公開發表的古代基因組完整資料樣本數為五百五十一件,幾乎有九成出土於歐亞大陸西部。這種集中的狀況反映出分析古代DNA的技術絕大部分在歐洲發展出來,而且歐洲的考古學家一直在研究自家地盤,很久之前就在收集遺骸了。不過古代DNA革命已經散播出去,在歐亞大陸西部以外的地區也出現了一些驚人的發現,最值得注意的是人類遷居到美洲[4]和遙遠的太平洋島嶼[5]的過程。現在技術[6]有所進展,有可能從溫暖的地區甚至熱帶取得古代DNA,

我毫不懷疑在接下來十年，來自於中亞、南亞、東亞和非洲的古代DNA 會帶來同等驚人的發現。這些研究工作能夠打造出人類古代DNA 地圖，詳細地紀錄這些 DNA 的時間與空間分布狀況。我認為這種資源對於知識的貢獻，相當於在十五世紀到十九世紀之間出現的第一批全球地圖。人類古代 DNA 地圖不會回答人類族群歷史的所有問題，但是能夠成為研究架構，在研究新的考古遺址時，都要回頭參考這份地圖。

當這份地圖完成之後，預期將能夠從古代 DNA 中找許多重大的發現，原因在於古代 DNA 研究之中有一個重要的領域還沒有觸及：四千年前到現代的這段時間。目前研究的樣本絕大多數的年代都更為久遠。當然我們從文字紀錄和考古紀錄可以知道比較近的歷史，因為那時已經有了書寫文字，社會階級變得複雜，帝國也誕生了，是許多重大事件發生的時代。在歐亞大陸西部，古代 DNA 研究的資料像是還沒興建完成的高架橋，斷在半空中，還沒能連接古代和現代的族群。利用這段時期的 DNA，分析相關的歷史，能夠補足其他學門中不足之處。

要把最近四千年的歷史連貫起來，連接過去與現在，光是收集這段期間的古代 DNA 資料是不夠的。在研究更早時期的資料時很有效的統計方法，在研究更近期資料時束手無策。特別是四族群檢驗法。這種工具的強項在於能夠計算出差異很大的族群之間血統所佔的比例，各種不同的血統像是追蹤染劑，在族群中的占比變化能夠追蹤得到。歐洲雖然是古代 DNA 革命進展最迅速的地方，但是我們知道從四千年前以來，許多族群的血統組成就和現代族群非常相似了。[7] 以不列顛為例，我們知道在四千五百年前以後，當地用來殉葬死者的物品有廣口的鐘形杯罐，而古代不列顛人的血統組合和現今不列顛人非常相近，這很容易就讓人認為現今在不列顛的人是當年「鐘形杯人」的直接後代，沒有和其他族群混血。[8] 其實，不列顛族群後來多次和來自歐洲大陸的移民混血，只不過這些移民在遺傳上接近那些鐘形杯人遺骸而已。我們需要更新、更敏銳的工具，才能夠得知在不列顛有多少血統來自於後來的這幾波移民。

為了解決這個困境，統計遺傳學家正在發展新一類的技術，能夠追蹤血統組成非常相近的族群之間的遷徙及混血事件。其中的訣竅在於在分析族群時，不理會很遙遠的共通歷史，而集中在最近的共通歷史。在足夠數量的樣本能夠分析的情況下，有可能找出在兩個人的基因組之間來自於最近四十代中共同祖先的片段。專注研究這些片段，能夠知道在這段時間（約一千年）中的歷史。[9] 由於目前能夠研究的古代DNA樣本數量少，其中兩個個體之間的血緣關係難以近到有共通的長DNA片段，所以那個方法並沒有用。只要古代DNA的樣本數量增加，能夠用於分析親緣關係的配對數量會隨著樣本數量的平方而增加。依照現在找出古代DNA的速度，我們可以合理推測再過個幾年，如同我實驗室規模的單一實驗室，一年就可以產出數千個古代個體的全基因組資料，就有可能整理出近幾千年來人類族群變化的詳細過程。

這種研究方法的強大，已經在二〇一五年的「不列顛島民」（The People of the British Isles）研究計畫中展現出來了。這個計畫取樣了目前英國中兩千多個人的樣本，這些人的父母和祖父母出生地必須在相距在八十公里之內。[10] 研究發現用慣常的方式測量，英國族群彼此之間非常相近。舉例來說，有一個經典的遺傳測量，得出不列顛兩個族群之間的差異程度是歐洲族群與東亞族群差異程度的百分之一。雖然英國族群之間如此相似，研究人員還是能夠將英國人分成十七個界線分明的群體，群體中任兩個人之間最近有共通遺傳祖先的機率大幅提高。在地圖上繪製出這些群體的分布狀況，可以看到非常明顯的遺傳結構。千年以來，人們在整個英國土地上來來回回移動，應該會讓族群均勻同化，但是遺傳差異依然持續保留了下來。分群的界線在西南德文郡與康威爾郡之間的邊界相當明顯，同樣的還有在蘇格蘭北方外海的奧克尼群島（Orkney Islands）。一個大型群體分布的範圍跨越了愛爾蘭海，顯示出當最近幾個世紀蘇格蘭清教徒遷居到北愛爾蘭。在北愛爾蘭有兩個界線分明、幾乎沒有混血的群體，顯然分別是清教徒和天主教徒。數百年來在英國的統治之下，這兩群人因為宗教而分開，同時彼此具有敵意。這項成功的研究只分析了現今的人，也有希望可以拓展到更古老的樣本。在我的實驗室中，我們已經得到將近三百個古代不列顛人的全基因組資料。把這些資料和現今的不列顛人資料（包括「不列顛島民」計畫的）一起分析，預期能夠把世界上這一小片區域中的過去和現在由點連接成線。

　　藉由研究大量的古代 DNA 樣本，也渴望能夠估計古代不同時期中人類族群的大小，這點在書寫文字還沒有發明以前，幾乎沒有可靠的資料能用於推估。但是知道族群大小不但對於歷史與演化的研究很重要，對於經濟學和生態學也是。對於個體數量以億做計算單位的族群（例如中國漢族）來說，任意兩個個體之間幾乎沒有近四十代內共通的 DNA 片段，因為他們在這段期間內來自於幾乎不同的祖先。相較之下，在小族群（例如小安達曼島上的原住民，人數沒有過百）中，任兩個人之間的血緣相近，許多共通的 DNA 片段能夠指出親緣關係。計算人們彼此之間的親緣關係，已經可以正確地指出英國在最近數百年來平均有好幾百萬人。[11] 皮爾·帕拉馬拉和我正在進行一項計畫，以同樣的方式，研究出來八千年前，來自於安納托力亞地區的早期農耕者，只是更大族群的一部分，該族群要遠大於同時代來自瑞典南方的狩獵－採集者。這個結果在意料之中，因為農業可以讓人口密度更高。我毫不懷疑這種方式如果用於古代DNA，將能夠讓我們更了解族群大小在時間中的變化。

用古代 DNA 了解人類的生物特性

　　理論上，古代 DNA 除了能夠用於研究人類的遷徙與混血事件之外，研究人類生物特性變化時也是一樣好用。目前用古代 DNA 在研究族群變化時，得到了一連串的成功，但是在了解人類生物本質上卻很有限。關鍵的原因在於如果要追蹤人類生物特徵隨著時間產生的變化，需要研究突變頻率的變化，那需要數百個樣本。到目前為止，古代 DNA 樣本的數量而非常少，在同樣文化背景中的樣本往往只有幾個而已。如果在歐洲轉變為農耕後不久的時期，有上千個當時農耕者的全基因組資料，能研究出什麼樣的結果？比較最近天擇在那些個體上作用的結果，以及作用在現今歐洲人的結果，就有可能讓我們了解到在農業時期之前和之後，人類適應的速度與本質是否發生了變化。甚至有可能知道在上世紀因為醫療進步，使得有遺傳症狀的人也可以活下來，並且有家室和得以生育後代，是否減緩了天擇的腳步。這類的遺傳症狀包括了能夠用眼鏡矯正的視力不良，以及靠醫療手段協助的不孕症。此外還有認知障礙，因為目前有些藥物和心理治療法能夠加以控制。天擇受到影響，有可能導致增加了那些特徵相關的突變在族群中的數量。[12]

　　利用古代 DNA 研究具有生物重要性突變的頻率變化，是很重要的項目，因為有可能從中追蹤某個特徵的演化。古代 DNA 還是前所未有的材料，可以用來了解天擇進行的基本原理。人類演化生物學的核心問題，是人類演化基本上是經由基因組中相當少數的區域中發生了相當大的突變而進行的，例如色素沉積這項特徵；或是經由相當多的突變在發生頻率上出現細微改變所推動的，例如身高這項特徵。[13] 了解每一類適應的相對重要性是很重要的，但要回答這個問題非常困難，需要分析某段時間中所有活著的人，可是目前沒有這種研究工具。利用古代 DNA 可以克服那個「只能夠研究當下時間」

的障礙。

古代 DNA 也能夠用於研究寄生物的演化。在研磨人類遺骸時，有的時候會取得微生物 DNA，那些微生物棲息在血液中，可能是造成遺骸主人死亡的原因。這個研究方向證明了鼠疫桿菌（Yersinia pestis）造成了在十四世紀到十七世紀的黑死病 [14]，以及第六到第八世紀羅馬帝國查士丁尼大瘟疫（Justinianic plague），[15] 同時在五千年前之後，鼠疫桿菌的流行使得歐亞草原地帶中至少有百分之七的骨骸中有這種細菌。[16] 研究古代病原體也發現到了古代麻瘋 [17]、結核病的起源 [18]，以及植物中愛爾蘭馬鈴薯飢荒的起源。[19] 研究古代 DNA 時，經常會得到感染當時人類的微生物材料，這些材料也會殘留牙菌斑和糞便中，成為研究祖先食物的資料。[20] 我們才剛開始從這類新資料中挖掘寶藏。

利用西方的古代 DNA 革命

古代 DNA 研究進展的速度令人振奮。相關技術演進的速度很快，許多現在發表的論文中使用到的技術，在幾年之後就過時了。古代 DNA 研究專家也越來越多，舉例來說，我自己實驗室的畢業生中，有三名已經建立了自己的實驗室。專業化是最主要的潮流，研究古代 DNA 的先驅之前花很多時間前往世界各地的偏遠之處，與考古學家和當地官員交談，把獨一無二的人類殘骸帶回分子生物學實驗室加以分析。這種研究方式的工作重心是前往異國，爭搶重要的骨骸。第二代古代 DNA 科學家中，有些依然採取這種路線。但是包括我在內，有些人很少出行，而是把大部分的時間花在發展專業技能，改良實驗或是統計分析技術，研究的樣本來自於對等的考古學家和人類學家。

古代 DNA 實驗室也會變得更專業。目前我們研究古代 DNA 的這些人，還有幸能夠探索世界各地的族群，涵蓋的時間範圍也很大。我們就像是虎克剛開始用顯微鏡觀察那些描繪於《微物圖誌》（*Micrographia*）微小的物體，或是如同十八世紀末期的探險家，能夠航向世界的每個角落。但是我們對於研究題目中相關的歷史、考古和語言學背景知識怎麼說都相當淺薄。隨著相關知識的增加，將會需要深入了解每個地區中各個特殊的問題。我預期之後二十年，夠認真的人類學和考古學系所將會聘用古代DNA專家，甚至歷史學系和生物學系也會。在這些系所中的古代DNA專業人員將會研究特定的區域，例如亞洲東南部或是中國東北部，不會像我現在這樣一下子研究中國，一下子又轉去研究美國、歐洲或是非洲。

古代DNA研究也會走向專業化與職業化的道路，有專門提供服務的實驗室，就像是現在提供放射性碳定年服務的實驗室。提供古代DNA研究服務的實驗室會篩檢樣本、得到全基因組資料，提供清晰易懂的報告，一切就像是現今提供個人血統檢測報告的公司。報告中會提供物種、性別和家族關係的資料，甚至說明新研究的這些個體和之前已經有資料公布的個體之間的親緣關係。送去樣本的研究人員可以任意使用得到的數位資料，整個過程所需費用不會超過放射性碳定年的兩倍。

提供服務的實驗室會增加，但是分析資料以研究族群歷史的科學家不會完全被取代。有興趣利用DNA研究古代人類族群的考古學家，依然會需要專精於基因組學的夥伴，才能夠利用這項科技回答問題中的細節。從古代DNA中得出相關的性別、物種、家族親緣關係，以及血統離群值（ancestry outlier）等資料將會成為慣例工作。但是要從古代DNA中探究更為深入的科學問題，例如族群混血與遷徙的過程，以及一段期間中天擇發揮的作用，不太可能光從制式化的報告中就能得到適當的答案。

我認為類似於現代放射性碳定年實驗室的古代DNA實驗室，

在將來會很有意思。舉例來說，牛津大學放射性碳加速器小組（Oxford Radiocarbon Accelerator Unit）會分析大量樣本，那是要收費的。持續的收入能夠讓實驗室像工廠一樣大量產生定年資料，而且產生的資料所需的價格更低、速度更快、品質更高，這是該實驗室科學家只研究自己的問題時所無法辦到的。但是負擔放射性碳定年工廠運作大任的科學家，還是做出了頂尖的科學發現，例如湯瑪斯‧海厄姆（Thomas Higham）領導的研究釐清了歐洲尼安德塔人的死亡時間，指出了各地的尼安德塔人在和現代人類接觸後數千年便消失了。[21] 我在麻省理工學院從事博士後研究時，也見識到類似的模式。學院和美國國家衛生研究院簽訂合約，得到經費，建立了數個 DNA 定序中心，用密集的工作進行人類基因組計畫，我便隸屬於其中一個定序中心，中心的主任是我老闆艾利克‧蘭德。他趁這個機會，利用定序中心研究自己有興趣的科學問題。我說的模式也是如此：建立一個工廠，然後用這個工廠回答重要的歷史問題。

尊重古代遺骸

我七歲時首次前往耶路撒冷，那時母親帶著我，以及我的哥哥與妹妹。那年和隔年夏天，我們住在外祖父的公寓中，這間公寓位於極正統猶太教的貧窮社區中，鄰居中男性都穿著黑色阿拉伯長袍，女性穿著樸素的衣服、綁頭巾。男孩子從早到晚都待在宗教學校中。在安息日前的星期五下午，他們會提早放學，通常去參加政治活動。在抗議過程中，他們有時會縱火焚燒垃圾車，對警察丟石頭。我還記得他們用布包住頭奔跑，眼睛因為警察投擲的催淚彈而流淚。

有的時候抗議活動是針對大衛城（City of David）發掘工作，這個遺址位於耶路撒冷舊城區南方聖殿山的山坡上，那片區域在三千年前之後屬於猶地亞（Judaea）的首都區域。抗議者擔憂發掘工作會破壞古代猶太人的墳墓，在以色列的發掘工作總是有這種可能性。對於抗議者來說，不論為了科學研究或是出於意外，打開墳墓都是褻瀆死者之事。

我的實驗室現在每個月都會磨碎數百個古代人類的骨頭，那些抗議者對此會作何感想？他們可能不會在意出土於以色列之外的骨骸，但是我認為這個問題涵蓋的層面更廣。我也越來越常反省，關於打開墳墓從中取出古代人類遺骸這件事。我們採樣的那些人當中，有些很有可能並不願意自己的遺骸受到這樣的利用。

有些古代 DNA 專家和考古學家的說法是，我們研究的骨骸絕大多數都年代久遠，和現今人類的關聯淺薄到無法追蹤，《美國原住民族墓葬保護暨返還法》中的條文便是如此，指出了如果有證據顯示和現今的部落有文化上或是生物上的關聯，才需要把遺物歸還給部落。不過這個標準現在已經打破了，例如約有八千五百年歷史的肯納威克人骨骸，以及約有一萬六百年歷史的靈洞骨骸，在與現今群體並沒有明顯的文化或生物連結的狀況下，交還給了部落。[22] 我們在研究年代更近的骨骸時，需要想到宣稱擁有那些遺骸的人的影響。古代遺骸是真實人類留下的遺骸，我們得要有很好的理由才可以破壞遺骸的完整性。

二〇一六年，為此我諮詢身為猶太祭司的舅舅。他屬於猶太正統教派，會遵循猶太口傳傳統特有的詳細規矩。他也提倡調整正統猶太教（Orthodox Judaism），在遵守傳統教條的限制下，盡可能地適應現代社會。這種兼容並蓄的運動稱為「開放正統」（Open Orthodoxy）。最近他設立了一所神學院，訓練女性正統派猶太教祭司，以往在正統社群中女性不能擔任這個職務。我告訴他我的實驗室會磨古代人們的遺骸，其中有許多可能並不想要自己的遺骸受到破壞，我覺得我在這方面想得不夠透徹。他顯然被難倒了，說需要點時間好好想想。之後他告訴了我能夠當成指引的見解，那是之前從來都沒有祭司所給出的決定或是見解。他說，所有人類的墳墓都是神聖不可侵犯的，但是如果打開墳墓的目的是為了促進人與人之間的了解、消除人與人之間的隔閡，那麼就可以通融。

研究人類之間的差異並不一定能夠推動善舉。在納粹德國，有些如我這樣能詮釋遺傳資料的專家，分派到的任務便是根據一九三〇年代的科學，將人們根據血統分類。不過到了現在，從古代 DNA 得到的資料，讓種族主義者或國族主義者幾乎沒有錯誤闡釋的空間。在這個領域中，追求真實這件事情本身就能打破刻板印象、消除偏見，並且明確指出之前不知道親緣關係的人群之間是有連結的。對於我和同事的研究方向，我是樂觀的，因為我們能夠促進人與人之間的了解，我很高興有這份榮幸能研究古代的人和現代的人。我認為我們的角色在於把古代 DNA 研究推廣到遺傳學家所擅長的領域之外，讓考古學家和公眾能夠利用，以了解到古代 DNA 揭露人類本質的威力。

注釋

前言

1. Luigi Luca Cavalli-Sforza, Paolo Menozzi, and Alberto Piazza, *The History and Geography of Human Genes* (Princeton, NJ: Princeton University Press, 1994).

2. Luigi Luca Cavalli-Sforza and Francesco Cavalli-Sforza, *The Great Human Diasporas: The History of Diversity and Evolution* (Reading, MA: Addison-Wesley, 1995).

3. N. A. Rosenberg et al., "Genetic Structure of Human Populations," *Science* 298 (2002): 2381–85.

4. P. Menozzi, A. Piazza, and L. L. Cavalli-Sforza, "Synthetic Maps of Human Gene Frequencies in Europeans," *Science* 201 (1978): 786–92; L. L. Cavalli-Sforza, P. Menozzi, and A. Piazza, "Demic Expansions and Human Evolution," *Science* 259 (1993): 639–46.

5. Albert J. Ammerman and Luigi Luca Cavalli-Sforza, *The Neolithic Transition and the Genetics of Populations in Europe* (Princeton, NJ: Princeton University Press, 1984).

6. J. Novembre and M. Stephens, "Interpreting Principal Component Analyses of Spatial Population Genetic Variation," *Nature Genetics* 40 (2008): 646–49.

7. O. François et al., "Principal Component Analysis Under Population Genetic Models of Range Expansion and Admixture," *Molecular Biology and Evolution* 27 (2010): 1257–68.

8. A. Keller et al., "New Insights into the Tyrolean Iceman's Origin and Phenotype as Inferred by Whole-Genome Sequencing," *Nature Communications* 3 (2012): 698; P. Skoglund et al., "Origins and Genetic Legacy of Neolithic Farmers and Hunter-Gatherers in Europe," *Science* 336 (2012): 466–69; I. Lazaridis et al., "Ancient Human Genomes Suggest Three Ancestral Populations for Present-Day Europeans," *Nature* 513 (2014): 409–13.

9. J. K. Pickrell and D. Reich, "Toward a New History and Geography of Human Genes Informed by Ancient DNA," *Trends in Genetics* 30 (2014): 377–89.

10. R. E. Green et al., "A Draft Sequence of the Neandertal Genome," *Science* 328 (2010): 710–22.

11. D. Reich et al., "Genetic History of an Archaic Hominin Group from Denisova Cave in Siberia," *Nature* 468 (2010): 1053–60.

12. M. Rasmussen et al., "Ancient Human Genome Sequence of an Extinct Palaeo-Eskimo," *Nature* 463 (2010): 757–62.

13. W. Haak et al., "Massive Migration from the Steppe Was a Source for Indo-European Languages in Europe," *Nature* 522 (2015): 207–11.

14. M. E. Allentoft et al., "Population Genomics of Bronze Age Eurasia," *Nature* 522 (2015): 167–72.

15. I. Mathieson et al., "Genome-Wide Patterns of Selection in 230 Ancient Eurasians," *Nature* 528 (2015): 499–503.

16. Q. Fu et al., "DNA Analysis of an Early Modern Human from Tianyuan Cave, China," *Proceedings of the National Academy of Sciences of the U.S.A.* 110 (2013): 2223–27.

17. H. Shang et al., "An Early Modern Human from Tianyuan Cave, Zhoukoudian, China," *Proceedings of the National Academy of Sciences of the U.S.A.* 104 (2007): 6573–78.

18. Haak et al., "Massive Migration."

19. I. Lazaridis et al., "Genomic Insights into the Origin of Farming in the Ancient Near East," *Nature* 536 (2016): 419–24.

20. P. Skoglund et al., "Genomic Insights into the Peopling of the Southwest Pacific," *Nature* 538 (2016): 510–13.

21. Lazaridis et al., "Ancient Human Genomes."

22. Pickrell and Reich, "Toward a New History."

CHAPTER 1 │ 基因組如何解釋人類從何而來

1. J. D. Watson and F. H. Crick, "Molecular Structure of Nucleic Acids; a Structure for Deoxyribose Nucleic Acid," *Nature* 171 (1953): 737–38.

2. R. L. Cann, M. Stoneking, and A. C. Wilson, "Mitochondrial DNA and Human *Evolution*," *Nature* 325 (1987): 31–36.

3. Cann et al. "Mitochondrial DNA and Human Evolution."

4. Q. Fu et al., "A Revised Timescale for Human Evolution Based on Ancient Mitochondrial Genomes," *Current Biology* 23 (2013): 553–59.

5. D. E. Lieberman, B. M. McBratney, and G. Krovitz, "The Evolution and Development of Cranial Form in Homo sapiens," *Proceedings of the National Academy of Sciences of the U.S.A.* 99 (2002):1134–39. Richter et al., "The Age of the Hominin Fossils from Jebel Irhoud, Morocco, and the Origins of the Middle Stone Age," *Nature* 546 (2017): 293–96.

6. H. S. Groucutt et al., "Rethinking the Dispersal of *Homo sapiens* Out of Africa," *Evolutionary Anthropology* 24 (2015): 149–64.

7. C.-J. Kind et al., "The Smile of the Lion Man: Recent Excavations in Stadel Cave (Baden-Württemberg, South-Western Germany) and the Restoration of the Famous Upper Palaeolithic Figurine," *Quartär* 61 (2014): 129–45.

8. T. Higham et al., "The Timing and Spatiotemporal Patterning of Neanderthal Disappearance," *Nature* 512 (2014): 306–9.

9. Richard G. Klein and Blake Edgar, *The Dawn of Human Culture* (New York: Wiley, 2002).

10. J. Doebley, "Mapping the Genes That Made Maize," *Trends in Genetics* 8 (1992): 302–7.

11. S. McBrearty and A. S. Brooks, "The Revolution That Wasn't: A New Interpretation of the Origin of Modern Human Behavior," *Journal of Human Evolution* 39 (2000): 453–563.

12. C. S. L. Lai et al., "A Forkhead-Domain Gene Is Mutated in a Severe Speech and Language Disorder," *Nature* 413 (2001): 519–23.

13. W. Enard et al., "Molecular *Evolution* of *FOXP2*, a Gene Involved in Speech and Language," *Nature* 418 (2002): 869–72.

14. W. Enard et al., "A Humanized Version of *FOXP2* Affects Cortico-Basal Ganglia Circuits in Mice," *Cell* 137 (2009): 961–71.

15. J. Krause et al., "The Derived *FOXP2* Variant of Modern Humans Was Shared with Neandertals," *Current Biology* 17 (2007): 1908–12.

16. T. Maricic et al., "A Recent Evolutionary Change Affects a Regulatory Element in the Human *FOXP2* Gene," *Molecular Biology and Evolution* 30 (2013): 844–52.

17. S. Pääbo, "The Human Condition—a Molecular Approach," *Cell* 157 (2014): 216–26.

18. R. E. Green et al., "A Draft Sequence of the Neandertal Genome," *Science* 328 (2010): 710–22; K. Prüfer et al., "The Complete Genome Sequence of a Neanderthal from the Altai Mountains," *Nature* (2013): doi: 10.1038/nature 1288.

19. R. Lewin, "The Unmasking of Mitochondrial Eve," *Science* 238 (1987): 24–26.

20. A. Kong et al., "A High-Resolution Recombination Map of the Human Genome," *Nature Genetics* 31 (2002): 241–47.

21. "Descent of Elizabeth II from William I," Familypedia, http://familypedia .wikia.com/wiki/ Descent_of_Elizabeth_II_from_William_I#Shorter_line_of_descent.

22. S. Mallick et al., "The Simons Genome Diversity Project: 300 Genomes from 142 Diverse Populations," *Nature* 538 (2016): 201–6.

23. Green et al., "Draft Sequence."

24. H. Li and R. Durbin, "Inference of Human Population History from Individual Whole-Genome Sequences," *Nature* 475 (2011): 493–96.

25. Ibid.

26. S. Schiffels and R. Durbin, "Inferring Human Population Size and Separation History from Multiple Genome Sequences," *Nature Genetics* 46 (2014): 919–25.

27. Mallick et al., "Simons Genome Diversity Project."

28. I. Gronau et al., "Bayesian Inference of Ancient Human Demography from Individual Genome Sequences," *Nature Genetics* 43 (2011): 1031–34.

29. Mallick et al., "Simons Genome Diversity Project."

30. P. C. Sabeti et al., "Detecting Recent Positive Selection in the Human Genome from Haplotype Structure," *Nature* 419 (2002): 832–37; B. F. Voight, S. Kudaravalli, X. Wen, and J. K. Pritchard, "A Map of Recent Positive Selection in the Human Genome," *PLoS Biology* 4 (2006): e72.

31. K. M. Teshima, G. Coop, and M. Przeworski, "How Reliable Are Empirical Genomic Scans for Selective Sweeps?," *Genome Research* 16 (2006): 702–12.

32. R. D. Hernandez et al., "Classic Selective Sweeps Were Rare in Recent Human *Evolution*," *Science* 331 (2011): 920–24.

33. S. A. Tishkoff et al., "Convergent Adaptation of Human Lactase Persistence in Africa and Europe," *Nature Genetics* 38 (2006): 31–40.

34. M. C. Turchin et al., "Evidence of Widespread Selection on Standing Variation in Europe at

Height-Associated SNPs," *Nature Genetics* 44 (2012): 1015–19.

35. I. Mathieson et al., "Genome-Wide Patterns of Selection in 230 Ancient Eurasians," *Nature* 528 (2015): 499–503.

36. Y. Field et al., "Detection of Human Adaptation During the Past 2000 Years," *Science* 354 (2016): 760–64.

37. D. Welter et al., "The NHGRI GWAS Catalog, a Curated Resource of SNP-Trait Associations," *Nucleic Acids Research* 42 (2014): D1001–6.

38. D. B. Goldstein, "Common Genetic Variation and Human Traits," *New England Journal of Medicine* 360 (2009): 1696–98.

39. A. Okbay et al., "Genome-Wide Association Study Identifies 74 Loci Associated with Educational Attainment," *Nature* 533 (2016): 539–42; M. T. Lo et al., "Genome-Wide Analyses for Personality Traits Identify Six Genomic Loci and Show Correlations with Psychiatric Disorders," *Nature Genetics* 49 (2017): 152–56; G. Davies et al., "Genome-Wide Association Study of Cognitive Functions and Educational Attainment in UK Biobank (N=112 151)," *Molecular Psychiatry* 21 (2016): 758–67.

CHAPTER 2 ｜ 遇見尼安德塔人

1. Charles Darwin, *The Descent of Man, and Selection in Relation to Sex* (London: John Murray, 1871).

2. Erik Trinkaus, *The Shanidar Neanderthals* (New York: Academic Press, 1983).

3. D. Radovčić, A. O. Sršen, J. Radovčić, and D. W. Frayer, "Evidence for Neandertal Jewelry: Modified White-Tailed Eagle Claws at Krapina," *PLoS One* 10 (2015): e0119802.

4. J. Jaubert et al., "Early Neanderthal Constructions Deep in Bruniquel Cave in Southwestern France," *Nature* 534 (2016): 111–14.

5. W. L. Straus and A. J. E. Cave, "Pathology and the Posture of Neanderthal Man," *Quarterly Review of Biology* 32 (1957): 348–63.

6. William Golding, *The Inheritors* (London: Faber and Faber, 1955).

7. Jean M. Auel, *The Clan of the Cave Bear* (New York: Crown, 1980).

8. T. Higham et al., "The Timing and Spatiotemporal Patterning of Neanderthal Disappearance," *Nature* 512 (2014): 306–9.

9. T. Higham et al., "Chronology of the Grotte du Renne (France) and Implications for the Context of Ornaments and Human Remains Within the Châtelperronian," *Proceedings of the National Academy of Sciences of the U.S.A.* 107 (2010): 20234–39; O. Bar-Yosef and J.-G. Bordes, "Who Were the Makers of the Châtelperronian Culture?," *Journal of Human Evolution* 59 (2010): 586–93.

10. R. Grün et al., "U-series and ESR Analyses of Bones and Teeth Relating to the Human Burials from Skhul," *Journal of Human Evolution* 49 (2005): 316–34.

11. H. Valladas et al., "Thermo-Luminescence Dates for the Neanderthal Burial Site at Kebara in Israel," *Nature* 330 (1987): 159–60.

12. E. Trinkaus et al., "An Early Modern Human from the Peştera cu Oase, Romania," *Proceedings of the National Academy of Sciences of the U.S.A.* 100 (2003): 11231–36.

13. M. Krings et al., "Neandertal DNA Sequences and the Origin of Modern Humans," *Cell* 90 (1997): 19–30.

14. C. Posth et al., "Deeply Divergent Archaic Mitochondrial Genome Provides Lower Time Boundary for African Gene Flow into Neanderthals," *Nature Communications* 8 (2017): 16046.

15. Krings et al., "Neandertal DNA Sequences."

16. M. Currat and L. Excoffier, "Modern Humans Did Not Admix with Neanderthals During Their Range Expansion into Europe," *PLoS Biology* 2 (2004): e421; D. Serre et al., "No Evidence of Neandertal mtDNA Contribution to Early Modern Humans," *PLoS Biology* 2 (2004): e57; M. Nordborg, "On the Probability of Neanderthal Ancestry," *American Journal of Human Genetics* 63 (1998): 1237–40.

17. R. E. Green et al., "Analysis of One Million Base Pairs of Neanderthal DNA," *Nature* 444 (2006): 330–36.

18. J. D. Wall and S. K. Kim, "Inconsistencies in Neanderthal Genomic DNA Sequences," *PLoS Genetics* 3 (2007): 1862–66.

19. Krings et al., "Neandertal DNA Sequences."

20. S. Sankararaman et al., "The Date of Interbreeding Between Neandertals and Modern Humans," *PLoS Genetics* 8 (2012): e1002947.

21. P. Moorjani et al., "A Genetic Method for Dating Ancient Genomes Provides a Direct Estimate of Human Generation Interval in the Last 45,000 Years," *Proceedings of the National Academy of Sciences of the U.S.A.* 113 (2016): 5652–7.

22. G. Coop, "Thoughts On: The Date of Interbreeding Between Neandertals and Modern Humans," Haldane's Sieve, September 18, 2012, https://haldanessieve .org/2012/09/18/thoughts-on-neandertal-article/.

23. K. Prüfer et al., "The Complete Genome Sequence of a Neanderthal from the Altai Mountains," *Nature* (2013): doi: 10.1038/nature 12886.

24. Ibid.

25. Ibid; M. Meyer et al., "A High-Coverage Genome Sequence from an Archaic Denisovan Individual," *Science* 338 (2012): 222–26; J. D. Wall et al., "Higher Levels of Neanderthal Ancestry in East Asians Than in Europeans," *Genetics* 194 (2013): 199–209.

26. Q. Fu et al., "The Genetic History of Ice Age Europe," *Nature* 534 (2016): 200–5.

27. I. Lazaridis et al., "Genomic Insights into the Origin of Farming in the Ancient Near East," *Nature* 536 (2016): 419–24.

28. Trinkaus et al., "An Early Modern Human."

29. Q. Fu et al., "An Early Modern Human from Romania with a Recent Neanderthal Ancestor," *Nature* 524 (2015): 216–19.

30. N. Teyssandier, F. Bon, and J.-G. Bordes, "Within Projectile Range: Some Thoughts on the Appearance of the Aurignacian in Europe," *Journal of Anthropological Research* 66 (2010): 209–29; P. Mellars, "Archeology and the Dispersal of Modern Humans in Europe: Deconstructing the 'Aurignacian,'" *Evolutionary Anthropology* 15 (2006): 167–82.

31. M. Currat and L. Excoffier, "Strong Reproductive Isolation Between Humans and Neanderthals Inferred from Observed Patterns of Introgression," *Proceedings of the National Academy of Sciences of the U.S.A.* 108 (2011): 15129–34.

32. S. Sankararaman et al., "The Genomic Landscape of Neanderthal Ancestry in Present-Day Humans," *Nature* 507 (2014): 354–57; B. Vernot and J. M. Akey, "Resurrecting Surviving Neandertal Lineages from Modern Human Genomes," *Science* 343 (2014): 1017-21.

33. N. Patterson et al., "Genetic Evidence for Complex Speciation of Humans and Chimpanzees," *Nature* 441 (2006): 1103–8.

34. Ibid; R. Burgess and Z. Yang, "Estimation of Hominoid Ancestral Population Sizes Under Bayesian Coalescent Models Incorporating Mutation Rate Variation and Sequencing Errors," *Molecular Biology and Evolution* 25 (2008): 1975–94.

35. J. A. Coyne and H. A. Orr, "Two Rules of Speciation," in *Speciation and Its Consequences*, ed. Daniel Otte and John A. Endler (Sunderland, MA: Sinauer Associates, 1989), 180–207.

36. P. K. Tucker et al., "Abrupt Cline for Sex-Chromosomes in a Hybrid Zone Between Two Species of Mice," *Evolution* 46 (1992): 1146–63.

37. H. Li and R. Durbin, "Inference of Human Population History from Individual Whole-Genome Sequences," *Nature* 475 (2011): 493–96.

38. T. Mailund et al., "A New Isolation with Migration Model Along Complete Genomes Infers Very Different Divergence Processes Among Closely Related Great Ape Species," *PLoS Genetics* 8 (2012): e1003125.

39. J. Y. Dutheil et al., "Strong Selective Sweeps on the X Chromosome in the Human-Chimpanzee Ancestor Explain Its Low Divergence," *PLoS Genetics* 11 (2015): e1005451.

40. Sankararaman et al., "Genomic Landscape"; B. Jégou et al., "Meiotic Genes Are Enriched in Regions of Reduced Archaic Ancestry," *Molecular Biology and Evolution* 34 (2017): 1974–80.

41. Q. Fu et al., "Ice Age Europe."

42. I. Juric, S. Aeschbacher, and G. Coop, "The Strength of Selection Against Neanderthal Introgression," *PLoS Genetics* 12 (2016): e1006340; K. Harris and R. Nielsen, "The Genetic Cost of Neanderthal Introgression," *Genetics* 203 (2016): 881–91.

43. G. Bhatia et al., "Genome-Wide Scan of 29,141 African Americans Finds No Evidence of Directional Selection Since Admixture," *American Journal of Human Genetics* 95 (2014): 437–44.

44. Johann G. Fichte, *Grundlage der gesamten Wissenschaftslehre* (Jena, Germany: Gabler, 1794).

CHAPTER 3 | 古代 DNA 湧現

1. J. Krause et al., "Neanderthals in Central Asia and Siberia," *Nature* 449 (2007): 902–4.

2. J. Krause et al., "The Complete Mitochondrial DNA Genome of an Unknown Hominin from Southern Siberia," *Nature* 464 (2010): 894-97.

3. C. Posth et al., "Deeply Divergent Archaic Mitochondrial Genome Provides Lower Time Boundary for African Gene Flow into Neanderthals," *Nature Communications* 8 (2017): 16046.

4. Krause et al., "Unknown Hominin."

5. D. Reich et al., "Genetic History of an Archaic Hominin Group from Denisova Cave in Siberia," *Nature* 468 (2010): 1053–60.

6. K. Prüfer et al., "The Complete Genome Sequence of a Neanderthal from the Altai Mountains," *Nature* (2013): doi: 10.1038/nature 12886.

7. Jerry A. Coyne and H. Allen Orr, *Speciation* (Sunderland, MA: Sinauer Associates, 2004).

8. S. Sankararaman, S. Mallick, N. Patterson, and D. Reich, "The Combined Landscape of Denisovan and Neanderthal Ancestry in Present-Day Humans," *Current Biology* 26 (2016): 1241–47.

9. P. Moorjani et al., "A Genetic Method for Dating Ancient Genomes Provides a Direct Estimate of Human Generation Interval in the Last 45,000 Years," *Proceedings of the National Academy of Sciences of the U.S.A.* 113 (2016): 5652–7.

10. Sankararaman et al., "Combined Landscape."

11. D. Reich et al., "Denisova Admixture and the First Modern Human Dispersals into Southeast Asia and Oceania," *American Journal of Human Genetics* 89 (2011): 516–28.

12. Q. Fu et al., "DNA Analysis of an Early Modern Human from Tianyuan Cave, China," *Proceedings of the National Academy of Sciences of the U.S.A.* 110 (2013): 2223–27; M. Yang et al., "40,000-Year-Old Individual from Asia Provides Insight into Early Population Structure in Eurasia," *Current Biology* 27 (2017): 3202–8.

13. Prüfer et al., "Complete Genome."

14. C. B. Stringer and I. Barnes, "Deciphering the Denisovans," *Proceedings of the National Academy of Sciences of the U.S.A.* 112 (2015): 15542–43.

15. G. A. Wagner et al., "Radiometric Dating of the Type-Site for *Homo Heidelbergensis* at Mauer, Germany," *Proceedings of the National Academy of Sciences of the U.S.A.* 107 (2010): 19726–30.

16. C. Stringer, "The Status of Homo heidelbergensis (Schoetensack 1908)," *Evolutionary Anthropology* 21 (2012): 101–7.

17. A. Brumm et al., "Age and Context of the Oldest Known Hominin Fossils from Flores," *Nature* 534 (2016): 249–53.

18. Reich et al., "Denisova Admixture."

19. Prüfer et al., "Complete Genome."

20. Ibid.; Sankararaman et al., "Combined Landscape."

21. E. Huerta-Sánchez et al., "Altitude Adaptation in Tibetans Caused by Introgression of Denisovan-like DNA," *Nature* 512 (2014): 194–97.

22. F. H. Chen et al., "Agriculture Facilitated Permanent Human Occupation of the Tibetan Plateau After 3600 B.P.," *Science* 347 (2015): 248–50.

23. S. Sankararaman et al., "The Genomic Landscape of Neanderthal Ancestry in Present-Day Humans," *Nature* 507 (2014): 354–57; B. Vernot and J. M. Akey, "Resurrecting Surviving Neandertal Lineages from Modern Human Genomes," *Science* 343 (2014): 1017–21.

24. Prüfer et al., "Complete Genome."

25. G. P. Rightmire, "*Homo erectus* and Middle Pleistocene Hominins: Brain Size, Skull Form, and Species Recognition," *Journal of Human Evolution* 65 (2013): 223–52.

26. M. Martinón-Torres et al., "Dental Evidence on the Hominin Dispersals During the Pleistocene," *Proceedings of the National Academy of Sciences of the U.S.A.* 104 (2007): 13279–82; M. Martinón-Torres, R. Dennell, and J. M. B. de Castro, "The Denisova Hominin Need Not Be an Out of Africa Story," *Journal of Human Evolution* 60 (2011): 251–55; J. M. B. de Castro and M. Martinón-Torres, "A New Model for the Evolution of the Human Pleistocene Populations of Europe," *Quaternary International* 295 (2013): 102–12.

27. De Castro and Martinón-Torres, "A New Model."

28. J. L. Arsuaga et al., "Neandertal Roots: Cranial and Chronological Evidence from Sima de los Huesos," *Science* 344 (2014): 1358–63; M. Meyer et al., "A Mitochondrial Genome Sequence of a Hominin from Sima de los Huesos," *Nature* 505 (2014): 403–6.

29. M. Meyer et al., "Nuclear DNA Sequences from the Middle Pleistocene Sima de los Huesos Hominins," *Nature* 531 (2016): 504–7.

30. Meyer et al., "A Mitochondrial Genome"; Meyer et al., "Nuclear DNA Sequences."

31. Krause et al., "Unknown Hominin"; Reich et al., "Genetic History."

32. Posth et al., "Deeply Divergent Archaic."

33. Ibid.

34. Prüfer et al., "Complete Genome."

35. S. McBrearty and A. S. Brooks, "The Revolution That Wasn't: A New Interpretation of the Origin of Modern Human Behavior," *Journal of Human Evolution* 39 (2000): 453–563.

36. M. Kuhlwilm et al., "Ancient Gene Flow from Early Modern Humans into Eastern Neanderthals," *Nature* 530 (2016): 429–33.

CHAPTER 4 | 人類中的幽靈族群

1. Charles R. Darwin, *On the Origin of Species by Means of Natural Selection, or the Preservation of Favoured Races in the Struggle for Life* (London: John Murray, 1859).

2. C. Becquet et al., "Genetic Structure of Chimpanzee Populations," *PLoS Genetics* 3 (2007): e66.

3. R. E. Green et al., "A Draft Sequence of the Neandertal Genome," *Science* 328 (2010): 710–22.

4. N. J. Patterson et al., "Ancient Admixture in Human History," *Genetics* 192 (2012): 1065–93.

5. Ernst Mayr, *Systematics and the Origin of Species from the Viewpoint of a Zoologist* (New York: Columbia University Press, 1942).

6. J. K. Pickrell and D. Reich, "Toward a New History and Geography of Human Genes Informed by Ancient DNA," *Trends in Genetics* 30 (2014): 377–89.

7. A. R. Templeton, "Biological Races in Humans," *Studies in History and Philosophy of Biological and Biomedical Science* 44 (2013): 262–71.

8. M. Raghavan et al., "Upper Palaeolithic Siberian Genome Reveals Dual Ancestry of Native Americans," *Nature* 505 (2014): 87–91.

9. I. Lazaridis et al., "Ancient Human Genomes Suggest Three Ancestral Populations for Present-Day Europeans," *Nature* 513 (2014): 409–13.

10. I. Lazaridis et al., "Genomic Insights into the Origin of Farming in the Ancient Near East,"

Nature 536 (2016): 419–24.

11. Ibid.

12. F. Broushaki et al., "Early Neolithic Genomes from the Eastern Fertile Crescent," *Science* 353 (2016): 499–503; E. R. Jones et al., "Upper Palaeolithic Genomes Reveal Deep Roots of Modern Eurasians," *Nature Communications* 6 (2015): 8912.

13. B. M. Henn et al., "Genomic Ancestry of North Africans Supports Back-to-Africa Migrations," *PLoS Genetics* 8 (2012): e1002397.

14. Lazaridis et al., "Genomic Insights."

15. O. Bar-Yosef, "Pleistocene Connections Between Africa and Southwest Asia: An Archaeological Perspective," *African Archaeological Review* 5 (1987): 29–38.

16. Lazaridis et al., "Genomic Insights."

17. Lazaridis et al., "Ancient Human Genomes."

18. Q. Fu et al., "The Genetic History of Ice Age Europe," *Nature* 534 (2016): 200–5.

19. Q. Fu et al., "Genome Sequence of a 45,000-Year-Old Modern Human from Western Siberia," *Nature* 514 (2014): 445–49.

20. Q. Fu et al., "An Early Modern Human from Romania with a Recent Neanderthal Ancestor," *Nature* 524 (2015): 216–19.

21. F. G. Fedele, B. Giaccio, and I. Hajdas, "Timescales and Cultural Process at 40,000 BP in the Light of the Campanian Ignimbrite Eruption, Western Eurasia," *Journal of Human Evolution* 55 (2008): 834–57; A. Costa et al., "Quantifying Volcanic Ash Dispersal and Impact of the Campanian Ignimbrite Super-Eruption," *Geophysical Research Letters* 39 (2012): L10310.

22. Fedele et al., "Timescales and Cultural Process."

23. A. Seguin-Orlando et al., "Genomic Structure in Europeans Dating Back at Least 36,200 Years," *Science* 346 (2014): 1113–18.

24. Fu et al., "Ice Age Europe."

25. Andreas Maier, *The Central European Magdalenian: Regional Diversity and Internal Variability* (Dordrecht, The Netherlands: Springer, 2015). 26. Fu et al., "Ice Age Europe."

27. N. A. Rosenberg et al., "Clines, Clusters, and the Effect of Study Design on the Inference of Human Population Structure," *PLoS Genetics* 1 (2005): e70; G. Coop et al., "The Role of Geography in Human Adaptation," *PLoS Genetics* 5 (2009): e1000500.

28. Q. Fu et al., "DNA Analysis of an Early Modern Human from Tianyuan Cave, China," *Proceedings of the National Academy of Sciences of the U.S.A.* 110 (2013): 2223–27.

29. Fu et al., "Recent Neanderthal Ancestor"; W. Haak et al., "Massive Migration from the Steppe Was a Source for Indo-European Languages in Europe," *Nature* 522 (2015): 207–11.

30. R. Pinhasi et al., "Optimal Ancient DNA Yields from the Inner Ear Part of the Human Petrous Bone," *PLoS One* 10 (2015): e0129102.

31. Lazaridis et al., "Genomic Insights."

32. Ibid.; Broushaki et al., "Early Neolithic Genomes."

33. I. Olalde et al., "Derived Immune and Ancestral Pigmentation Alleles in a 7,000-Year-Old Mesolithic European," *Nature* 507 (2014): 225–28.

34. I. Mathieson et al., "Genome-Wide Patterns of Selection in 230 Ancient Eurasians," *Nature* 528

(2015): 499–503.

35. I. Mathieson et al., "The Genomic History of Southeastern Europe," *bioRxiv* (2017): doi. org/10.1101/135616.

36. Haak et al., "Massive Migration"; M. E. Allentoft et al., "Population Genomics of Bronze Age Eurasia," *Nature* 522 (2015): 167–72.

37. Templeton, "Biological Races."

CHAPTER 5 ｜ 現代歐洲人的形成

1. B. Bramanti et al., "Genetic Discontinuity Between Local Hunter-Gatherers and Central Europe's First Farmers," *Science* 326 (2009): 137–40.

2. A. Keller et al., "New Insights into the Tyrolean Iceman's Origin and Phenotype as Inferred by Whole-Genome Sequencing," *Nature Communications* 3 (2012): 698.

3. W. Muller et al., "Origin and Migration of the Alpine Iceman," *Science* 302 (2003): 862–66.

4. P. Skoglund et al., "Origins and Genetic Legacy of Neolithic Farmers and Hunter-Gatherers in Europe," *Science* 336 (2012): 466–69.

5. Albert J. Ammerman and Luigi Luca Cavalli-Sforza, *The Neolithic Transition and the Genetics of Populations in Europe* (Princeton, NJ: Princeton University Press, 1984).

6. N. J. Patterson et al., "Ancient Admixture in Human History," *Genetics* 192 (2012): 1065–93.

7. M. Raghavan et al., "Upper Palaeolithic Siberian Genome Reveals Dual Ancestry of Native Americans," *Nature* (2013): doi: 10.1038/nature12736.

8. I. Lazaridis et al., "Ancient Human Genomes Suggest Three Ancestral Populations for Present-Day Europeans," *Nature* 513 (2014): 409–13.

9. C. Gamba et al., "Genome Flux and Stasis in a Five Millennium Transect of European Prehistory," *Nature Communications* 5 (2014): 5257; M. E. Allentoft et al., "Population Genomics of Bronze Age Eurasia," *Nature* 522 (2015): 167–72; W. Haak et al., "Massive Migration from the Steppe Was a Source for Indo-European Languages in Europe," *Nature* 522 (2015): 207–11; I. Mathieson et al., "Genome-Wide Patterns of Selection in 230 Ancient Eurasians," *Nature* 528 (2015): 499–503.

10. Luigi Luca Cavalli-Sforza, Paolo Menozzi, and Alberto Piazza, *The History and Geography of Human Genes* (Princeton, NJ: Princeton University Press, 1994).

11. Haak et al., "Massive Migration"; Mathieson et al., "Genome-Wide Patterns."

12. Q. Fu et al., "The Genetic History of Ice Age Europe," *Nature* 534 (2016): 200–5.

13. I. Mathieson, "The Genomic History of Southeastern Europe," *bioRxiv* (2017): doi. org/10.1101/135616.

14. K. Douka et al., "Dating Knossos and the Arrival of the Earliest Neolithic in the Southern Aegean," *Antiquity* 91 (2017): 304–21.

15. Haak et al., "Massive Migration"; M. Lipson et al., "Parallel Palaeogenomic Transects Reveal Complex Genetic History of Early European Farmers," *Nature* 551 (2017): 368–72.

16. Colin Renfrew, *Before Civilization: The Radiocarbon Revolution and Prehistoric Europe* (London:

Jonathan Cape, 1973).

17. Marija Gimbutas, *The Prehistory of Eastern Europe, Part I: Mesolithic, Neolithic and Copper Age Cultures in Russia and the Baltic Area* (American School of Prehistoric Research, Harvard University, Bulletin No. 20) (Cambridge, MA: Peabody Museum, 1956).

18. David W. Anthony, *The Horse, the Wheel, and Language: How Bronze-Age Riders from the Eurasian Steppes Shaped the Modern World* (Princeton, NJ: Princeton University Press, 2007).

19. Ibid.

20. Ibid.

21. Haak et al., "Massive Migration."

22. Ibid.; I. Lazaridis et al., "Genomic Insights into the Origin of Farming in the Ancient Near East," *Nature* 536 (2016): 419–24.

23. M. Ivanova, "Kaukasus Und Orient: Die Entstehung des 'Maikop-Phänomens' im 4. Jahrtausend v. Chr.," *Praehistorische Zeitschrift* 87 (2012): 1–28.

24. Haak et al., "Massive Migration"; Allentoft et al., "Bronze Age Eurasia."

25. Ibid.

26. G. Kossinna, "Die Deutsche Ostmark: Ein Heimatboden der Germanen," *Berlin* (1919).

27. B. Arnold, "The Past as Propaganda: Totalitarian Archaeology in Nazi Germany," *Antiquity* 64 (1990): 464–78.

28. H. Härke, "The Debate on Migration and Identity in Europe," *Antiquity* 78 (2004): 453–56.

29. V. Heyd, "Kossinna's Smile," *Antiquity* 91 (2017): 348–59; M. Vander Linden, "Population History in Third-Millennium-BC Europe: Assessing the Contribution of Genetics," *World Archaeology* 48 (2016): 714–28; N. N. Johannsen, G. Larson, D. J. Meltzer, and M. Vander Linden, "A Composite Window into Human History," *Science* 356 (2017): 1118–20.

30. Vere Gordon Childe, *The Aryans: A Study of Indo-European Origins* (London and New York: K. Paul, Trench, Trubner and Co. and Alfred A. Knopf, 1926).

31. Härke, "Debate on Migration and Identity."

32. Peter Bellwood, *First Migrants: Ancient Migration in Global Perspective* (Chichester, West Sussex, UK / Malden, MA: Wiley-Blackwell, 2013).

33. Colin McEvedy and Richard Jones, *Atlas of World Population History* (Harmondsworth, Middlesex, UK: Penguin, 1978).

34. K. Kristiansen, "The Bronze Age Expansion of Indo-European Languages: An Archaeological Model," in *Becoming European: The Transformation of Third Millennium Northern and Western Europe*, ed. Christopher Prescott and Håkon Glørstad (Oxford: Oxbow Books, 2011), 165–81.

35. S. Rasmussen et al., "Early Divergent Strains of Yersinia pestis in Eurasia 5,000 Years Ago," *Cell* 163 (2015): 571–82.

36. A. P. Fitzpatrick, *The Amesbury Archer and the Boscombe Bowmen: Bell Beaker Burials at Boscombe Down, Amesbury, Wiltshire* (Salisbury, UK: Wessex Archaeology Reports, 2011).

37. I. Olalde et al., "The Beaker Phenomenon and the Genomic Transformation of Northwest Europe," *bioRxiv* (2017): doi.org/10.1101/135962.

38. L. M. Cassidy et al., "Neolithic and Bronze Age Migration to Ireland and Establishment of the Insular Atlantic Genome," *Proceedings of the National Academy of Sciences of the U.S.A.* 113

(2016): 368–73.

39. Colin Renfrew, *Archaeology and Language: The Puzzle of Indo-European Origins* (Cambridge: Cambridge University Press, 1997).

40. Ibid.

41. P. Bellwood, "Human Migrations and the Histories of Major Language Families," in *The Global Prehistory of Human Migration* (Chichester, UK, and Malden, MA: Wiley-Blackwell, 2013), 87–95.

42. Renfrew, *Archaeology and Language*; Peter Bellwood, *First Farmers: The Origins of Agricultural Societies* (Malden, MA: Blackwell, 2005).

43. Haak et al., "Massive Migration"; Allentoft et al., "Bronze Age Eurasia."

44. D. W. Anthony and D. Ringe, "The Indo-European Homeland from Linguistic and Archaeological Perspectives," *Annual Review of Linguistics* 1 (2015): 199–219.

45. Léon Poliakov, *The Aryan Myth: A History of Racist and Nationalist Ideas in Europe* (New York: Basic Books, 1974).

CHAPTER 6 | 形成印度的衝突事件

1. *The Rigveda*, trans. Stephanie W. Jamison and Joel P. Brereton (Oxford: Oxford University Press, 2014), hymns 1.33, 1.53, 2.12, 3.30, 3.34, 4.16, and 4.28.

2. M. Witzel, "Early Indian History: Linguistic and Textual Parameters," in *The Indo-Aryans of Ancient South Asia: Language, Material Culture and Ethnicity*, ed. George Erdosy (Berlin: Walter de Gruyter, 1995), 85–125.

3. Rita P. Wright, *The Ancient Indus: Urbanism, Economy, and Society* (Cambridge: Cambridge University Press, 2010); Gregory L. Possehl, *The Indus Civilization: A Contemporary Perspective* (Lanham, MD: AltaMira Press, 2002).

4. Ibid.

5. Asko Parpola, *Deciphering the Indus Script* (Cambridge: Cambridge University Press, 1994); S. Farmer, R. Sproat, and M. Witzel, "The Collapse of the Indus-Script Thesis: The Myth of a Literate Harappan Civilization," *Electronic Journal of Vedic Studies* 11 (2004): 19–57.

6. Richard H. Meadow, ed., *Harappa Excavations 1986–1990: A Multidisciplinary Approach to Third Millennium Urbanism* (Madison, WI: Prehistory Press, 1991); A. Lawler, "Indus Collapse: The End or the Beginning of an Asian Culture?," *Science* 320 (2008): 1281–83.

7. Jaan Puhvel, *Comparative Mythology* (Baltimore: Johns Hopkins University Press, 1987).

8. Wright, *The Ancient Indus*; Possehl, *The Indus Civilization*.

9. Alfred Rosenberg, *The Myth of the Twentieth Century: An Evaluation of the Spiritual-Intellectual Confrontations of Our Age*, trans. Vivian Bird (Torrance, CA: Noontide Press, 1982).

10. Léon Poliakov, *The Aryan Myth: A History of Racist and Nationalist Ideas in Europe* (New York: Basic Books, 1974).

11. B. Arnold, "The Past as Propaganda: Totalitarian Archaeology in Nazi Germany," *Antiquity* 64 (1990): 464–78.

12. Bryan Ward-Perkis, *The Fall of Rome and the End of Civilization* (Oxford: Oxford University Press, 2005).

13. Peter Bellwood, *First Farmers: The Origins of Agricultural Societies* (Malden, MA: Blackwell, 2005).

14. Ibid.

15. M. Witzel, "Substrate Languages in Old Indo-Aryan (Rgvedic, Middle and Late Vedic)," *Electronic Journal of Vedic Studies* 5 (1999): 1–67.

16. K. Thangaraj et al., "Reconstructing the Origin of Andaman Islanders," *Science* 308 (2005): 996; K. Thangaraj et al., "In situ Origin of Deep Rooting Lineages of Mitochondrial Macrohaplogroup 'M' in India," *BMC Genomics* 7 (2006): 151.

17. R. S. Wells et al., "The Eurasian Heartland: A Continental Perspective on Y-chromosome Diversity," *Proceedings of the National Academy of Sciences of the U.S.A.* 98 (2001): 10244–49; M. Bamshad et al., "Genetic Evidence on the Origins of Indian Caste Populations," *Genome Research* 11 (2001): 994–1004; I. Thanseem et al., "Genetic Affinities Among the Lower Castes and Tribal Groups of India: Inference from Y Chromosome and Mitochondrial DNA," *BMC Genetics* 7 (2006): 42.

18. Thangaraj et al., "Andaman Islanders."

19. D. Reich et al., "Reconstructing Indian Population History," *Nature* 461 (2009): 489–94.

20. R. E. Green et al., "A Draft Sequence of the Neandertal Genome," *Science* 328 (2010): 710–22.

21. Thangaraj et al., "Deep Rooting Lineages."

22. Reich et al., "Reconstructing Indian Population History"; P. Moorjani et al., "Genetic Evidence for Recent Population Mixture in India," *American Journal of Human Genetics* 93 (2013): 422–38.

23. Ibid.

24. Irawati Karve, *Hindu Society—An Interpretation* (Pune, India: Deccan College Post Graduate and Research Institute, 1961).

25. P. A. Underhill et al., "The Phylogenetic and Geographic Structure of Y-Chromosome Haplogroup R1a," *European Journal of Human Genetics* 23 (2015): 124–31.

26. S. Perur, "The Origins of Indians: What Our Genes Are Telling Us," *Fountain Ink*, December 3, 2013, http://fountainink.in/?p=4669&all=1.

27. K. Bryc et al., "The Genetic Ancestry of African Americans, Latinos, and European Americans Across the United States," *American Journal of Human Genetics* 96 (2015): 37–53.

28. L. G. Carvajal-Carmona et al., "Strong Amerind/White Sex Bias and a Possible Sephardic Contribution Among the Founders of a Population in Northwest Colombia," *American Journal of Human Genetics* 67 (2000): 1287–95; G. Bedoya et al., "Admixture Dynamics in Hispanics: A Shift in the Nuclear Genetic Ancestry of a South American Population Isolate," *Proceedings of the National Academy of Sciences of the U.S.A.* 103 (2006): 7234–39.

29. Moorjani et al., "Recent Population Mixture."

30. Ibid.

31. Romila Thapar, *Early India: From the Origins to AD 1300* (Berkeley: University of California Press, 2002); Karve, *Hindu Society; Susan Bayly, Caste, Society and Politics in India from the*

Eighteenth Century to the Modern Age (Cambridge: Cambridge University Press, 1999); M. N. Srinivas, *Caste in Modern India and Other Essays* (Bombay: Asia Publishing House, 1962); Louis Dumont, *Homo Hierarchicus: The Caste System and Its Implications* (Chicago: University of Chicago Press, 1980).

32. Kumar Suresh Singh, *People of India: An Introduction* (People of India National Series) (New Delhi: Oxford University Press, 2002); K. C. Malhotra and T. S. Vasulu, "Structure of Human Populations in India," in *Human Population Genetics: A Centennial Tribute to J. B. S. Haldane*, ed. Partha P. Majumder (New York: Plenum Press, 1993), 207–34.

33. Karve, "Hindu Society."

34. Ibid.

35. Nicholas B. Dirks, *Castes of Mind: Colonialism and the Making of Modern India* (Princeton, NJ: Princeton University Press, 2001); N. Boivin, "Anthropological, Historical, Archaeological and Genetic Perspectives on the Origins of Caste in South Asia," in *The Evolution and History of Human Populations in South Asia*, ed. Michael D. Petraglia and Bridget Allchin (Dordrecht, The Netherlands: Springer, 2007), 341–62.

36. Reich et al., "Reconstructing Indian Population History."

37. M. Arcos-Burgos and M. Muenke, "Genetics of Population Isolates," *Clinical Genetics* 61 (2002): 233–47.

38. N. Nakatsuka et al., "The Promise of Discovering Population-Specific Disease-Associated Genes in South Asia," *Nature Genetics* 49 (2017): 1403–7.

39. Reich et al., "Reconstructing Indian Population History."

40. I. Manoharan et al., "Naturally Occurring Mutation Leu307Pro of Human Butyrylcholinesterase in the Vysya Community of India," *Pharmacogenetics and Genomics* 16 (2006): 461–68.

41. A. E. Raz, "Can Population-Based Carrier Screening Be Left to the Community?," *Journal of Genetic Counseling* 18 (2009): 114–18.

42. I. Lazaridis et al., "Genomic Insights into the Origin of Farming in the Ancient Near East," *Nature* 536 (2016): 419–24; F. Broushaki et al., "Early Neolithic Genomes from the Eastern Fertile Crescent," *Science* 353 (2016): 499–503.

43. Ibid.

44. Lazaridis et al., "Genomic Insights."

45. Unpublished results from David Reich's laboratory.

CHAPTER 7 | 找尋美洲原住民祖先

1. Betty Mindlin, *Unwritten Stories of the Suruí Indians of Rondônia* (Austin: Institute of Latin American Studies; distributed by the University of Texas Press, 1995).

2. D. Reich et al., "Reconstructing Native American Population History," *Nature* 488 (2012): 370–74.

3. P. Skoglund et al., "Genetic Evidence for Two Founding Populations of the Americas," *Nature* 525 (2015): 104–8.

4. P. D. Heintzman et al., "Bison Phylogeography Constrains Dispersal and Viability of the Ice Free Corridor in Western Canada," *Proceedings of the National Academy of Sciences of the U.S.A.* 113 (2016): 8057–63; M. W. Pedersen et al., "Postglacial Viability and Colonization in North America's Ice-Free Corridor," *Nature* 537 (2016): 45–49.

5. José de Acosta, *Historia Natural y Moral de las Indias: En que se Tratan las Cosas Notables del Cielo y Elementos, Metales, Plantas y Animales de Ellas y los Ritos, Ceremonias, Leyes y Gobierno y Guerras de los Indios* (Seville: Juan de León, 1590).

6. David J. Meltzer, *First Peoples in a New World: Colonizing Ice Age America* (Berkeley: University of California Press, 2009).

7. J. H. Greenberg, C. G. Turner II, and S. L. Zegura, "The Settlement of the Americas: A Comparison of the Linguistic, Dental, and Genetic Evidence," *Current Anthropology* 27 (1986): 477–97.

8. P. Forster, R. Harding, A. Torroni, and H.-J. Bandelt, "Origin and Evolution of Native American mtDNA Variation: A Reappraisal," *American Journal of Human Genetics* 59 (1996): 935–45; E. Tamm et al., "Beringian Standstill and Spread of Native American Founders," *PLoS One* 2 (2017): e829.

9. T. D. Dillehay et al., "Monte Verde: Seaweed, Food, Medicine, and the Peopling of South America," *Science* 320 (2008): 784–86.

10. D. L. Jenkins et al., "Clovis Age Western Stemmed Projectile Points and Human Coprolites at the Paisley Caves," *Science* 337 (2012): 223–28.

11. M. Rasmussen et al., "The Genome of a Late Pleistocene Human from a Clovis Burial Site in Western Montana," *Nature* 506 (2014): 225–29.

12. Povos Indígenas No Brasil, "Karitiana: Biopiracy and the Unauthorized Collection of Biomedical Samples," https://pib.socioambiental.org/en/povo/ karitiana/389.

13. N. A. Garrison and M. K. Cho, "Awareness and Acceptable Practices: IRB and Researcher Reflections on the Havasupai Lawsuit," *AJOB Primary Research* 4 (2013): 55–63; A. Harmon, "Indian Tribe Wins Fight to Limit Research of Its DNA," *New York Times*, April 21, 2010.

14. Ronald P. Maldonado, "Key Points for University Researchers When Considering a Research Project with the Navajo Nation," http://nptao.arizona.edu/sites/nptao/files/navajonationkeyresearchrequirements_0.pdf.

15. Rebecca Skloot, *The Immortal Life of Henrietta Lacks* (New York: Crown, 2010).

16. B. L. Shelton, "Consent and Consultation in Genetic Research on American Indians and Alaska Natives," http://www.ipcb.org/publications/briefing_papers/files/consent.html.

17. R. R. Sharp and M. W. Foster, "Involving Study Populations in the Review of Genetic Research," *Journal of Law, Medicine and Ethics* 28 (2000): 41–51; International HapMap Consortium, "The International HapMap Project," *Nature* 426 (2003): 789–96.

18. T. Egan, "Tribe Stops Study of Bones That Challenge History," *New York Times*, September 30, 1996; Douglas W. Owsley and Richard L. Jantz, *Kennewick Man: The Scientific Investigation of an Ancient American Skeleton* (College Station: Texas A&M University Press, 2014); D. J. Meltzer, "Kennewick Man: Coming to Closure," *Antiquity* 348 (2015): 1485–93.

19. M. Rasmussen et al., "The Ancestry and Affiliations of Kennewick Man," *Nature* 523 (2015):

455–58.

20. Ibid.

21. J. Lindo et al., "Ancient Individuals from the North American Northwest Coast Reveal 10,000 Years of Regional Genetic Continuity," *Proceedings of the National Academy of Sciences of the U.S.A.* 114 (2017): 4093–98.

22. Samuel J. Redman, *Bone Rooms: From Scientific Racism to Human Prehistory in Museums* (Cambridge, MA, and London: Harvard University Press, 2016).

23. M. Rasmussen et al., "An Aboriginal Australian Genome Reveals Separate Human Dispersals into Asia," *Science* 334 (2011): 94–98.

24. Rasmussen et al., "Genome of a Late Pleistocene Human."

25. Rasmussen et al., "Ancestry and Affiliations of Kennewick Man."

26. A. S. Malaspinas et al., "A Genomic History of Aboriginal Australia," *Nature* 538 (2016): 207–14.

27. E. Callaway, "Ancient Genome Delivers 'Spirit Cave Mummy' to US tribe," *Nature* 540 (2016): 178–79.

28. Ibid.

29. M. Livi-Bacci, "The Depopulation of Hispanic America After the Conquest," *Population and Development Review* 32 (2006): 199–232; Lewis H. Morgan, *Ancient Society; Or, Researches in the Lines of Human Progress from Savagery Through Barbarism to Civilization* (Chicago: Charles H. Kerr, 1909).

30. Reich et al., "Reconstructing Native American Population History."

31. Lindo et al., "Ancient Individuals."

32. Lyle Campbell and Marianne Mithun, *The Languages of Native America: Historical and Comparative Assessment* (Austin: University of Texas Press, 1979).

33. L. Campbell, "Comment on Greenberg, Turner and Zegura," *Current Anthropology* 27 (1986): 488.

34. Peter Bellwood, *First Migrants: Ancient Migration in Global Perspective* (Chichester, West Sussex, UK / Malden, MA: Wiley-Blackwell, 2013).

35. Reich et al., "Reconstructing Native American Population History."

36. W. A. Neves and M. Hubbe, "Cranial Morphology of Early Americans from Lagoa Santa, Brazil: Implications for the Settlement of the New World," *Proceedings of the National Academy of Sciences of the U.S.A.* 102 (2005): 18309–14.

37. Rasmussen et al., "Ancestry and Affiliations of Kennewick Man."

38. P. Skoglund et al., "Genetic Evidence for Two Founding Populations of the Americas," *Nature* 525 (2015): 104–8.

39. Povos Indígenas No Brasil, "Surui Paiter: Introduction," https://pib .socio ambiental.org/en/ povo/surui-paiter; R. A. Butler, "Amazon Indians Use Google Earth, GPS to Protect Forest Home," *Mongabay: News and Inspiration from Nature's Frontline*, November 15, 2006, https:// news.mongabay .com/2006/11/amazon-indians-use-google-earth-gps-to-protect-forest-home/.

40. "Karitiana: Biopiracy and the Unauthorized Collection."

41. Povos Indígenas No Brasil, "Xavante: Introduction," https://pib.socioambiental .org/en/povo/

xavante.

42. M. Raghavan et al., "Genomic Evidence for the Pleistocene and Recent Population History of Native Americans," *Science* 349 (2015): aab3884.

43. E. J. Vajda, "A Siberian Link with Na-Dene Languages," in *Anthropological Papers of the University of Alaska: New Series*, ed. James M. Kari and Ben Austin Potter, 5 (2010): 33–99.

44. Reich et al., "Reconstructing Native American Population History."

45. M. Rasmussen et al., "Ancient Human Genome Sequence of an Extinct Palaeo-Eskimo," *Nature* 463 (2010): 757–62.

46. M. Raghavan et al., "The Genetic Prehistory of the New World Arctic," *Science* 345 (2014): 1255832.

47. P. Flegontov et al., "Paleo-Eskimo Genetic Legacy Across North America," *bioRxiv* (2017): doi. org/10.1101.203018.

48. Flegontov et al., "Paleo-Eskimo Genetic Legacy."

49. T. M. Friesen, "Pan-Arctic Population Movements: The Early Paleo-Inuit and Thule Inuit Migrations," in *The Oxford Handbook of the Prehistoric Arctic*, ed. T. Max Friesen and Owen K. Mason (New York: Oxford University Press, 2016), 673–92.

50. Reich et al., "Reconstructing Native American Population History."

51. J. Diamond and P. Bellwood, "Farmers and Their Languages: The First Expansions," *Science* 300 (2003): 597–603; Peter Bellwood, *First Farmers: The Origins of Agricultural Societies* (Malden, MA: Blackwell, 2005).

52. R. R. da Fonseca et al., "The Origin and Evolution of Maize in the Southwestern United States," *Nature Plants* 1 (2015): 14003.

CHAPTER 8 | 東亞人的基因組起源

1. X. H. Wu et al., "Early Pottery at 20,000 Years Ago in Xianrendong Cave, China," *Science* 336 (2012): 1696–1700.

2. R. X. Zhu et al., "Early Evidence of the Genus Homo in East Asia," *Journal of Human Evolution* 55 (2008): 1075–85.

3. C. C. Swisher III et al., "Age of the Earliest Known Hominids in Java, Indonesia," *Science* 263 (1994): 1118–21; Peter Bellwood, *First Islanders: Prehistory and Human Migration in Island Southeast Asia* (Oxford: Wiley-Blackwell, 2017).

4. D. Richter et al., "The Age of the Hominin Fossils from Jebel Irhoud, Morocco, and the Origins of the Middle Stone Age," *Nature* 546 (2017): 293–96; J. G. Fleagle, Z. Assefa, F. H. Brown, and J. J. Shea, "Paleoanthropology of the Kibish Formation, Southern Ethiopia: Introduction," *Journal of Human Evolution* 55 (2008): 360–65.

5. T. Sutikna et al., "Revised Stratigraphy and Chronology for Homo floresiensis at Liang Bua in Indonesia," *Nature* 532 (2016): 366–69.

6. Y. Ke et al., "African Origin of Modern Humans in East Asia: A Tale of 12,000 Y Chromosomes," *Science* 292 (2001): 1151–53.

7. J. Qiu, "The Forgotten Continent: Fossil Finds in China Are Challenging Ideas About the Evolution of Modern Humans and Our Closest Relatives," *Nature* 535 (2016): 218–20.

8. R. J. Rabett and P. J. Piper, "The Emergence of Bone Technologies at the End of the Pleistocene in Southeast Asia: Regional and Evolutionary Implications," *Cambridge Archaeological Journal* 22 (2012): 37–56; M. C. Langley, C. Clarkson, and S. Ulm, "From Small Holes to Grand Narratives: The Impact of Taphonomy and Sample Size on the Modernity Debate in Australia and New Guinea," *Journal of Human Evolution* 61 (2011): 197–208; M. Aubert et al., "Pleistocene Cave Art from Sulawesi, Indonesia," *Nature* 514 (2014): 223–27.

9. Langley, Clarkson, and Ulm, "From Small Holes to Grand Narratives"; J. F. Connell and J. Allen, "The Process, Biotic Impact, and Global Implications of the Human Colonization of Sahul About 47,000 Years Ago," *Journal of Archaeological Science* 56 (2015): 73–84.

10. J.-J. Hublin, "The Modern Human Colonization of Western Eurasia: When and Where?," *Quaternary Science Reviews* 118 (2015): 194–210.

11. R. Foley and M. M. Lahr, "Mode 3 Technologies and the Evolution of Modern Humans," *Cambridge Archaeological Journal* 7 (1997): 3–36.

12. M. M. Lahr and R. Foley, "Multiple Dispersals and Modern Human Origins," *Evolutionary Anthropology* 3 (1994): 48–60.

13. H. Reyes-Centeno et al., "Testing Modern Human Out-of-Africa Dispersal Models and Implications for Modern Human Origins," *Journal of Human Evolution* 87 (2015): 95–106.

14. H. S. Groucutt et al., "Rethinking the Dispersal of Homo sapiens Out of Africa," *Evolutionary Anthropology* 24 (2015): 149–64.

15. R. Grün et al., "U-series and ESR Analyses of Bones and Teeth Relating to the Human Burials from Skhul," *Journal of Human Evolution* 49 (2005): 316–34.

16. S. J. Armitage et al., "The Southern Route 'Out of Africa': Evidence for an Early Expansion of Modern Humans into Arabia," *Science* 331 (2011): 453–56; M. D. Petraglia, "Trailblazers Across Africa," *Nature* 470 (2011): 50–51.

17. M. Kuhlwilm et al., "Ancient Gene Flow from Early Modern Humans into Eastern Neanderthals," *Nature* 530 (2016): 429–33.

18. M. Rasmussen et al., "An Aboriginal Australian Genome Reveals Separate Human Dispersals into Asia," *Science* 334 (2011): 94–98.

19. D. Reich et al., "Genetic History of an Archaic Hominin Group from Denisova Cave in Siberia," *Nature* 468 (2010): 1053–60; M. Meyer et al., "A High-Coverage Genome Sequence from an Archaic Denisovan Individual," *Science* 338 (2012): 222–26.

20. S. Mallick et al., "The Simons Genome Diversity Project: 300 Genomes from 142 Diverse Populations," *Nature* 538 (2016): 201–6.

21. Q. Fu et al., "Genome Sequence of a 45,000-Year-Old Modern Human from Western Siberia," *Nature* 514 (2014): 445–49; S. Sankararaman, S. Mallick, N. Patterson, and D. Reich, "The Combined Landscape of Denisovan and Neanderthal Ancestry in Present-Day Humans," *Current Biology* 26 (2016): 1241–47; P. Moorjani et al., " A Genetic Method for Dating Ancient Genomes Provides a Direct Estimate of Human Generation Interval in the Last 45,000 Years," *Proceedings of the National Academy of Sciences of the U.S.A.* 113 (2016): 5652–7.

22. Mallick et al., "Simons Genome Diversity Project"; M. Lipson and D. Reich, "A Working Model of the Deep Relationships of Diverse Modern Human Genetic Lineages Outside of Africa," *Molecular Biology and Evolution* 34 (2017): 889–902.

23. Mallick et al., "Simons Genome Diversity Project"; A. S. Malaspinas et al., "A Genomic History of Aboriginal Australia," *Nature* 538 (2016): 207–14; L. Pagani et al., "Genomic Analyses Inform on Migration Events During the Peopling of Eurasia," *Nature* 538 (2016): 238–42.

24. Hublin, "Modern Human Colonization of Western Eurasia."

25. M. Raghavan et al., "Upper Palaeolithic Siberian Genome Reveals Dual Ancestry of Native Americans," *Nature* (2013): doi: 10.1038/nature12736.

26. Hugo Pan-Asian SNP Consortium, "Mapping Human Genetic Diversity in Asia," *Science* 326 (2009): 1541–45.

27. S. Ramachandran et al., "Support from the Relationship of Genetic and Geographic Distance in Human Populations for a Serial Founder Effect Originating in Africa," *Proceedings of the National Academy of Sciences of the U.S.A.* 102 (2005): 15942–47; B. M. Henn, L. L. Cavalli-Sforza, and M. W. Feldman, "The Great Human Expansion," *Proceedings of the National Academy of Sciences of the U.S.A.* 109 (2012): 17758–64.

28. J. K. Pickrell and D. Reich, "Toward a New History and Geography of Human Genes Informed by Ancient DNA," *Trends in Genetics* 30 (2014): 377–89.

29. Unpublished results from David Reich's laboratory.

30. V. Siska et al., "Genome-Wide Data from Two Early Neolithic East Asian Individuals Dating to 7700 Years Ago," *Science Advances* 3 (2017): e1601877.

31. Peter Bellwood, *First Farmers: The Origins of Agricultural Societies* (Malden, MA: Blackwell, 2005).

32. J. Diamond and P. Bellwood, "Farmers and Their Languages: The First Expansions," *Science* 300 (2003): 597–603.

33. S. Xu et al., "Genomic Dissection of Population Substructure of Han Chinese and Its Implication in Association Studies," *American Journal of Human Genetics* 85 (2009): 762–74; J. M. Chen et al., "Genetic Structure of the Han Chinese Population Revealed by Genome-Wide SNP Variation," *American Journal of Human Genetics* 85 (2009): 775–85.

34. B. Wen et al., "Genetic Evidence Supports Demic Diffusion of Han Culture," *Nature* 431 (2004): 302–5.

35. F. H. Chen et al., "Agriculture Facilitated Permanent Human Occupation of the Tibetan Plateau After 3600 B.P.," *Science* 347 (2015): 248–50.

36. Unpublished results from David Reich's laboratory.

37. T. A. Jinam et al., "Unique Characteristics of the Ainu Population in Northern Japan," *Journal of Human Genetics* 60 (2015): 565–71.

38. Ibid.; P. R. Loh et al., "Inferring Admixture Histories of Human Populations Using Linkage Disequilibrium," *Genetics* 193 (2013): 1233–54.

39. Unpublished results from David Reich's laboratory; Bellwood, *First Migrants*.

40. Diamond and Bellwood, "Farmers and Their Languages."

41. M. Lipson et al., "Reconstructing Austronesian Population History in Island Southeast Asia,"

Nature Communications 5 (2014): 4689.

42. R. Blench, "Was There an Austroasiatic Presence in Island Southeast Asia Prior to the Austronesian Expansion?," *Bulletin of the Indo-Pacific Prehistory Association* 30 (2010): 133–44.

43. Bellwood, *First Migrants*.

44. A. Crowther et al., "Ancient Crops Provide First Archaeological Signature of the Westward Austronesian Expansion," *Proceedings of the National Academy of Sciences of the U.S.A.* 113 (2016): 6635–40.

45. Lipson et al., "Reconstructing Austronesian Population History."

46. A. Wollstein et al., "Demographic History of Oceania Inferred from Genome-Wide Data," *Current Biology* 20 (2010): 1983–92; M. Kayser, "The Human Genetic History of Oceania: Near and Remote Views of Dispersal," *Current Biology* 20 (2010): R194–201; E. Matisoo-Smith, "Ancient DNA and the Human Settlement of the Pacific: A Review," *Journal of Human Evolution* 79 (2015): 93–104.

47. D. Reich et al., "Denisova Admixture and the First Modern Human Dispersals into Southeast Asia and Oceania," *American Journal of Human Genetics* 89 (2011): 516–28; P. Skoglund et al., "Genomic Insights into the Peopling of the Southwest Pacific," *Nature* 538 (2016): 510–13.

48. R. Pinhasi et al., "Optimal Ancient DNA Yields from the Inner Ear Part of the Human Petrous Bone," *PLoS One* 10 (2015): e0129102.

49. Skoglund et al., "Genomic Insights."

50. Ibid.

51. Unpublished results from David Reich's laboratory and Johannes Krause's laboratory.

52. Ibid.

CHAPTER 9 | 讓非洲重新納入人類歷史故事中

1. J. Lachance et al., "Evolutionary History and Adaptation from High-Coverage Whole-Genome Sequences of Diverse African Hunter-Gatherers," *Cell* 150 (2012): 457–69.

2. V. Plagnol and J. D. Wall, "Possible Ancestral Structure in Human Populations," *PLoS Genetics* 2 (2006): e105; J. D. Wall, K. E. Lohmueller, and V. Plagnol, "Detecting Ancient Admixture and Estimating Demographic Parameters in Multiple Human Populations," *Molecular Biology and Evolution* 26 (2009): 1823–27.

3. M. F. Hammer et al., "Genetic Evidence for Archaic Admixture in Africa," *Proceedings of the National Academy of Sciences of the U.S.A.* 108 (2011): 15123–28.

4. K. Harvati et al., "The Later Stone Age Calvaria from Iwo Eleru, Nigeria: Morphology and Chronology," *PLoS One* 6 (2011): e24024; I. Crevecoeur, A. Brooks, I. Ribot, E. Cornelissen, and P. Semal, "The Late Stone Age Human Remains from Ishango (Democratic Republic of Congo): New Insights on Late Pleistocene Modern Human Diversity in Africa," *American Journal of Physical Anthropology* 96 (2016): 35–57.

5. Unpublished results from David Reich's laboratory.

6. D. Richter et al., "The Age of the Hominin Fossils from Jebel Irhoud, Morocco, and the Origins

of the Middle Stone Age," *Nature* 546 (2017): 293–96; J. G. Fleagle, Z. Assefa, F. H. Brown, and J. J. Shea, "Paleoanthropology of the Kibish Formation, Southern Ethiopia: Introduction," *Journal of Human Evolution* 55 (2008): 360–65.

7. H. Li and R. Durbin, "Inference of Human Population History from Individual Whole-Genome Sequences," *Nature* 475 (2011): 493–96.

8. Li and Durbin, "Inference of Human Population History"; K. Prüfer et al., "The Complete Genome Sequence of a Neanderthal from the Altai Mountains," *Nature* (2013): doi: 10.1038/nature12886.

9. P. H. Dirks et al., "The Age of Homo Naledi and Associated Sediments in the Rising Star Cave, South Africa," *eLife* 6 (2017): e24231.

10. I. Gronau et al., "Bayesian Inference of Ancient Human Demography from Individual Genome Sequences," *Nature Genetics* 43 (2011): 1031–34.

11. P. Skoglund et al., "Reconstructing Prehistoric African Population Structure," *Cell* 171 (2017): 5694.

12. S. Mallick et al., "The Simons Genome Diversity Project: 300 Genomes from 142 Diverse Populations," *Nature* 538 (2016): 201–6; Gronau et al., "Bayesian Inference."

13. S. A. Tishkoff et al., "The Genetic Structure and History of Africans and African Americans," *Science* 324 (2009): 1035–44.

14. C. J. Holden, "Bantu Language Trees Reflect the Spread of Farming Across Sub-Saharan Africa: A Maximum-Parsimony Analysis," *Proceedings of the Royal Society B—Biological Sciences* 269 (2002): 793–99; P. de Maret, "Archaeologies of the Bantu Expansion," in *The Oxford Handbook of African Archaeology*, ed. Peter Mitchell and Paul J. Lane (Oxford: Oxford University Press, 2013), 627–44.

15. K. Bostoen et al., "Middle to Late Holocene Paleoclimatic Change and the Early Bantu Expansion in the Rain Forests of Western Central Africa," *Current Anthropology* 56 (2016): 354–84; K. Manning et al., "4,500-Year-Old Domesticated Pearl Millet (Pennisetum glaucum) from the Tilemsi Valley, Mali: New Insights into an Alternative Cereal Domestication Pathway," *Journal of Archaeological Science* 38 (2011): 312–22.

16. D. Killick, "Cairo to Cape: The Spread of Metallurgy Through Eastern and Southern Africa," *Journal of World Prehistory* 22 (2009): 399–414.

17. de Maret, "Archaeologies of the Bantu Expansion."

18. Holden, "Bantu Language Trees."

19. Bostoen et al., "Middle to Late Holocene"; Manning et al., "4,500-Year-Old."

20. D. J. Lawson, G. Hellenthal, S. Myers, and D. Falush, "Inference of Population Structure Using Dense Haplotype Data," *PLoS Genetics* 8 (2012): e1002453; G. Hellenthal et al., "A Genetic Atlas of Human Admixture History," *Science* 343 (2014): 747–51; C. de Filippo, K. Bostoen, M. Stoneking, and B. Pakendorf, "Bringing Together Linguistic and Genetic Evidence to Test the Bantu Expansion," *Proceedings of the Royal Society B—Biological Sciences* 279 (2012): 3256–63; E. Patin et al., "Dispersals and Genetic Adaptation of Bantu-Speaking Populations in Africa and North America," *Science* 356 (2017): 543–46; G. B. Busby et al., "Admixture Into and Within Sub-Saharan Africa," *eLife* 5(2016): e15266.

21. Tishkoff et al., "Genetic Structure and History"; G. Ayodo et al., "Combining Evidence of Natural Selection with Association Analysis Increases Power to Detect Malaria-Resistance Variants," *American Journal of Human Genetics* 81 (2007): 234–42.

22. C. Ehret, "Reconstructing Ancient Kinship in Africa," in *Early Human Kinship: From Sex to Social Reproduction*, ed. Nicholas J. Allen, Hilary Callan, Robin Dunbar, and Wendy James (Malden, MA: Blackwell, 2008), 200–31; C. Ehret, S. O. Y. Keita, and P. Newman, "The Origins of Afroasiatic," *Science* 306 (2004): 1680–81.

23. J. Diamond and P. Bellwood, "Farmers and Their Languages: The First Expansions," *Science* 300 (2003): 597–603; P. Bellwood, "Response to Ehret et al. 'The Origins of Afroasiatic,' " *Science* 306 (2004): 1681.

24. D. Q. Fuller and E. Hildebrand, "Domesticating Plants in Africa," in *The Oxford Handbook of African Archaeology*, ed. Peter Mitchell and Paul J. Lane (Oxford: Oxford University Press, 2013), 507–26; M. Madella et al., "Microbotanical Evidence of Domestic Cereals in Africa 7000 Years Ago," *PLoS One* 9 (2014): e110177.

25. I. Lazaridis et al., "Genomic Insights into the Origin of Farming in the Ancient Near East," *Nature* 536 (2016): 419–24; Skoglund et al., "Reconstructing Prehistoric African Population Structure."

26. Lazaridis et al., "Genomic Insights"; Skoglund et al., "Reconstructing Prehistoric African Population Structure"; V. J. Schuenemann et al., "Ancient Egyptian Mummy Genomes Suggest an Increase of Sub-Saharan African Ancestry in Post-Roman Periods," *Nature Communications* 8 (2017): 15694.

27. T. Güldemann, "A Linguist's View: Khoe-Kwadi Speakers as the Earliest Food-Producers of Southern Africa," *Southern African Humanities* 20 (2008): 93–132.

28. J. K. Pickrell et al., "Ancient West Eurasian Ancestry in Southern and Eastern Africa," *Proceedings of the National Academy of Sciences of the U.S.A.* 111 (2014): 2632–37.

29. Pagani et al., "Ethiopian Genetic Diversity."

30. Skoglund et al., "Reconstructing Prehistoric African Population Structure."

31. Luigi Luca Cavalli-Sforza and Francesco Cavalli-Sforza, *The Great Human Diasporas: The History of Diversity and Evolution* (Reading, MA: Addison-Wesley, 1995).

32. M. Gallego Llorente et al., "Ancient Ethiopian Genome Reveals Extensive Eurasian Admixture Throughout the African Continent," *Science* 350 (2015): 820–22.

33. Donald N. Levine, *Greater Ethiopia: The Evolution of a Multiethnic Society* (Chicago: University of Chicago Press, 2000).

34. L. Van Dorp et al., "Evidence for a Common Origin of Blacksmiths and Cultivators in the Ethiopian Ari Within the Last 4500 Years: Lessons for Clustering-Based Inference," *PLoS Genetics* 11 (2015): e1005397.

35. D. Reich et al., "Reconstructing Indian Population History," *Nature* 461 (2009): 489–94.

36. Skoglund et al., "Reconstructing Prehistoric African Population Structure."

37. Ibid.

38. Ibid.

39. J. K. Pickrell et al., "The Genetic Prehistory of Southern Africa," *Nature Communications* 3

(2012): 1143; C. M. Schlebusch et al., "Genomic Variation in Seven Khoe-San Groups Reveals Adaptation and Complex African History," *Science* 338 (2012): 374–79; Mallick et al., "Simons Genome Diversity Project."

40. M. E. Prendergast et al., "Continental Island Formation and the Archaeology of Defaunation on Zanzibar, Eastern Africa," *PLoS One* 11 (2016): e0149565.

41. Skoglund et al., "Reconstructing Prehistoric African Population Structure."

42. P. Ralph and G. Coop, "Parallel Adaptation: One or Many Waves of Advance of an Advantageous Allele?," *Genetics* 186 (2010): 647–68.

43. S. A. Tishkoff et al., "Convergent Adaptation of Human Lactase Persistence in Africa and Europe," *Nature Genetics* 39 (2007): 31–40.

44. Ralph and Coop, "Parallel Adaptation."

CHAPTER 10 ｜ 關於不平等的基因組學

1. Peter Wade, *Race and Ethnicity in Latin America* (London and New York: Pluto Press, 2010).

2. Trans-Atlantic Slave Trade Database, www.slavevoyages.org/assessment/ estimates.

3. K. Bryc et al., "The Genetic Ancestry of African Americans, Latinos, and European Americans Across the United States," *American Journal of Human Genetics* 96 (2015): 37–53.

4. Piers Anthony, *Race Against Time* (New York: Hawthorn Books, 1973).

5. The first federal census in 1790 recorded 292,627 male slaves in Virginia out of a total male population of 747,610; available online at www.nationalgeographic .org/media/us-census-1790/.

6. Joshua D. Rothman, *Notorious in the Neighborhood: Sex and Families Across the Color Line in Virginia, 1787–1861* (Chapel Hill: University of North Carolina Press, 2003).

7. E. A. Foster et al., "Jefferson Fathered Slave's Last Child," *Nature* 396 (1998): 27–28.

8. "Statement on the TJMF Research Committee Report on Thomas Jefferson and Sally Hemings," January 26, 2000, available online at https://www .monticello .org/sites/default/files/inline-pdfs/jefferson-hemings_report.pdf.

9. M. Hemings, "Life Among the Lowly, No. 1," *Pike County (Ohio) Republican*, March 13, 1873.

10. E. J. Parra et al., "Ancestral Proportions and Admixture Dynamics in Geographically Defined African Americans Living in South Carolina," *American Journal of Physical Anthropology* 114 (2001): 18–29.

11. Ibid.

12. Bryc et al., "Genetic Ancestry."

13. J. N. Fenner, "Cross-Cultural Estimation of the Human Generation Interval for Use in Genetics-Based Population Divergence Studies," *American Journal of Physical Anthropology* 128 (2005): 415–23.

14. David Morgan, *The Mongols* (Malden, MA, and Oxford: Blackwell, 2007).

15. T. Zerjal et al., "The Genetic Legacy of the Mongols," *American Journal of Human Genetics* 72 (2003): 717–21.

16. L. T. Moore et al., "A Y-Chromosome Signature of Hegemony in Gaelic Ireland," *American*

Journal of Human Genetics 78 (2006): 334–38.

17. S. Lippold et al., "Human Paternal and Maternal Demographic Histories: Insights from High-Resolution Y Chromosome and mtDNA Sequences," *Investigative Genetics* 5 (2014): 13; M. Karmin et al., "A Recent Bottleneck of Y Chromosome Diversity Coincides with a Global Change in Culture," *Genome Research* 25 (2015): 459–66.

18. Ibid.

19. A. Sherratt, "Plough and Pastoralism: Aspects of the Secondary Products Revolution," in *Pattern of the Past: Studies in Honour of David Clarke*, ed. Ian Hodder, Glynn Isaac, and Norman Hammond (Cambridge: Cambridge University Press, 1981), 261–306.

20. David W. Anthony, *The Horse, the Wheel, and Language: How Bronze-Age Riders from the Eurasian Steppes Shaped the Modern World* (Princeton, NJ: Princeton University Press, 2007).

21. W. Haak et al., "Massive Migration from the Steppe Was a Source for Indo-European Languages in Europe," *Nature* 522 (2015): 207–11; M. E. Allentoft et al., "Population Genomics of Bronze Age Eurasia," *Nature* 522 (2015): 167–72.

22. E. Murphy and A. Khokhlov, "A Bioarchaeological Study of Prehistoric Populations from the Volga Region," in *A Bronze Age Landscape in the Russian Steppes: The Samara Valley Project, Monumenta Archaeologica 37*, ed. David W. Anthony, Dorcas R. Brown, Aleksandr A. Khokhlov, Pavel V. Kuznetsov, and Oleg D. Mochalov (Los Angeles: Cotsen Institute of Archaeology Press, 2016), 149–216.

23. Marija Gimbutas, *The Prehistory of Eastern Europe, Part I: Mesolithic, Neolithic and Copper Age Cultures in Russia and the Baltic Area* (American School of Prehistoric Research, Harvard University, Bulletin No. 20) (Cambridge, MA: Peabody Museum, 1956).

24. Haak et al., "Massive Migration."

25. R. S. Wells et al., "The Eurasian Heartland: A Continental Perspective on Y-Chromosome Diversity," *Proceedings of the National Academy of Sciences of the U.S.A.* 98 (2001): 10244–49.

26. R. Martiniano et al., "The Population Genomics of Archaeological Transition in West Iberia: Investigation of Ancient Substructure Using Imputation and Haplotype-Based Methods," *PLoS Genetics* 13 (2017): e1006852.

27. M. Silva et al., "A Genetic Chronology for the Indian Subcontinent Points to Heavily Sex-Biased Dispersals," *BMC Evolutionary Biology* 17 (2017): 88.

28. Martiniano et al., "West Iberia"; unpublished results from David Reich's laboratory.

29. J. A. Tennessen et al., "Evolution and Functional Impact of Rare Coding Variation from Deep Sequencing of Human Exomes," *Science* 337 (2012): 64–69.

30. A. Keinan, J. C. Mullikin, N. Patterson, and D. Reich, "Accelerated Genetic Drift on Chromosome X During the Human Dispersal out of Africa," *Nature Genetics* 41 (2009): 66–70; A. Keinan and D. Reich, "Can a Sex-Biased Human Demography Account for the Reduced Effective Population Size of Chromosome X in Non-Africans?," *Molecular Biology and Evolution* 27 (2010): 2312–21.

31. P. Verdu et al., "Sociocultural Behavior, Sex-Biased Admixture, and Effective Population Sizes in Central African Pygmies and Non-Pygmies," *Molecular Biology and Evolution* 30 (2013): 918–37.

32. S. Mallick et al., "The Simons Genome Diversity Project: 300 Genomes from 142 Diverse Populations," *Nature* 538 (2016): 201–6.

33. L. G. Carvajal -Carmona et al., "Strong Amerind/White Sex Bias and a Possible Sephardic Contribution Among the Founders of a Population in Northwest Colombia," *American Journal of Human Genetics* 67 (2000): 1287–95.

34. Bedoya et al., "Admixture Dynamics in Hispanics: A Shift in the Nuclear Genetic Ancestry of a South American Population Isolate," *Proceedings of the National Academy of Sciences of the U.S.A.* 103 (2006): 7234–39.

35. P. Moorjani et al., "Genetic Evidence for Recent Population Mixture in India," *American Journal of Human Genetics* 93 (2013): 422–38.

36. M. Bamshad et al., "Genetic Evidence on the Origins of Indian Caste Populations," *Genome Research* 11 (2001): 994–1004; D. Reich et al., "Reconstructing Indian Population History," *Nature* 461 (2009): 489–94.

37. Bamshad et al., "Genetic Evidence"; I. Thanseem et al., "Genetic Affinities Among the Lower Castes and Tribal Groups of India: Inference from Y Chromosome and Mitochondrial DNA," *BMC Genetics* 7 (2006): 42.

38. M. Kayser, "The Human Genetic History of Oceania: Near and Remote Views of Dispersal," *Current Biology* 20 (2010): R194–201; P. Skoglund et al., "Genomic Insights into the Peopling of the Southwest Pacific," *Nature* 538 (2016): 510–13.

39. F. M. Jordan, R. D. Gray, S. J. Greenhill, and R. Mace, "Matrilocal Residence Is Ancestral in Austronesian Societies," *Proceedings of the Royal Society B—Biological Sciences* 276 (2009): 1957–64.

40. Skoglund et al., "Genomic Insights."

41. I. Lazaridis and D. Reich, "Failure to Replicate a Genetic Signal for Sex Bias in the Steppe Migration into Central Europe," *Proceedings of the National Academy of Sciences of the U.S.A.* 114 (2017): E3873–74.

CHAPTER 11 | 種族與身分的基因組學

1. Centers for Disease Control and Prevention, "Prostate Cancer Rates by Race and Ethnicity," https://www.cdc.gov/cancer/prostate/statistics/race.htm.

2. N. Patterson et al., "Methods for High-Density Admixture Mapping of Disease Genes," *American Journal of Human Genetics* 74 (2004): 979–1000; M. W. Smith et al., "A High-Density Admixture Map for Disease Gene Discovery in African Americans," *American Journal of Human Genetics* 74 (2004): 1001–13.

3. M. L. Freedman et al., "Admixture Mapping Identifies 8q24 as a Prostate Cancer Risk Locus in African-American Men," *Proceedings of the National Academy of Sciences of the U.S.A.* 103 (2006): 14068–73.

4. C. A. Haiman et al., "Multiple Regions within 8q24 Independently Affect Risk for Prostate Cancer," *Nature Genetics* 39 (2007): 638–44.

5. Freedman et al., "Admixture Mapping Identifies 8q24."

6. M. F. Ashley Montagu, *Man's Most Dangerous Myth: The Fallacy of Race* (New York: Columbia University Press, 1942).

7. R. C. Lewontin, "The Apportionment of Human Diversity," *Evolutionary Biology* 6 (1972): 381–98.

8. J. M. Stevens, "The Feasibility of Government Oversight for NIH-Funded Population Genetics Research," in *Revisiting Race in a Genomic Age* (Studies in Medical Anthropology), ed. Barbara A. Koenig, Sandra Soo-Jin Lee, and Sarah S. Richardson (New Brunswick, NJ: Rutgers University Press, 2008), 320–41; J. Stevens, "Racial Meanings and Scientific Methods: Policy Changes for NIH-Sponsored Publications Reporting Human Variation," *Journal of Health Policy, Politics and Law* 28 (2003): 1033–87.

9. N. A. Rosenberg et al., "Genetic Structure of Human Populations," *Science* 298 (2002): 2381–85.

10. D. Serre and S. Pääbo, "Evidence for Gradients of Human Genetic Diversity Within and Among Continents," *Genome Research* 14 (2004): 1679–85; F. B. Livingstone, "On the Non-Existence of Human Races," *Current Anthropology* 3 (1962): 279.

11. J. Dreyfuss, "Getting Closer to Our African Origins," *The Root*, October 17, 2011, www.theroot.com/getting-closer-to-our-african-origins-1790866394.

12. N. A. Rosenberg et al., "Clines, Clusters, and the Effect of Study Design on the Inference of Human Population Structure," *PLoS Genetics* 1 (2005): e70.

13. E. G. Burchard et al., "The Importance of Race and Ethnic Background in Biomedical Research and Clinical Practice," *New England Journal of Medicine* 348 (2003): 1170–75.

14. J. F. Wilson et al., "Population Genetic Structure of Variable Drug Response," *Nature Genetics* 29 (2001): 265–69.

15. D. Fullwiley, "The Biologistical Construction of Race: 'Admixture' Technology and the New Genetic Medicine," *Social Studies of Science* 38 (2008): 695–735.

16. Lewontin, "The Apportionment of Human Diversity"; A. R. Templeton, "Biological Races in Humans," *Studies in History and Philosophy of Biological and Biomedical Science* 44 (2013): 262–71.

17. *Razib Khan*, www.razib.com/wordpress.

18. *Dienekes' Anthropology Blog*, dienekes.blogspot.com.

19. *Eurogenes Blog*, http://eurogenes.blogspot.com.

20. Léon Poliakov, *The Aryan Myth: A History of Racist and Nationalist Ideas in Europe* (New York: Basic Books, 1974).

21. B. Arnold, "The Past as Propaganda: Totalitarian Archaeology in Nazi Germany," *Antiquity* 64 (1990): 464–78.

22. J. K. Pritchard, J. K. Pickrell, and G. Coop, "The Genetics of Human Adaptation: Hard Sweeps, Soft Sweeps, and Polygenic Adaptation," *Current Biology* 20 (2010): R208–15; R. D. Hernandez et al., "Classic Selective Sweeps Were Rare in Recent Human Evolution," *Science* 331 (2011): 920–24.

23. M. C. Turchin et al., "Evidence of Widespread Selection on Standing Variation in Europe at Height-Associated SNPs," *Nature Genetics* 44 (2012): 1015–19.

24. Y. Field et al., "Detection of Human Adaptation During the Past 2000 Years," *Science* 354 (2016): 760–64.

25. A. Okbay et al., "Genome-Wide Association Study Identifies 74 Loci Associated with Educational Attainment," *Nature* 533 (2016): 539–42.

26. To compute the expected difference in number of years of education between the highest 5 percent and lowest 5 percent of genetically predicted educational attainment based on the numbers in the 2016 study by Benjamin and colleagues, I performed the following computation: (1) The number of years of education in the cohort analyzed by Benjamin and colleagues is quoted as 14.3 ± 3.7. I estimated the standard deviation of 3.7 years from the fact that the study estimates the effect size in weeks to be "0.014 to 0.048 standard deviations per allele (2.7 to 9.0 weeks of schooling)." These numbers translate to 188 (= 9.0 / 0.048) to 193 (= 2.7 / 0.014) weeks. Dividing by 52 weeks per year gives 3.7. (2) Benjamin and colleagues also report a genetic predictor of number of years of education that explains 3.2 percent of the variance of the trait. Therefore, the correlation between the predicted value and the actual value is $\sqrt{0.032} = 0.18$. We can model this mathematically using a two-dimensional normal distribution. (3) The probability that a person who is in the bottom 5% of the predicted distribution (more than 1.64 standard deviations below the average) has more than 12 years of education is then given by the proportion of people who are in the bottom 5 percent of the predicted distribution and also have more than 12 years of education (which can be calculated by measuring the area of the two-dimensional normal distribution that matches these criteria), divided by 0.05. This gives a probability of 60 percent. A similar calculation for the proportion of people in the top 5 percent of the predicted distribution gives a probability of 84 percent. (4) The Benjamin study also suggests that with enough samples it would be possible to build a reliable genetic predictor that accounts for 20 percent of the variance. Redoing the calculation using 20 percent instead of 3.2 percent leads to a prediction that 37 percent of people in the bottom 5 percent of the predicted distribution would complete twelve years of education compared to 96 percent of the top 5 percent.

27. A. Kong et al., "Selection Against Variants in the Genome Associated with Educational Attainment," *Proceedings of the National Academy of Sciences of the U.S.A.* 114 (2017): E727–32.

28. Kong et al., "Selection Against Variants," estimate that the genetically predicted number of years of education has decreased by an estimated 0.1 standard deviations over the last century under the pressure of natural selection.

29. G. Davies et al., "Genome-Wide Association Study of Cognitive Functions and Educational Attainment in UK Biobank (N=112 151)," *Molecular Psychiatry* 21 (2016): 758–67; M. T. Lo et al., "Genome-Wide Analyses for Personality Traits Identify Six Genomic Loci and Show Correlations with Psychiatric Disorders," *Nature Genetics* 49 (2017): 152–56.

30. S. Sniekers et al., "Genome-Wide Association Meta-Analysis of 78,308 Individuals Identifies New Loci and Genes Influencing Human Intelligence," *Nature Genetics* 49 (2017): 1107–12.

31. I. Mathieson et al., "Genome-wide Patterns of Selection in 230 Ancient Eurasians," *Nature* 528 (2015): 499–503; Field et al., "Detection of Human Adaptation."

32. N. A. Rosenberg et al., "Genetic Structure of Human Populations," *Science* 298 (2002): 2381–85.

33. S. Ramachandran et al., "Support from the Relationship of Genetic and Geographic Distance in Human Populations for a Serial Founder Effect Originating in Africa," *Proceedings of the National Academy of Sciences of the U.S.A.* 102 (2005): 15942–47; B. M. Henn, L. L. Cavalli-Sforza, and M. W. Feldman, "The Great Human Expansion," *Proceedings of the National Academy of Sciences of the U.S.A.* 109 (2012): 17758–64.

34. J. K. Pickrell and D. Reich, "Toward a New History and Geography of Human Genes Informed by Ancient DNA," *Trends in Genetics* 30 (2014): 377–89.

35. M. Raghavan et al., "Upper Palaeolithic Siberian Genome Reveals Dual Ancestry of Native Americans," *Nature* (2013): doi: 10.1038/nature 12736.

36. I. Lazaridis et al., "Genomic Insights into the Origin of Farming in the Ancient Near East," *Nature* 536 (2016): 419–24.

37. Nicholas Wade, *A Troublesome Inheritance: Genes, Race and Human History* (New York: Penguin Press, 2014).

38. G. Coop et al., "A Troublesome Inheritance" (letters to the editor), *New York Times*, August 8, 2014.

39. G. Cochran, J. Hardy, and H. Harpending, "Natural History of Ashkenazi Intelligence," *Journal of Biosocial Science* 38 (2006): 659–93.

40. P. F. Palamara, T. Lencz, A. Darvasi, and I. Pe'er, "Length Distributions of Identity by Descent Reveal Fine-Scale Demographic History," *American Journal of Human Genetics* 91 (2012): 809–22; M. Slatkin, "A Population-Genetic Test of Founder Effects and Implications for Ashkenazi Jewish Diseases," *American Journal of Human Genetics* 75 (2004): 282–93.

41. H. Harpending, "The Biology of Families and the Future of Civilization" (minute 38), Preserving Western Civilization, 2009 Conference, audio available at www.preservingwesternciv.com/audio/07%20Prof._Henry_Harpending --The_Biology_of_Families_and_the_Future_of_Civilization.mp3 (2009).

42. G. Clark, "Genetically Capitalist? The Malthusian Era, Institutions and the Formation of Modern Preferences" (2007), www.econ.ucdavis.edu/faculty/gclark/papers/Capitalism%20Genes.pdf; Gregory Clark, *A Farewell to Alms: A Brief Economic History of the World* (Princeton, NJ: Princeton University Press, 2007).

43. Wade, *A Troublesome Inheritance.*

44. C. Hunt-Grubbe, "The Elementary DNA of Dr. Watson," *The Sunday Times*, October 14, 2017.

45. Coop et al. letters, *New York Times.*

46. David Epstein, *The Sports Gene: Inside the Science of Extraordinary Athletic Performance* (New York: Current, 2013).

47. Ibid.

48. I performed this computation as follows. (1) The 99.9999999th percentile of a trait corresponds to 6.0 standard deviations from the mean, whereas the 99.99999th percentile corresponds to 5.2 standard deviations. Thus a 0.8-standard-deviation shift corresponds to a hundredfold enrichment of individuals. (2) I assumed that the 1.33-fold higher genetic variation in sub-Saharan Africans applies not just to random mutations in the genome, but also to mutations modulating biological traits. The standard deviation is thus expected to be 1.15 = √1.33-

fold higher in sub-Saharan Africans based on a formula in J. J. Berg and G. Coop, "A Population Genetic Signal of Polygenic Adaptation," *PLoS Genetics* 10 (2014): e1004412, so the 6.0-standard-deviation cutoff in non-Africans corresponds to 5.2 = 6.0 / 1.15 of that in sub-Saharan Africans, leading to the same predicted hundredfold enrichment above the 99.9999999th percentile.

49. W. Haak et al., "Massive Migration from the Steppe Was a Source for Indo-European Languages in Europe," *Nature* 522 (2015): 207–11; M. E. Allentoft et al., "Population Genomics of Bronze Age Eurasia," *Nature* 522 (2015): 167–72.

50. D. Reich et al., "Reconstructing Indian Population History," *Nature* 461 (2009): 489–94; Lazaridis et al., "Genomic Insights."

51. Michael F. Robinson, *The Lost White Tribe: Explorers, Scientists, and the Theory That Changed a Continent* (New York: Oxford University Press, 2016).

52. Alex Haley, *Roots: The Saga of an American Family* (New York: Doubleday, 1976).

53. "Episode 4: (2010) Know Thyself" (minute 17) in *Faces of America with Henry Louis Gates Jr.*, http://www.pbs.org/wnet/facesofamerica/video/episode-4-know -thyself/237/.

54. African Ancestry, "Frequently Asked Questions," "About the Results," question 3 (2016), http://www.africanancestry.com/faq/.

55. Dreyfuss, "Getting Closer to Our African Origins."

56. S. Sailer, "African Ancestry Inc. Traces DNA Roots," United Press International, April 28, 2003, www.upi.com/inc/view.php?StoryID=20030428-074922-7714r.

57. Unpublished results from David Reich's laboratory.

58. H. Schroeder et al., "Genome-Wide Ancestry of 17th-Century Enslaved Africans from the Caribbean," *Proceedings of the National Academy of Sciences of the U.S.A.* 112 (2015): 3669–73.

59. R. E. Green et al., "A Draft Sequence of the Neanderthal Genome," *Science* 328 (2010): 710–22.

60. E. Durand, 23andMe: "White Paper 23-05: Neanderthal Ancestry Estimator" (2011), https://23andme.https.internapcdn.net/res/pdf/hXitekfSJe1lcIy7 -Q72XA_23-05_Neanderthal_Ancestry.pdf; S. Sankararaman et al., "The Genomic Landscape of Neanderthal Ancestry in Present-Day Humans," *Nature* 507 (2014): 354–57.

61. Sankararaman et al., "Genomic Landscape."

62. https://customercare.23andme.com/hc/en-us/articles/212873707-Neanderthal -Report-Basics, #13514.

CHAPTER 12 | 古代 DNA 的未來

1. J. R. Arnold and W. F. Libby, "Age Determinations by Radiocarbon Content—Checks with Samples of Known Age," *Science* 110 (1949): 678–80.

2. Colin Renfrew, *Before Civilization: The Radiocarbon Revolution and Prehistoric Europe* (London: Jonathan Cape, 1973).

3. Lewis R. Binford, *In Pursuit of the Past: Decoding the Archaeological Record* (Berkeley: University of California Press, 1983).

4. M. Rasmussen et al., "Ancient Human Genome Sequence of an Extinct Palaeo-Eskimo," *Nature* 463 (2010): 757–62; M. Rasmussen et al., "The Genome of a Late Pleistocene Human from a Clovis Burial Site in Western Montana," *Nature* 506 (2014): 225–29; M. Raghavan et al., "Upper Palaeolithic Siberian Genome Reveals Dual Ancestry of Native Americans," *Nature* (2013): doi: 10.1038/nature 12736.

5. P. Skoglund et al., "Genomic Insights into the Peopling of the Southwest Pacific," *Nature* 538 (2016): 510–13.

6. J. Dabney et al., "Complete Mitochondrial Genome Sequence of a Middle Pleistocene Cave Bear Reconstructed from Ultrashort DNA Fragments," *Proceedings of the National Academy of Sciences of the U.S.A.* 110 (2013): 15758–63; M. Meyer et al., "A High-Coverage Genome Sequence from an Archaic Denisovan Individual," *Science* 338 (2012): 222–26; Q. Fu et al., "DNA Analysis of an Early Modern Human from Tianyuan Cave, China," *Proceedings of the National Academy of Sciences of the U.S.A.* 110 (2013): 2223–27; R. Pinhasi et al., "Optimal Ancient DNA Yields from the Inner Ear Part of the Human Petrous Bone," *PLoS One* 10 (2015): e0129102.

7. I. Lazaridis et al., "Genomic Insights into the Origin of Farming in the Ancient Near East," *Nature* 536 (2016): 419–24.

8. I. Olalde et al., "The Beaker Phenomenon and the Genomic Transformation of Northwest Europe," *bioRxiv* (2017): doi.org/10.1101/135962.

9. P. F. Palamara, T. Lencz, A. Darvasi, and I. Pe'er, "Length Distributions of Identity by Descent Reveal Fine-Scale Demographic History," *American Journal of Human Genetics* 91 (2012): 809–22; D. J. Lawson, G. Hellenthal, S. Myers, and D. Falush, "Inference of population structure using dense haplotype data," *PLoS Genetics* 8 (2012): e1002453.

10. S. Leslie et al., "The Fine-Scale Genetic Structure of the British Population," *Nature* 519 (2015): 309–14.

11. S. R. Browning and B. L. Browning, "Accurate Non-parametric Estimation of Recent Effective Population Size from Segments of Identity by Descent," *American Journal of Human Genetics* 97 (2015): 404–18.

12. M. Lynch, "Rate, Molecular Spectrum, and Consequences of Human Mutation," *Proceedings of the National Academy of Sciences of the U.S.A.* 107 (2010): 961–68; A. Kong et al., "Selection Against Variants in the Genome Associated with Educational Attainment," *Proceedings of the National Academy of Sciences of the U.S.A.* 114 (2017): E727–32.

13. J. K. Pritchard, J. K. Pickrell, and G. Coop, "The Genetics of Human Adaptation: Hard Sweeps, Soft Sweeps, and Polygenic Adaptation," *Current Biology* 20 (2010): R208–15.

14. S. Haensch et al., "Distinct Clones of Yersinia pestis Caused the Black Death," *PLoS Pathogens* 6 (2010): e1001134; K. I. Bos et al., "A Draft Genome of *Yersinia pestis* from Victims of the Black Death," *Nature* 478 (2011): 506–10.

15. I. Wiechmann and G. Grupe, "Detection of *Yersinia pestis* DNA in Two Early Medieval Skeletal Finds from Aschheim (Upper Bavaria, 6th Century AD)," *American Journal of Physical Anthropology* 126 (2005): 48–55; D. M. Wagner et al., "*Yersinia pestis* and the Plague of Justinian 541–543 AD: A Genomic Analysis," *Lancet Infectious Diseases* 14 (2014): 319–26.

16. S. Rasmussen et al., "Early Divergent Strains of *Yersinia pestis* in Eurasia 5,000 Years Ago," *Cell*

163 (2015): 571–82.

17. P. Singh et al., "Insight into the Evolution and Origin of Leprosy Bacilli from the Genome Sequence of Mycobacterium lepromatosis," *Proceedings of the National Academy of Sciences of the U.S.A.* 112 (2015): 4459–64.

18. K. I. Bos et al., "Pre-Columbian Mycobacterial Genomes Reveal Seals as a Source of New World Human Tuberculosis," *Nature* 514 (2014): 494–97.

19. K. Yoshida et al., "The Rise and Fall of the *Phytophthora infestans* Lineage That Triggered the Irish Potato Famine," *eLife* 2 (2013): e00731.

20. C. Warinner et al., "Pathogens and Host Immunity in the Ancient Human Oral Cavity," *Nature Genetics* 46 (2014): 336–44.

21. T. Higham et al., "The Timing and Spatiotemporal Patterning of Neanderthal Disappearance," *Nature* 512 (2014): 306–9.

22. E. Callaway, "Ancient Genome Delivers 'Spirit Cave Mummy' to US Tribe," *Nature* 540 (2016): 178–79.

【Life and Science】MX0016

我們源自何方？

古代 DNA 革命解構人類的起源與未來

Who We Are and How We Got Here: Ancient DNA and the New Science of the Human Past

作　　者 ❖	大衛・賴克（David Reich）
譯　　者 ❖	甘錫安、鄧子衿
封面設計 ❖	示草設計
內頁排版 ❖	李偉涵
總 編 輯 ❖	郭寶秀
責任編輯 ❖	洪郁萱
行銷企劃 ❖	羅紫薰

國家圖書館出版品預行編目 (CIP) 資料

我們源自何方?：古代DNA革命解構人類的起源與未來 / 大衛.賴克 (David Reich) 作；甘錫安 , 鄧子衿譯 . -- 初版 . -- 臺北市：馬可孛羅文化出版：英屬蓋曼群島商家庭傳媒股份有限公司城邦分公司發行 , 2023.03　面；　公分 . -- (Life and science；MX0016)
譯自：Who we are and how we got here：ancient DNA and the new science of the human past
ISBN 978-626-7156-67-4(平裝)

1.CST: 人類演化 2.CST: 人類起源 3.CST: 人類遺傳學 4.CST: 基因組

391.6　　　　　　　　　　　　　　　112000999

發 行 人 ❖	涂玉雲
出　　版 ❖	馬可孛羅文化
	104 臺北市中山區民生東路二段 141 號 5 樓
	電話：(886) 2-25007696
發　　行 ❖	英屬蓋曼群島商家庭傳媒股份有限公司城邦分公司
	臺北市中山區民生東路二段 141 號 11 樓
	客服服務專線：(886) 2-25007718；25007719
	24 小時傳真專線：(886) 2-25001990；25001991
	服務時間：週一至週五 9:00 ～ 12:00；13:00 ～ 17:00
	劃撥帳號：19863813　戶名：書虫股份有限公司
	讀者服務信箱：service@readingclub.com.tw
香港發行所 ❖	城邦（香港）出版集團有限公司
	香港灣仔駱克道 193 號東超商業中心 1 樓
	電話：(852) 25086231　傳真：(852) 25789337
	E-mail：hkcite@biznetvigator.com
馬新發行所 ❖	城邦（馬新）出版集團【Cite (M) Sdn. Bhd. (458372U)】
	41, Jalan Radin Anum, Bandar Baru Seri Petaling,
	57000 Kuala Lumpur, Malaysia
	電話：(603) 90578822　傳真：(603) 90576622
	E-mail：services@cite.com.my
輸出印刷 ❖	前進彩藝有限公司
初版一刷 ❖	2023 年 3 月
紙書定價 ❖	620 元（如有缺頁或破損請寄回更換）
電子書定價 ❖	434 元

城邦讀書花園
www.cite.com.tw

ISBN：978-626-7156-67-4（平裝）
ISBN：9786267156735（EPUB）